高职高专机械类"十二五"规划 教材
精品课程建设

# 公差配合与技术测量

## （修订版）

主　编：段绍娥　周少良

副主编：邓小单　廖昌荣　张前森　蒋铁球
　　　　黄　中　陈长江　单旭姣　李　双

参　编：吴　辉　宋　超　廖　琼　申　凯
　　　　陈　琼　陈　曦　刘　灵　宋巧玲
　　　　曾凡刚　彭　锐　彭　林　李建华
　　　　陈　君　宁伟嫦　罗玮佳

主　审：刘忠贤　成朝阳　周孝汉

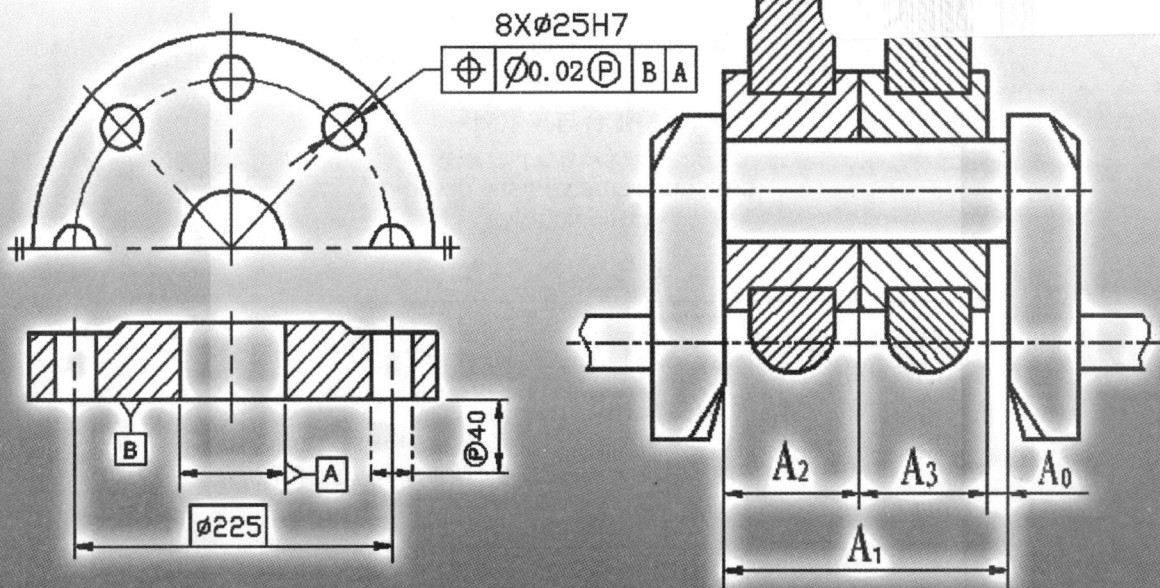

U0747904

8X∅25H7

$\bigoplus$ | $\varnothing0.02$ Ⓟ | B | A

∅225

∅40

$A_2$　$A_3$　$A_0$

$A_1$

中南大学出版社
www.csupress.com.cn
·长沙·

## 内容简介

《公差配合与技术测量》是职业院校机械类专业的一门重要的技术基础课，与其他基础课和专业课有着密切的联系。

全书共分为 6 章，第 1 章介绍了光滑圆柱形结合的极限与配合，例如基本术语及其定义、配合制度、公差与配合的选用等。第 2 章介绍了技术测量基础，例如介绍常用长度量具、角度量具及测量器具的选择。第 3 章介绍了形状和位置公差及其检测，例如形位公差的标注方法、形位公差及公差带、形位误差的检测、公差原则等。第 4 章介绍了表面粗糙度及其检测，例如表面粗糙度的评定、表面粗糙度的符号、代号及标注、选用等。第 5 章介绍了尺寸链的特点、分类及解算。第 6 章介绍了常用典型结合的公差及其检测等内容，以普通螺纹为例，介绍了螺纹结合的公差与检测。

其中，第 1 章、第 3 章、第 4 章是全书的核心，也是掌握公差配合与技术测量知识的重点。

本书每一章节所列举的大量实例典型实用，步骤讲解详细，表达通俗易懂，符合生产实际，本教材多处运用图表形式将各知识点归纳排列，使内容总结性强，具有条理性，且重难点突出，使读者易懂、易学，而且在各章节后都配备了大量的练习题，用以巩固所学知识，特别方便读者自学。

本书适用面广，既可作为高职高专、中职中专、技工学校的教材，又可作为从事机械设计、制造、计量检测等技术人员的自学参考书。

**图书在版编目（CIP）数据**

公差配合与技术测量／段绍娥，周少良主编.—长沙：中南大学出版社，2014.12

ISBN 978 - 7 - 5487 - 1247 - 3

Ⅰ.①公… Ⅱ.①段… ②周… Ⅲ.①公差—配合—高等职业教育—教材 ②技术测量—高等职业教育—教材 Ⅳ.①TG801

中国版本图书馆 CIP 数据核字（2014）第 293433 号

### 公差配合与技术测量
#### （修订版）
GONGCHA PEIHE YU JISHU CELIANG
（XIUDING BAN）

主编 段绍娥 周少良

| | | |
|---|---|---|
| □责任编辑 | 李宗柏 | |
| □责任印制 | 易红卫 | |
| □出版发行 | 中南大学出版社 | |
| | 社址：长沙市麓山南路 | 邮编：410083 |
| | 发行科电话：0731 - 88876770 | 传真：0731 - 88710482 |
| □印　装 | 长沙印通印刷有限公司 | |
| □开　本 | 787 mm×1092 mm 1/16　□印张 14.75　□字数 376 千字 | |
| □版　次 | 2020 年 3 月第 1 版　□2020 年 3 月第 2 次印刷 | |
| □书　号 | ISBN 978 - 7 - 5487 - 1247 - 3 | |
| □定　价 | 45.00 元 | |

# 前　言

　　《公差配合与技术测量》是职业院校机械类专业的一门重要的技术基础课,与其他基础课和专业课有着密切的联系。

　　本教材为了将抽象的理论知识形象化、生动化,加强了实践性教学环节,编写时对教材内容作了合理增删,做到定义、概念简洁明了,实例和计算典型准确,使教材更加符合生产实践的要求。教材运用图表形式将各知识点做了归纳排列,使其更具有条理性,同时通过大量的实例和练习题,使学生加深对知识的理解。

　　全书共分为6章,主要介绍了光滑圆柱形结合的极限与配合;技术测量基础;形状和位置公差及其检测;表面粗糙度及其检测;尺寸链的特点、分类及解算;常用典型结合的公差及其检测等内容。

　　本书具有下面的三大优点和特色:

　　**1. 全面更新教材中涉及到的国家标准**

　　近年来,新的国家标准在极限与配合的名词术语、几何公差、表面结构要求等方面都有了很大的变化。为了使教材更加规范,对教学内容中的相关国家标准进行了相应更新。

　　**2. 例图典型丰富、习题充足**

　　本教材注重学生对抽象知识的透彻理解和加强对知识的练习巩固,采用"实例教学法",为了详细讲解各知识点,每一章都列举了大量的实例,并在各章节后配备了相应的练习题,便于学生练习巩固所学知识,书中例图和练习题都非常充足,这是本书区别于同类书籍的一大优点。

　　**3. 知识重点、难点突出**

　　全书具有一个共同特点:每一章节通过大量的例图辅助讲解知识,尤其是每个章节中穿插了"知识要点提示",它是该章节知识重点、难点的提炼,是疑点和容易混淆的知识点的阐述,是教学实践经验的体现。

　　本套教材特邀各学校教学一线的"双师型"专业骨干教师编写,教材汇集了丰富的教学经验,知识的阐述全面、详细、透彻。

　　本书收集了各类专业书、相关资料的典型图样和习题,并结合长年累积的教学实践经验,精心设计例题,所举实例典型实用,步骤讲解详细,表达通俗易懂,使读者易懂、易学,它既可用于教学,又可用于自学。

　　本书适用面广,既可作为高职高专、中职中专、技工学校的教材,又可作为从事机械设计、制造、计量检测等技术人员的自学参考书。

　　本书由衡阳技师学院段绍娥、周少良担任主编,邓小单、廖昌荣、张前森、蒋铁球、黄中、陈长江、单旭姣、李双担任副主编,吴辉、宋超、廖琼、申凯、陈琼、陈曦、刘灵、宋巧玲、曾凡刚、彭锐、彭林、李建华、陈君、宁伟嫱、罗玮佳参编,由刘忠贤、成朝阳、周孝汉主审。

　　由于时间仓促,作者水平有限,书中难免会出现不足和错误,敬请专家、读者批评指正。

编　者

2015 年 1 月

# 目 录

# 绪　论

## 一、互换性概述

### 1.互换性的含义

所谓互换性是指机器或仪器中同一规格的一批零部件，在装配前，任取其中一件，不需做任何挑选；装配时，不需进行修配和调整；装配后，能满足机器或仪器的使用性能要求。换而言之，零部件的互换性就是同一规格的零部件按规定要求制造，能够彼此相互替换且能保证使用性能要求的一种特性。互换性原则是产品设计的最基本原则。

互换性普遍应用于生产和生活中。如机床主轴的滚动轴承磨损到一定程度，就会影响机床的正常工作，此时可以换上同规格的新的滚动轴承，仍能满足使用要求。又如照明灯的灯管坏了，不能发光，换上一个相同规格的新灯管，就能正常发光。

### 2.互换性的种类

在生产中，互换性按其互换的程度可分为完全互换性和不完全互换性。

（1）完全互换性

完全互换性又称为绝对互换性，是指一批零件在装配或更换时，不需选择、调整与修配，装配后即可达到使用要求。如螺栓、螺母等标准件的装配都属于此类情况。

（2）不完全互换性

不完全互换性又称为有限互换性，是指同一种零件加工好以后，在装配前需经过挑选、调整或修配等辅助工序处理，才能满足使用要求。根据零件满足互换要求所采取的措施不同，不完全互换又可分为分组互换、调整互换和修配互换。

① 分组互换。分组互换是指同种零部件加工好后，装配前要先进行检测分组，然后按组装配，仅同组的零部件可以互换，组与组之间的零部件不能互换。

② 调整互换。调整互换是指同种零部件加工好后，装配时用调整的方法改变它在部件或机构中的尺寸或位置，方能满足功能要求。

③ 修配互换。修配互换是指同类零部件加工好后，在装配时要用去除材料的方法改变它的某一实际尺寸的大小，方能满足功能要求。

其中，分组装配法即属于典型的不完全互换性。即加工完后根据零件的实测尺寸的大小，将零件分为若干组，使每组内的尺寸差别较小，然后对相应组的零件进行装配（即大孔装配大轴，小孔装配小轴）。采用此方法进行装配时，仅同组的零部件可以互换，而组与组之间的零部件不能互换，即限定了互换的范围。

例如，滚动轴承内圈与轴或其外圈与孔的配合采用了完全互换，而内、外圈滚道与滚珠之间的配合，因其组成零件的精度要求高，加工困难，通常采用分组装配，故为不完全装配。

### 3. 互换性的作用

互换性是现代机械制造业进行专业化生产的前提条件，广泛应用于机械制造中的产品设计、零件的加工和装配、机器的使用维修等各个方面。

从设计方面看，按互换性进行设计，可以最大限度地采用标准件、通用件，减少计算、绘图等工作量，缩短设计周期。

从制造方面看，利于实现制造和装配过程的机械化、自动化，从而减轻工人劳动强度，提高生产率。

从维修方面看，零部件具有互换性，可及时更换损坏的零件，减少机器维修时间和费用，提高机器的使用寿命及设备的利用率。

互换性是实现生产分工、协作的必要条件，只有机械零件具有了互换性，才可能将一台机器中的成千上万个零部件进行高效率、专业化、分散生产，然后集中起来进行装配。互换性对提高生产效率、保证产品质量、降低生产成本、从而获得更大的经济效益，具有重要作用。

## 二、标准化

现代化生产的特点是规模大、品种多、分工细和协作单位多，互换性要求高。为了使各生产环节协调及社会生产高效率地运行，必须制定统一的标准，使各个分散的生产部门和生产环节保持技术统一，以实现互换性生产。

标准化是指在经济、技术、科学及管理等社会实践中，对实际的或潜在的问题制定共同的和重复使用的规则的活动。

标准化是实现互换性的前提，在机械制造业中，任何零部件要使其具有互换性，都必须实现标准化，没有标准化，就没有互换性。它是国家现代化水平的重要标志之一。

## 三、公差与检测

零件在加工过程中，由于机床系统误差、机床振动、计量器具精度、刀具磨损等诸多因素的影响，其几何参数不可避免地会产生误差。几何量误差主要包括尺寸误差、形状与位置误差、表面微观形状误差等。

几何参数的公差是指零件几何参数误差允许的变动量，它包括尺寸公差、形状与位置公差等。只有将零件的几何量误差控制在相应的公差内，才能保证互换性的实现。

零件是否合格必须通过检测才能判断，如果零件的几何参数误差控制在规定的公差范围内，则此零件合格，就能满足互换性的要求；反之，误差超过公差范围，零件就不合格，也就不能达到互换的目的。

因此，对零件的检测是保证互换性生产的一个重要手段。另外，根据测量的结果，还可以分析不合格零件产生的原因，及时采取必要的工艺措施，及时调整生产，提高加工精度，减少不合格产品，提高合格率，从而降低生产成本和提高生产效率。

综上所述，合理地确定公差与正确地进行检测，对保证产品的质量和实现互换性生产是必不可少的。

### 四、本课程的性质和要求

#### 1. 本课程性质

公差配合与技术测量基础是机械类各专业必须掌握的一门重要的技术基础课。在教学中起着联系基础课与专业课的衔接作用。它比较全面地讲述了机械加工中有关尺寸公差、形位公差、表面粗糙度等技术要求及有关各种测量技术的基本知识。其主要内容包括光滑圆柱形结合的极限与配合；技术测量基础；形状和位置公差及其检测；表面粗糙度及其检测；尺寸链的特点、分类及解算；常用典型结合的公差及其检测等内容。

本课程由"公差配合"与"技术测量"两部分组成。本课程具有术语定义多、符号、图形、表格多，定性解释多，内容涉及面广等特点。本课程的目标是培养中、高等技术应用型人才，以满足企业用人的需要。

#### 2. 本课程的要求

本课程的要求是为制造工艺课的教学和生产实习教学打下必要的基础。通过本课程的学习，学生应了解国家标准中有关公差与配合等方面的基本术语及其定义，熟悉极限与配合标准的基本规定，掌握极限与配合方面的基本计算方法及代号的标注和识读；了解有关测量的基本知识，理解常用量具的读数原理，掌握常用量具的使用方法；了解形位公差的基本内容，理解形位公差代号的含义，掌握形位公差代号的标注和识读；了解表面粗糙度的评定标准及基本的检测方法，掌握表面粗糙度符号、代号的标注和识读；了解尺寸链的定义及特点，理解尺寸链的组成和分类，掌握尺寸链的计算。了解普通螺纹公差的特点，理解螺纹标记的组成及其含义。另外，还要求学生将本课程中所学的知识运用于专业课程和生产实习中，通过实践，进一步加深理解和掌握本课程的内容。

## 练　习

1. 互换性按其程度和范围的不同可分为＿＿＿＿互换性和＿＿＿＿＿＿互换性，其中＿＿＿＿互换性在生产中得到了广泛应用。

2. 几何量误差主要包括＿＿＿＿误差、＿＿＿＿＿＿＿＿误差、＿＿＿＿＿＿＿＿＿误差等。

3. 零件没有几何误差才能保证零件具有互换性。【是、否】

4. 公差是用来控制几何量误差的。【是、否】

5. 分组装配法属于完全互换性。【是、否】

# 第1章　光滑圆柱形结合的极限与配合

## 【知识目标】

(1)掌握极限与配合的基本术语和基本概念。

(2)熟悉极限与配合标准的基本规定。

(3)掌握公差带与配合的选用。

## 【技能目标】

(1)能正确分析图样中尺寸公差的标注,具有准确查阅孔、轴基本偏差和标准公差等级等各项表格数值的能力。

(2)能准确计算尺寸偏差和公差,会用极限和偏差的方法判断零件的合格性。

(3)能正确分析零件配合类型。

(4)能根据要求查表选择配合类型,具有根据配合类型进行计算与设计的初步能力。

## 1.1　公差配合的基本术语及定义

### 1.1.1　孔和轴

#### 1. 孔

孔通常指工件的圆柱形内表面,也包括非圆柱形内表面(由两平行平面或切面形成的包容面)。

孔从切削加工过程看,尺寸由小变大。从装配关系上看,零件装配后形成包容与被包容的关系,凡包容面统称为孔,如图1-1所示。

#### 2. 轴

轴通常指工件的圆柱形外表面,也包括非圆柱形外表面(由两平行平面或切面形成的被包容面)。

轴从切削加工过程看,尺寸由大变小。从装配关系上看,零件装配后形成包容与被包容的关系,凡被包容面统称为轴,如图1-1所示。

### 1.1.2　尺寸的术语及定义

#### 1.尺寸

尺寸是指用特定单位表示线性尺寸的数值。尺寸由数值和特定单位两部分组成,如20 mm(毫米),80 μm(微米)等。

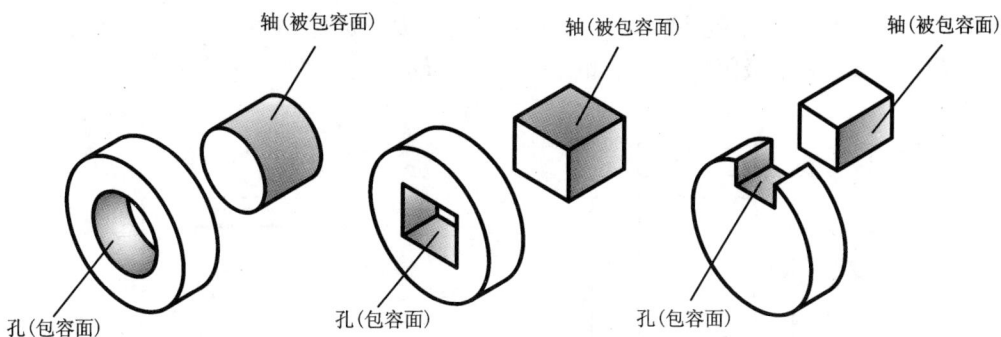

图 1-1　孔和轴的判断

线性尺寸值包括半径、直径、宽度、深度、高度和中心距等。在机械制图中，尺寸数值的单位如果为 mm，一般可省略不写，如果采用其他单位，则必须在数值后注写单位。

**2. 公称尺寸($D$、$d$)**

公称尺寸也称为基本尺寸，它是计算极限尺寸和极限偏差的起始尺寸。公称尺寸是设计时给定的尺寸。

孔和轴的公称尺寸分别用"$D$"和"$d$"表示。如图 1-2 所示，$\phi 10$ mm 为销轴直径的公称尺寸，40 mm 为其长度的公称尺寸。

**3. 实际尺寸($D_a$、$d_a$)**

实际尺寸是通过测量所得的尺寸。孔的实际尺寸用"$D_a$"表示，轴的实际尺寸用"$d_a$"表示。

由于存在测量误差，所测得的实际尺寸并非被测零件尺寸的真值，由于存在加工误差，零件同一表面上不同位置的实际尺寸不一定相等，故往往把它称为局部实际尺寸，如图 1-3 所示为该销轴的实际尺寸。

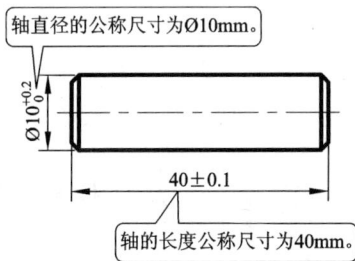

图 1-2　销轴的公称尺寸

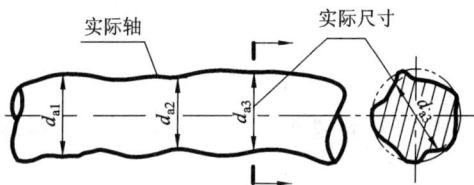

图 1-3　销轴的实际尺寸

**4. 极限尺寸**

极限尺寸是指允许尺寸变动的两个极限值，即上极限尺寸和下极限尺寸。上极限尺寸为孔或轴允许的最大尺寸，下极限尺寸为孔或轴允许的最小尺寸。

孔的上极限尺寸和下极限尺寸分别用"$D_{max}$"和"$D_{min}$"表示，轴的上极限尺寸和下极限尺寸分别用"$d_{\max}$"和"$d_{\min}$"表示。

孔的公称尺寸 $D$、上极限尺寸 $D_{\max}$ 和下极限尺寸 $D_{\min}$ 如图 1-4(a)所示,轴的公称尺寸 $d$、上极限尺寸 $d_{\max}$ 和下极限尺寸 $d_{\min}$ 如图 1-4(b)所示。

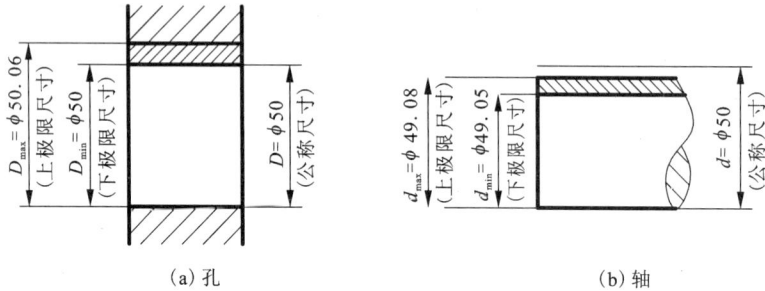

（a）孔　　　　　　　　　　　　　　　　　　（b）轴

**图 1-4　孔、轴的公称尺寸和极限尺寸**

> **知识要点提示：**
> （1）实际尺寸必须在上极限尺寸和下极限尺寸之间，即为合格。
> （2）公称尺寸、极限尺寸都是设计时给定的尺寸，而实际尺寸的大小由加工决定，它可以大于、小于或等于公称尺寸。公称尺寸可以在极限尺寸确定的范围内，也可以在极限尺寸确定的范围外。

如图 1-4(b)所示,若轴的实际尺寸 $d_a = \phi 50$ mm,刚好等于公称尺寸 $\phi 50$,由于实际尺寸 $\phi 50$ 大于轴的上极限尺寸 $\phi 49.08$,因此该零件并不合格。

### 1.1.3　偏差与公差的术语及定义

**1. 偏差**

某一尺寸(实际尺寸、极限尺寸等)减其公称尺寸所得的代数差称为偏差。

由于尺寸有极限尺寸与实际尺寸之分,偏差可分为极限偏差和实际偏差两种。

1)极限偏差

（1）定义及计算

极限尺寸减其公称尺寸所得的代数差称为极限偏差。极限偏差可分为上极限偏差和下极限偏差。

上极限尺寸减其公称尺寸所得的代数差称为上极限偏差。孔的上极限偏差用 $ES$ 表示,轴的上极限偏差用 $es$ 表示。用公式表示为

$$上极限偏差 = 上极限尺寸 - 公称尺寸$$

孔：
$$ES = D_{\max} - D$$

轴：
$$es = d_{\max} - d$$

下极限尺寸减其公称尺寸所得的代数差称为下极限偏差。孔的下极限偏差用 $EI$ 表示,轴的下极限偏差用 $ei$ 表示。用公式表示为

$$下极限偏差 = 下极限尺寸 - 公称尺寸$$

孔：
$$EI = D_{min} - D$$

轴：
$$ei = d_{min} - d$$

孔和轴的极限偏差如图 1 - 5 所示。

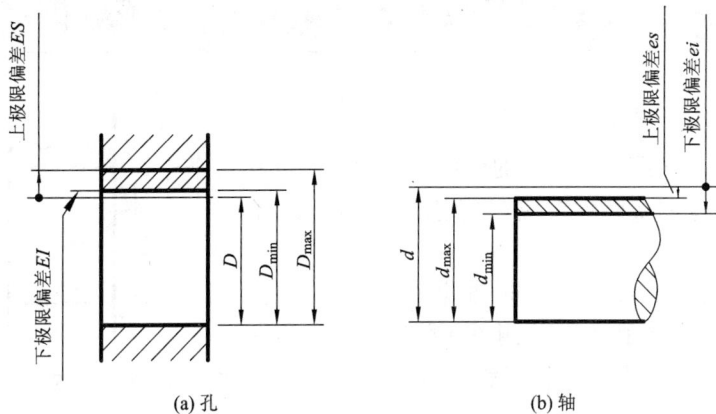

(a) 孔　　　　　　　　　(b) 轴

图 1 - 5　极限偏差

**知识要点提示：**

　　偏差为代数差，可以为正值、负值或零值，即极限尺寸可以大于、小于或等于公称尺寸。偏差值除零外，前面必须冠以"＋"、"－"符号，不能遗漏。

（2）极限偏差的标注

在图样上极限偏差的标注及解释如图 1 - 6 所示。常见的极限偏差标注错误见表 1 - 1。

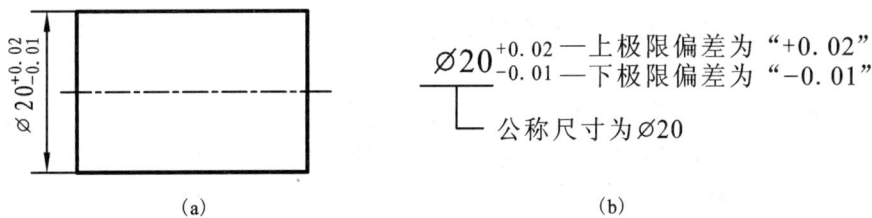

$\varnothing 20^{+0.02}_{-0.01}$——上极限偏差为"+0.02"
$\quad\quad\quad$——下极限偏差为"-0.01"

$\quad$——公称尺寸为 $\varnothing 20$

(a)　　　　　　　　　　　(b)

图 1 - 6　极限偏差的标注

表 1 - 1　常见的极限偏差标注错误

| 错误标注 | 正确标注 | 解　析 |
|---|---|---|
| $\phi 15^{+0.01}_{+0.12}$；$\phi 20^{-0.04}_{-0.02}$ | $\phi 15^{+0.12}_{+0.01}$；$\phi 20^{-0.02}_{-0.04}$ | 上极限偏差必须大于下极限偏差 |
| $\phi 25^{+0.33}_{0}$ | $\phi 25^{+0.33}_{\ 0}$ | "＋"、"－"符号要对齐 |
| $\phi 35_{-0.02}$ | $\phi 35^{\ 0}_{-0.02}$ | 极限偏差为零值时，不能省略"0" |

知识要点提示：

　　(1)上极限偏差＞下极限偏差。

　　(2)上、下极限偏差的"＋"、"－"符号应对齐。

　　(3)若极限偏差为零时，必须标注"0"，不能省略。

　　(4)当上、下极限偏差数值相同而符号相反时，如 $\phi 35^{+0.1}_{-0.1}$ 应简化标注，如 $\phi 35 \pm 0.1$。

2)实际偏差

　　实际尺寸减其公称尺寸所得的代数差称为实际偏差，合格零件的实际偏差应在规定的上、下极限偏差之间。

　　**例 1－1**　计算孔 $\phi 50^{+0.04}_{+0.01}$ mm 的极限尺寸，如图 1－7 所示，若该孔加工后测得实际尺寸为 $\phi 50.02$ mm，试判断该零件尺寸是否合格。

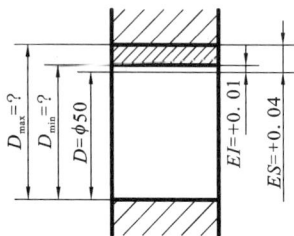

图 1－7　孔的极限尺寸计算示例

　　**解：**

　　孔的上极限尺寸　$D_{max} = D + ES = 50 + (+0.04) = 50.04$ mm

　　孔的下极限尺寸　$D_{min} = D + EI = 50 + (+0.01) = 50.01$ mm

　　方法一：由于 $\phi 50.01 < \phi 50.02 < \phi 50.04$，因此该零件尺寸合格。

　　方法二：孔的实际偏差 $= D_a - D = 50.02 - 50 = +0.02$ mm

　　由于实际偏差 $+0.02$ 在上下极限偏差之内，因此该零件尺寸合格。

## 练 习

　　1.零件装配后，其结合处形成包容与被包容的关系，凡包容面统称为 ＿＿＿ ，被包容面统称为 ＿＿＿ 。

　　2.孔或轴允许尺寸变动的两个极限值为 ＿＿＿＿＿ 和 ＿＿＿＿＿ 。它们是以公称尺寸为基数来确定的。

　　3.尺寸偏差可分为极限偏差和 ＿＿＿＿ 两种。极限偏差可分为 ＿＿＿＿＿ 和 ＿＿＿＿＿ 。

　　4.在 $\phi 35^{+0.1}_{-0.2}$ 中，公称尺寸为 ＿＿＿ mm，上极限偏差为 ＿＿＿ mm，下极限偏差为 ＿＿＿ mm，上极限尺寸为 ＿＿＿ mm，下极限尺寸为 ＿＿＿ mm。

　　5.在切削过程中尺寸由大变小的统称为孔，尺寸由小变大的统称为轴。【是、否】

　　6.零件的实际尺寸位于所给定的两个极限尺寸之间，则该零件合格。【是、否】

　　7.公称尺寸可以大于、小于或等于极限尺寸。【是、否】

　　8.测量所得的尺寸称为(　　)。

　　A.公称尺寸　　　　　　B.实际尺寸　　　　　　C.极限尺寸

　　9.下极限尺寸减其公称尺寸所得的代数差为(　　)。

　　A.上极限偏差　　　　　B.下极限偏差　　　　　C.实际偏差　　　　　D.基本偏差

　　10.孔的上极限偏差用(　　)表示。

　　A. $ES$　　　　　　　　B. $EI$　　　　　　　　C. $es$　　　　　　　　D. $ei$

11. 下列尺寸标注正确的在横线上打√，错误的在横线上打×，并改正。

(1) $\phi 20^{+0.015}_{+0.021}$ _____　(2) $\phi 30^{+0.033}_{0}$ _____　(3) $\phi 35^{-0.025}_{0}$ _____

(4) $\phi 50^{-0.041}_{-0.025}$ _____　(5) $\phi 70^{+0.046}$ _____　(6) $\phi 45^{+0.042}_{+0.017}$ _____

### 2. 尺寸公差($T$)

尺寸公差简称公差，是指允许尺寸的变动量。

尺寸公差等于上极限尺寸与下极限尺寸之差的绝对值，也等于上极限偏差与下极限偏差之差的绝对值。孔和轴的公差分别用 $T_h$ 和 $T_s$ 表示，其表达式为

孔的公差　　　$T_h = |D_{max} - D_{min}| = |(D + ES) - (D + EI)| = |ES - EI|$

轴的公差　　　$T_s = |d_{max} - d_{min}| = |(d + es) - (d + ei)| = |es - ei|$

---

**知识要点提示：**

(1)公差等于上极限偏差与下极限偏之差的绝对值，没有正、负的含义，因此在公差值前不能标注"＋"、"－"符号。

(2)因加工误差不可避免，公差不能为零值。

(3)从加工的角度看，公称尺寸相同的零件，公差值越大，加工越容易，反之加工就越困难。

---

**例 1 – 2**　如图 1 – 8 所示，求轴 $\phi 25^{-0.01}_{-0.04}$ 的尺寸公差。

**解：**

方法(一)：

轴的上极限尺寸

$d_{max} = d + es = 25 + (-0.01) = 24.99$ mm

轴的下极限尺寸

$d_{min} = d + ei = 25 + (-0.04) = 24.96$ mm

轴的尺寸公差

$T_s = |d_{max} - d_{min}| = |24.99 - 24.96| = 0.03$ mm

方法(二)：

轴的尺寸公差　　$T_s = |es - ei| = |(-0.01) - (-0.04)| = |-0.01 + 0.04| = 0.03$ mm

**图 1 – 8　轴的尺寸公差计算示例**

计算尺寸公差的方法可以采用极限尺寸和极限偏差两种方法，由于图样上标注的是公称尺寸和上、下极限偏差，因而采用极限偏差的方法计算较简单。

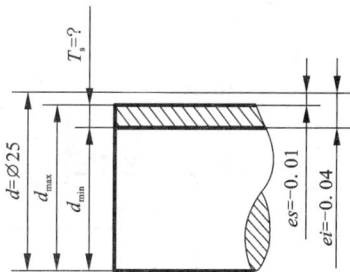

## 练　习

1. 关于偏差与公差，下列说法错误的是(　　)。

A. 尺寸偏差可以大于、小于或等于 0。

B. 尺寸公差只能大于零，故公差值前应标"＋"号。

C. 尺寸公差是指允许尺寸的变动量。

D. 尺寸公差是用绝对值定义的，没有正、负号的含义。

2. 从加工的角度看，公称尺寸相同的零件，公差值越大，加工越容易，反之加工就越困难。【是、否】

3. 孔 $\phi35_{-0.02}^{0}$ 的上极限尺寸为____ mm，下极限尺寸为____ mm，公差值为____ mm。

4. 轴 $\phi20_{-0.04}^{+0.02}$ 的上极限尺寸为____ mm，下极限尺寸为____ mm，公差值为____ mm。

5. 孔的公称尺寸为 $\phi80$ mm，下极限偏差为 +0.036 mm，公差值为 0.035 mm，该孔的上极限尺寸为____ mm，下极限尺寸为____ mm，上极限偏差为____ mm，尺寸标注为____。

6. 轴的公称尺寸为 $\phi50$ mm，该轴的上极限尺寸为 $\phi50.015$ mm，下极限尺寸为 $\phi49.990$ mm，该轴的上极限偏差为____ mm，下极限偏差为____ mm，公差值为____ mm，尺寸标注为____。

### 3. 公差带及公差带图

为了说明公称尺寸、极限偏差和公差三者之间的关系，一般采用极限与配合示意图，如图 1-9(a) 所示。这种示意图是把极限偏差和公差部分放大而尺寸不放大画出来，从图中可直观地看出公称尺寸、极限尺寸、极限偏差和公差之间的关系。

为了简化起见，在实际应用中常不画出孔和轴的全形，只要按规定将有关公差部分放大画出即可，这种图称为公差带图。如图 1-9(b) 所示。

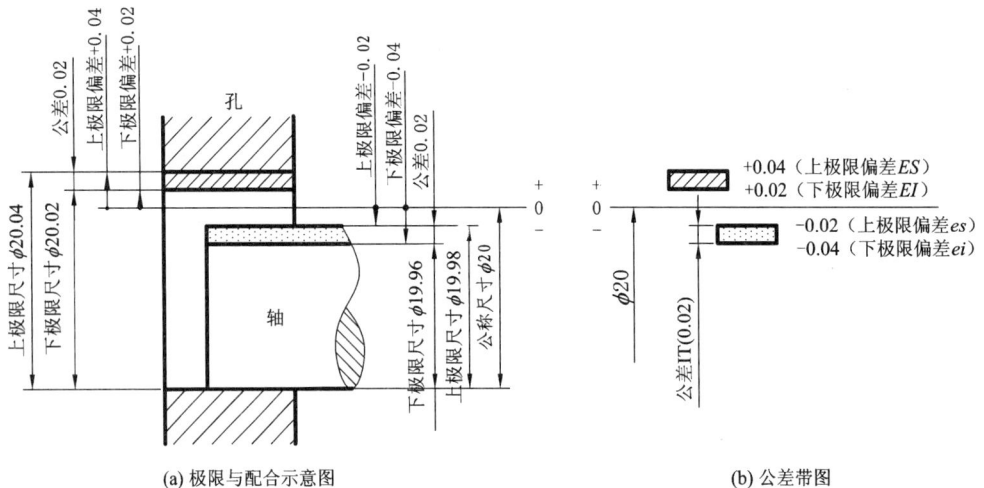

(a) 极限与配合示意图　　　　(b) 公差带图

图 1-9　孔轴极限配合与公差带图

(1)零线

在公差带图解中表示公称尺寸的一条水平线称为零线。

分别以孔、轴为例，如图 1-10(c) 和 1-11(c) 所示，以零线为基准确定偏差。零线上的偏差为 0，零线以上为正偏差，零线以下为负偏差。在零线左端标上"0"和"+"、"-"号，在其左下方画上带单向箭头的尺寸线，并标注公称尺寸值。偏差值以 mm 为单位时，可省略单位标注，而以 μm 为单位时，则必须注明。

（2）公差带

在公差带图解中，由代表上极限偏差和下极限偏差或上极限尺寸和下极限尺寸的两条直线所限定的区域称为公差带，如图 1-10(c) 和 1-11(c) 所示。

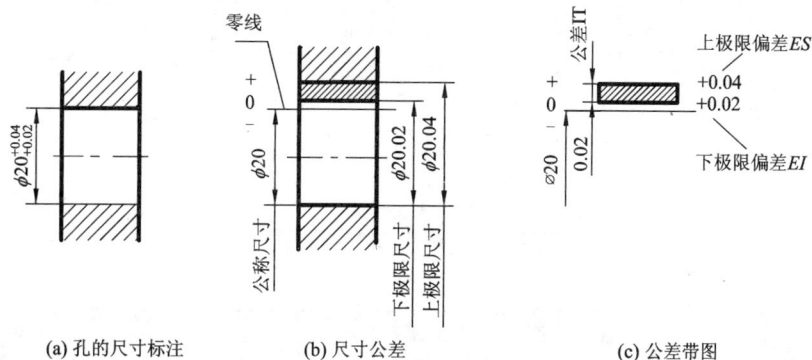

图 1-10　孔的尺寸公差与公差带图

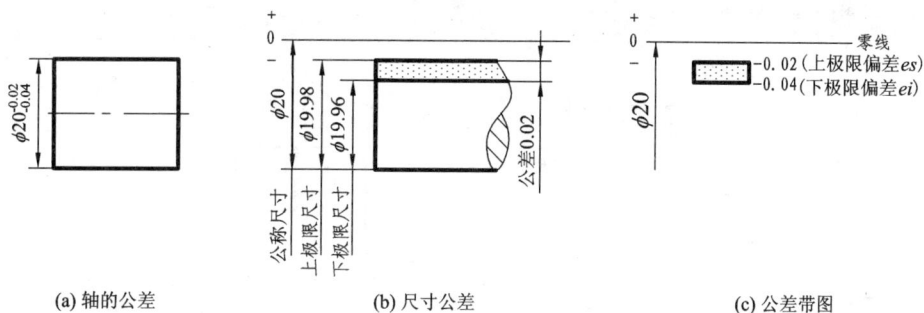

图 1-11　轴的尺寸公差与公差带图

公差带是由公差带大小和公差带位置两个要素确定。公差带的大小即公差值的大小，它是指沿垂直于零线方向度量的公差带宽度；公差带的位置是指公差带相对零线的位置，由靠近零线的那个极限偏差，即基本偏差决定。

公差带沿零线方向的长度可以任意选取。为了区别，一般在孔与轴配合的公差带图解中，孔和轴的公差带的剖面线的方向应该相反，且疏密程度不同（或孔的公差带用剖面线，而轴的公差带用网点表示）。

**例 1-3**　作孔 $\phi 50^{+0.04}_{+0.02}$ 的公差带图解。

**解：**

①作零线　沿水平方向画一条直线，并标注"0"和" + "、" - "号，然后作单向尺寸线并标注公称尺寸 $\phi 50$。

②作孔的公差带　选择合适比例（一般选 500:1，偏差值较小时可选取 1000:1）。孔的上极限偏差为 + 0.04 mm，在零线上方画出上极限偏差线，下极限偏差为 + 0.02，在零线上方画出下极限偏差线；在上、下极限偏差线左右两侧取适当长度画垂直于偏差线的线段，将其封

闭成矩形，然后在孔公差带内画出剖面线，并在相应的部位标注孔的上、下极限偏差值。

本题结果如图 1 – 12 所示。

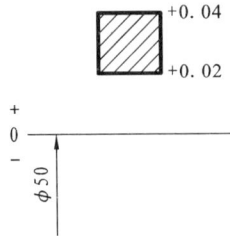

图 1 – 12　绘制孔的公差带图

**知识要点提示：**

（1）绘公差带图时，若孔或轴公差带经过零线，则公差带内的一段零线应去除不画，如图 1 – 13（a）所示。

（2）绘公差带图时，若极限偏差为"0"时，公差带的边缘与零线重合，极限偏差"0"不必标出，如图 1 – 13（b）所示。

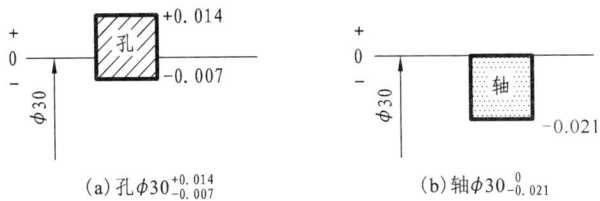

（a）孔 $\phi30^{+0.014}_{-0.007}$

（b）轴 $\phi30^{0}_{-0.021}$

图 1 – 13　绘制孔、轴的公差带图注意事项

# 练　习

1．尺寸公差带的零线是表示（　　）的一条直线。

A．上极限尺寸　　　　　　B．下极限尺寸　　　　　　C．公称尺寸　　　　　　D．实际尺寸

2．基本偏差是用于确定公差带位置的，一般是指靠近零线的上极限偏差或下极限偏差。【是、否】

3．确定公差带的两个要素分别是＿＿＿＿＿＿＿和＿＿＿＿＿＿＿。

4．计算下列孔和轴的尺寸公差，并分别绘出尺寸公差带图。

（1）孔 $\phi50^{+0.030}_{0}$　　　　（2）孔 $\phi45^{-0.050}_{-0.089}$　　　　（3）轴 $\phi125^{+0.041}_{-0.022}$　　　　（4）轴 $\phi80\pm0.023$

### 1.1.4　配合的术语及定义

**1. 配合**

公称尺寸相同、相互结合的孔和轴的公差带之间的关系称为配合。

由于孔和轴的实际尺寸不同，配合后会产生间隙或过盈。孔的尺寸减去相配合的轴的尺寸之差为正时是间隙，为负时是过盈。

**2. 配合的类型**

根据实际需要，配合分为三类：间隙配合、过盈配合和过渡配合。

1）间隙配合

具有间隙（包括最小间隙等于零）的配合称为间隙配合。

间隙配合时，孔的实际尺寸通常比轴的实际尺寸大，装配在一起后，轴在孔中能自由转动或移动。间隙配合时，孔的公差带在轴的公差带之上，如图 1 – 14 所示。

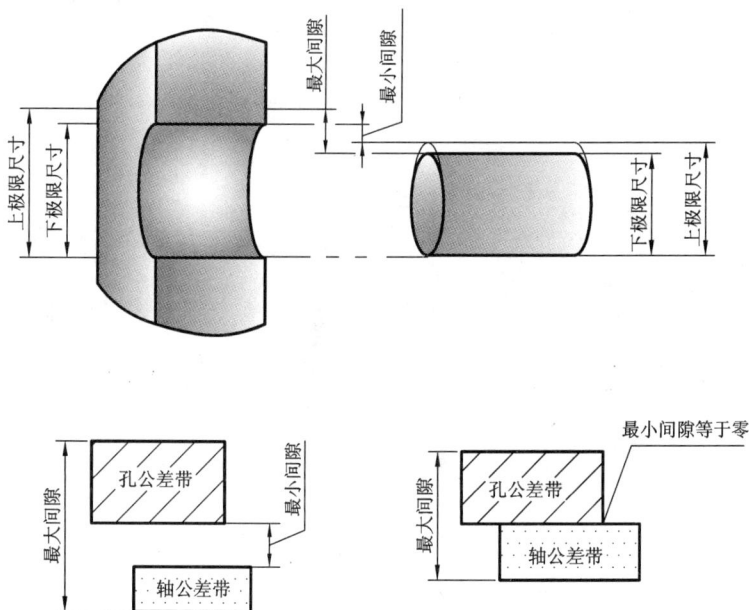

**图 1 – 14　间隙配合的孔、轴公差带**

由于孔、轴的实际尺寸允许在其极限尺寸内变动，因而其配合的间隙也是变动的。当孔为上极限尺寸而与其相配的轴为下极限尺寸时，配合处于最松状态，此时的间隙称为最大间隙，用 $X_{max}$ 表示。当孔为下极限尺寸而与其相配的轴为上极限尺寸时，配合处于最紧状态，此时的间隙称为最小间隙，用 $X_{min}$ 表示。

最大间隙 = 孔上极限尺寸 – 轴下极限尺寸 = 孔上极限偏差 – 轴下极限偏差

$$X_{max} = D_{max} - d_{min} = ES - ei$$

最小间隙 = 孔下极限尺寸 – 轴上极限尺寸 = 孔下极限偏差 – 轴上极限偏差

$$X_{min} = D_{min} - d_{max} = EI - es$$

最大间隙与最小间隙统称为极限间隙，它们表示间隙配合中允许间隙变动的两个界限值。孔、轴装配后的实际间隙在最大间隙和最小间隙之间。

间隙配合中，当孔的下极限尺寸等于轴的上极限尺寸时，最小间隙等于零，称为零间隙。

**例 1 - 4**　已知孔 $\phi30^{+0.021}_{0}$ 和轴 $\phi30^{-0.012}_{-0.033}$ 为间隙配合，作其公差带图解，并计算其最大间隙和最小间隙。

**解**：公差带图解如图 1 - 15 所示，孔的公差带在轴的公差带之上，为间隙配合。

间隙配合应计算最大间隙和最小间隙。

$X_{max} = ES - ei = +0.021 - (-0.033) = +0.054$ mm

$X_{min} = EI - es = 0 - (-0.012) = +0.012$ mm

2）过盈配合

具有过盈（包括最小过盈等于零）的配合称为过盈配合。

过盈配合时，孔的实际尺寸通常比轴的实际尺寸小，装配时需要一定的外力或将带孔零件加热膨胀后才能把轴装入孔中。所以，轴与孔装配后不能作相对运动。

过盈配合时，孔的公差带在轴的公差带之下，如图 1 - 16 所示。

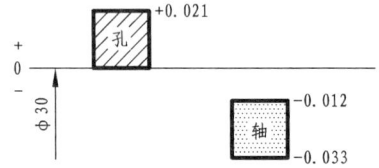

**图 1 - 15　间隙配合示例**

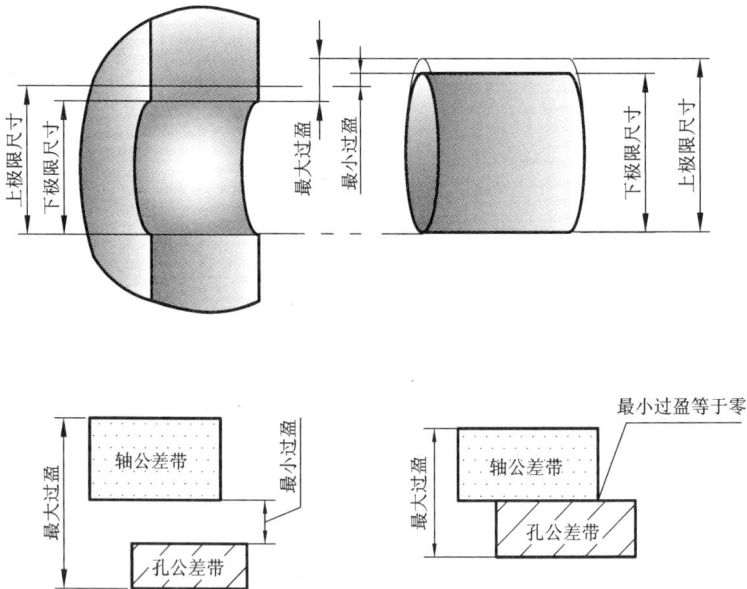

**图 1 - 16　过盈配合的孔、轴公差带**

同样，由于孔、轴的实际尺寸允许在其极限尺寸内变动，因而其配合的过盈也是变动的。当孔为上极限尺寸而与其相配的轴为下极限尺寸时，配合处于最松状态，此时的过盈称为最小过盈，用 $Y_{min}$ 表示。当孔为下极限尺寸而与其相配的轴为上极限尺寸时，配合处于最紧状态，此时的过盈称为最大过盈，用 $Y_{max}$ 表示。

最小过盈 = 孔上极限尺寸 - 轴下极限尺寸 = 孔上极限偏差 - 轴下极限偏差

$$Y_{min} = D_{max} - d_{min} = ES - ei$$

最大过盈 = 孔下极限尺寸 - 轴上极限尺寸 = 孔下极限偏差 - 轴上极限偏差

$$Y_{max} = D_{min} - d_{max} = EI - es$$

最小过盈与最大过盈统称为极限过盈,它们表示过盈配合中允许过盈变动的两个界限值。孔、轴装配后的实际过盈在最小过盈和最大过盈之间。

过盈配合中,当孔的上极限尺寸等于轴的下极限尺寸时,最小过盈等于零,称为零过盈。

**例 1 - 5**　孔 $\phi 50^{+0.016}_{0}$ 和轴 $\phi 50^{+0.042}_{+0.026}$ 为过盈配合,作其公差带图解,并计算其最小过盈和最大过盈。

**解**:公差带图解如图 1 - 17 所示,其孔的公差带在轴的公差带之下,为过盈配合。

过盈配合应计算其最小过盈和最大过盈。

$$Y_{min} = ES - ei = +0.016 - (+0.026) = -0.010 \text{ mm}$$

$$Y_{max} = EI - es = 0 - (+0.042) = -0.042 \text{ mm}$$

3)过渡配合

可能具有间隙或过盈的配合称为过渡配合。

过渡配合时,轴的实际尺寸比孔的实际尺寸有时大,有时小。孔与轴装配后,轴比孔小时能活动,但比间隙配合稍紧;轴比孔大时不能活动,但比过盈配合稍松。

过渡配合时,孔的公差带与轴的公差带相互交叠,如图 1 - 18 所示。

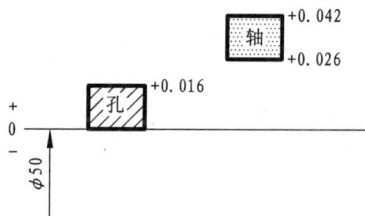

**图 1 - 17　过盈配合示例**

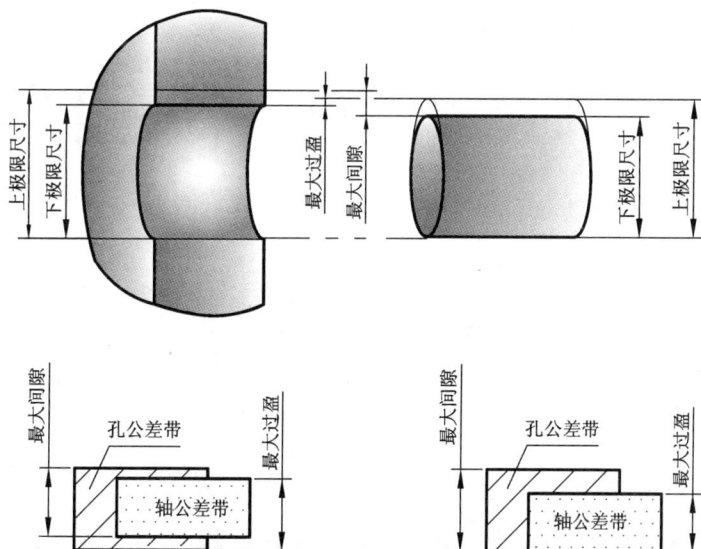

**图 1 - 18　过渡配合的孔、轴公差带**

同样，由于孔、轴的实际尺寸允许在其极限尺寸内变动。当孔的尺寸大于轴的尺寸时，具有间隙。当孔为上极限尺寸而与其相配的轴为下极限尺寸时，配合处于最松状态，此时的间隙称为最大间隙，用 $X_{\max}$ 表示。当孔的尺寸小于轴的尺寸时，具有过盈。当孔为下极限尺寸而与其相配的轴为上极限尺寸时，配合处于最紧状态，此时的过盈称为最大过盈，用 $Y_{\max}$ 表示。

$$最大间隙 = 孔上极限尺寸 - 轴下极限尺寸 = 孔上极限偏差 - 轴下极限偏差$$
$$X_{\max} = D_{\max} - d_{\min} = ES - ei$$
$$最大过盈 = 孔下极限尺寸 - 轴上极限尺寸 = 孔下极限偏差 - 轴上极限偏差$$
$$Y_{\max} = D_{\min} - d_{\max} = EI - es$$

**例 1-6**　孔 $\phi 60^{+0.030}_{0}$ 和轴 $\phi 60^{+0.024}_{+0.007}$ 相配合，作其公差带图解，试判断配合类型，并计算其极限间隙或极限过盈。

**解：** 公差带图解如图 1-19 所示，其孔的公差带与轴的公差带交叠，为过渡配合。

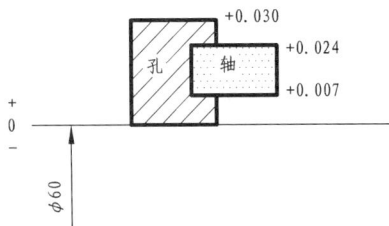

**图 1-19　过渡配合示例**

过渡配合应计算其最大间隙和最大过盈。
$$X_{\max} = ES - ei = +0.030 - (+0.007) = +0.023 \text{ mm}$$
$$Y_{\max} = EI - es = 0 - (+0.024) = -0.024 \text{ mm}$$

**3. 配合公差 $(T_f)$**

配合公差是指组成配合的孔与轴的公差之和，它是允许间隙或过盈的变动量。配合公差用 $T_f$ 表示，其公式如下。

间隙配合　　　　　$T_f = |X_{\max} - X_{\min}| = T_h + T_s$
过渡配合　　　　　$T_f = |X_{\max} - Y_{\max}| = T_h + T_s$
过盈配合　　　　　$T_f = |Y_{\min} - Y_{\max}| = T_h + T_s$

由上可知，无论哪一类配合，配合公差都等于组成配合的孔、轴公差之和，即
$$T_f = T_h + T_s$$

**知识要点提示：**

（1）配合精度的高低是由相配合的孔和轴的精度决定的，配合精度要求越高，孔和轴的精度也应越高（公差值越小），加工成本越高；反之，配合精度要求越低，孔和轴的精度也越低（公差值越大），加工成本也越低。

（2）配合公差并不反映配合的松紧程度，它反映的是配合的松紧变化程度。

**例 1 - 7**　孔 $\phi 60_{\ 0}^{+0.030}$ 和轴 $\phi 60_{-0.029}^{-0.010}$ 相配合，作其公差带图解，试判断配合类型，并计算其极限间隙或极限过盈、配合公差。

**解：**公差带图解如图 1 - 20 所示，其孔的公差带在轴的公差带之上，为间隙配合。

间隙配合应计算其最大间隙和最小间隙。

$$X_{\max} = ES - ei = +0.030 - (-0.029)$$
$$= +0.059 \text{ mm}$$

$$X_{\min} = EI - es = 0 - (-0.010) = +0.010 \text{ mm}$$

方法一：　　　$T_{\text{f}} = |X_{\max} - X_{\min}| = |+0.059 - (+0.010)| = 0.049 \text{ mm}$

方法二：　　　$T_{\text{f}} = T_{\text{h}} + T_{\text{s}} = |(+0.030) - 0| + |(-0.010) - (-0.029)| = 0.049 \text{ mm}$

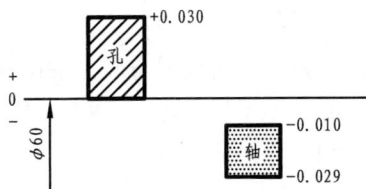

图 1 - 20　配合公差示例

# 练　习

1.　_____尺寸相同、相互结合的孔和轴公差带之间的关系称为配合。根据相互结合的孔、轴公差带之间的相对位置的不同，配合分为_____、_____和_____三种。

2.孔的尺寸减去相配合的轴的尺寸为正时，属于间隙配合。【是、否】

3.孔公差带在轴公差带之上时为（　　）。

A.间隙配合　　　　　　B.过渡配合　　　　　　C.过盈配合

4.当孔的上极限尺寸与轴的下极限尺寸之代数差为正值时，此代数差称为（　　）。

A.最大间隙　　　　B.最小间隙　　　　C.最大过盈　　　　D.最小过盈

5.过盈配合中的两种配合极限为（　　）。

A.最大间隙与最小间隙　　　　　　　　B.最大间隙与最大过盈

C.最大过盈与最小过盈

6.在孔、轴的配合中，若 $ES \leqslant ei$，则此配合必为过盈配合。【是、否】

7.配合公差可以为零。【是、否】

8.绘出下列各组配合的尺寸公差带图，判断配合类型，并计算极限间隙或极限过盈及配合公差。

（1）孔为 $\phi 25_{\ 0}^{+0.021}$，轴为 $\phi 25_{-0.033}^{-0.020}$；　　　　（2）孔为 $\phi 70_{\ 0}^{+0.030}$，轴为 $\phi 70_{+0.010}^{+0.030}$；

（3）孔为 $\phi 90_{\ 0}^{+0.035}$，轴为 $\phi 90_{+0.091}^{+0.133}$；　　　　（4）孔 $\phi 100_{+0.036}^{+0.090}$，轴为 $\phi 100_{-0.054}^{\ 0}$；

## 1.2　极限与配合标准的基本规定

极限与配合的国家标准是由标准公差和基本偏差两部分构成的。标准公差用于确定公差带的大小，基本偏差用于确定公差带的位置。

## 1.2.1　标准公差

标准公差是指极限与配合的国家标准中所规定的任一公差，由若干标准公差组成的系列称为标准公差系列，见表 1－2。从表中可以看出，标准公差数值与两个因素有关，即标准公差等级和公称尺寸分段。

**表 1－2　标准公差数值**

| 公称尺寸 mm | | 标准公差等级 | | | | | | | | | | | | | | | | | |
|---|---|---|---|---|---|---|---|---|---|---|---|---|---|---|---|---|---|---|---|
| 大于 | 至 | IT1 | IT2 | IT3 | IT4 | IT5 | IT6 | IT7 | IT8 | IT9 | IT10 | IT11 | IT12 | IT13 | IT14 | IT15 | IT16 | IT17 | IT18 |
| | | μm | | | | | | | | | | | mm | | | | | | |
| — | 3 | 0.8 | 1.2 | 2 | 3 | 4 | 6 | 10 | 14 | 25 | 40 | 60 | 0.1 | 0.14 | 0.25 | 0.4 | 0.6 | 1 | 1.4 |
| 3 | 6 | 1 | 1.5 | 2.5 | 4 | 5 | 8 | 12 | 18 | 30 | 48 | 75 | 0.12 | 0.18 | 0.3 | 0.48 | 0.75 | 1.2 | 1.8 |
| 6 | 10 | 1 | 1.5 | 2.5 | 4 | 6 | 9 | 15 | 22 | 36 | 58 | 90 | 0.15 | 0.22 | 0.36 | 0.58 | 0.9 | 1.5 | 2.2 |
| 10 | 18 | 1.2 | 2 | 3 | 5 | 8 | 11 | 18 | 27 | 43 | 70 | 110 | 0.18 | 0.27 | 0.43 | 0.7 | 1.1 | 1.8 | 2.7 |
| 18 | 30 | 1.5 | 2.5 | 4 | 6 | 9 | 13 | 21 | 33 | 52 | 84 | 130 | 0.21 | 0.33 | 0.52 | 0.84 | 1.3 | 2.1 | 3.3 |
| 30 | 50 | 1.5 | 2.5 | 4 | 7 | 11 | 16 | 25 | 39 | 62 | 100 | 160 | 0.25 | 0.39 | 0.62 | 1 | 1.6 | 2.5 | 3.9 |
| 50 | 80 | 2 | 3 | 5 | 8 | 13 | 19 | 30 | 46 | 74 | 120 | 190 | 0.3 | 0.46 | 0.74 | 1.2 | 1.9 | 3 | 4.6 |
| 80 | 120 | 2.5 | 4 | 6 | 10 | 15 | 22 | 35 | 54 | 87 | 140 | 220 | 0.35 | 0.54 | 0.87 | 1.4 | 2.2 | 3.5 | 5.4 |
| 120 | 180 | 3.5 | 5 | 8 | 12 | 18 | 25 | 40 | 63 | 100 | 160 | 250 | 0.4 | 0.63 | 1 | 1.6 | 2.5 | 4 | 6.3 |
| 180 | 250 | 4.5 | 7 | 10 | 14 | 20 | 29 | 46 | 72 | 115 | 185 | 290 | 0.46 | 0.72 | 1.15 | 1.85 | 2.9 | 4.6 | 7.2 |
| 250 | 315 | 6 | 8 | 12 | 16 | 23 | 32 | 52 | 81 | 130 | 210 | 320 | 0.52 | 0.81 | 1.3 | 2.1 | 3.2 | 5.2 | 8.1 |
| 315 | 400 | 7 | 9 | 13 | 18 | 25 | 36 | 57 | 89 | 140 | 230 | 360 | 0.75 | 0.89 | 1.4 | 2.3 | 3.6 | 5.7 | 8.9 |
| 400 | 500 | 8 | 10 | 15 | 20 | 27 | 40 | 63 | 97 | 155 | 250 | 400 | 0.63 | 0.97 | 1.55 | 2.5 | 4 | 6.3 | 9.7 |
| 500 | 630 | 9 | 11 | 16 | 22 | 32 | 44 | 70 | 110 | 175 | 280 | 440 | 0.7 | 1.1 | 1.75 | 2.8 | 4.4 | 7 | 11 |
| 630 | 800 | 10 | 13 | 18 | 25 | 36 | 50 | 80 | 125 | 200 | 320 | 500 | 0.8 | 1.25 | 2 | 3.2 | 5 | 8 | 12.5 |
| 800 | 1000 | 11 | 15 | 21 | 28 | 40 | 56 | 90 | 140 | 230 | 360 | 560 | 0.9 | 1.4 | 2.3 | 3.6 | 5.6 | 9 | 14 |
| 1000 | 1250 | 13 | 18 | 24 | 33 | 47 | 66 | 105 | 165 | 260 | 420 | 660 | 1.05 | 1.65 | 2.6 | 4.2 | 6.6 | 10.5 | 16.5 |
| 1250 | 1600 | 15 | 21 | 29 | 39 | 55 | 78 | 125 | 195 | 310 | 500 | 780 | 1.25 | 1.95 | 3.1 | 5 | 7.8 | 12.5 | 19.5 |
| 1600 | 2000 | 18 | 25 | 35 | 46 | 65 | 92 | 150 | 230 | 370 | 600 | 920 | 1.5 | 2.3 | 3.7 | 6 | 9.2 | 15 | 23 |
| 2000 | 2500 | 22 | 30 | 41 | 55 | 78 | 110 | 175 | 280 | 440 | 700 | 1100 | 1.75 | 2.8 | 4.4 | 7 | 11 | 17.5 | 28 |
| 2500 | 3150 | 26 | 36 | 50 | 68 | 96 | 135 | 210 | 330 | 540 | 860 | 1350 | 2.1 | 3.3 | 5.4 | 8.6 | 13.5 | 21 | 33 |

注：①公称尺寸大于 500 mm 的 IT1 至 IT5 的标准公差数值为试行的。

②公称尺寸小于 1 mm 时，无 IT14 至 IT18。

③IT01 和 IT0 在工业上很少用到，因此本表中未列出。

**1. 标准公差等级**

确定尺寸精确程度的等级称为公差等级。

为了满足生产的需要，国家标准设置了 20 个公差等级，即 IT01，IT0，IT1，IT2，…，IT18。"IT"表示标准公差，数字表示公差等级。其中 IT01 精度最高，其余精度依次降低，

IT18 精度最低。

公差等级越高，零件的精度越高，使用性能也越好，但加工难度大，生产成本高；公差等级越低，零件的精度越低，使用性能也越差，但加工难度减小，生产成本降低。因而要同时考虑零件的使用要求和加工的经济性能这两个因素，合理确定公差等级。

**2. 公称尺寸分段**

标准公差数值不仅与标准公差等级有关，还与公称尺寸有关。为了便于实现标准化，国家标准对公称尺寸进行了分段。

如表 1-2 每一横行所示：尺寸分段后，同一尺寸段内所有的公称尺寸，在相同公差等级的情况下，具有相同的公差值。如公称尺寸 40 mm 和 50 mm 都在"＞30～50 mm"尺寸段，两尺寸的 IT7 级标准公差数值均为 0.025 mm。

如表 1-2 每一纵列所示：在相同的加工精度条件下（相同的加工设备及加工技术等），加工误差随公称尺寸的增大而增大，因此，同一公差等级的标准公差数值也应随公称尺寸的增大而增大。

---

**知识要点提示：**

公差等级是划分尺寸精确程度高低的标志。虽然在同一公差等级中，不同的公称尺寸对应不同的标准公差数值，但这些尺寸被认为具有同等的精确程度和加工难易程度。

例如，公称尺寸为 $\phi20$ mm 的 IT6 级标准公差数值为 13 $\mu$m，公称尺寸为 $\phi200$ mm 的 IT6 级标准公差数值为 29 $\mu$m，两者虽然标准公差数值相差很大，但不能认为前者比后者精度高，它们具有同样的精度。

反之，两者公差值相等时，其加工精度也不一定相同。例如公称尺寸为 $\phi5$ mm 的 IT9 级标准公差数值为 30 $\mu$m，公称尺寸为 $\phi70$ mm 的 IT7 级标准公差数值也为 30 $\mu$m，显然，后者的精度比前者高。

| 公称尺寸(mm) | 公差等级 | 公差值 | 精度比较结果 |
|---|---|---|---|
| $\phi20$ | IT6 | 13 $\mu$m | 相同 |
| $\phi200$ | IT6 | 29 $\mu$m | |

| 公称尺寸(mm) | 公差等级 | 公差值 | 精度比较结果 |
|---|---|---|---|
| $\phi5$ | IT9 | 30 $\mu$m | 低 |
| $\phi70$ | IT7 | 30 $\mu$m | 高 |

因此，应以公差等级作为判断零件精度高低的依据，而不能以标准公差数值的大小来判断零件精度的高低。

## 练　习

1. 国家标准设置了 20 个公差等级,其中(　　　)精度最高。

A. IT1　　　　　　B. IT18　　　　　　C. IT01　　　　　　D. IT0

2. 公差等级相同时,其加工精度一定相同;公差数值相等时,其加工精度不一定相同。【是、否】

3. 标准公差数值与两个因素有关,即标准公差等级和公称尺寸分段。【是、否】

### 1.2.2　基本偏差

**1. 基本偏差及其代号**

1)基本偏差

在极限与配合国家标准中,用以确定公差带相对于零线位置的上极限偏差或下极限偏差,称为基本偏差。

基本偏差一般为靠近零线的那个极限偏差,当公差带在零线之上时,其基本偏差为下极限偏差;反之则为上极限偏差。有的公差带相对于零线是完全对称的,则基本偏差可为上极限偏差,也可为下极限偏差,如图 1-21 所示。

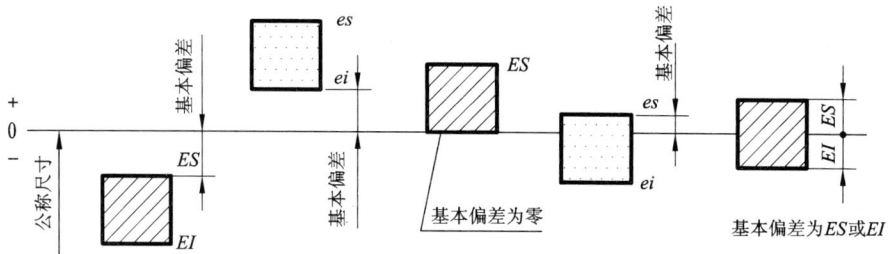

图 1-21　基本偏差

2)基本偏差代号

国家标准对孔和轴规定了 28 种基本偏差,其代号用拉丁字母表示,大写字母表示孔的基本偏差,小写字母表示轴的基本偏差。为了不与其他代号相混淆,在 26 个字母中去掉了 I,L,O,Q,W(i,l,o,q,w)5 个字母,又增加了 7 个双写字母 CD,EF,FG,JS,ZA,ZB,ZC(cd,ef,fg,js,za,zb,zc),见表 1-3。

表 1-3　孔和轴的基本偏差代号

| 孔 | A | B | C | D | E | F | G | H | J | K | M | N | P | R | S | T | U | V | X | Y | Z |
|---|---|---|---|---|---|---|---|---|---|---|---|---|---|---|---|---|---|---|---|---|---|
| | | | CD | | EF | FG | | | JS | | | | | | | | | | ZA | ZB | ZC |
| 轴 | a | b | c | d | e | f | g | h | j | k | m | n | p | r | s | t | u | v | x | y | z |
| | | | cd | | ef | fg | | | js | | | | | | | | | | za | zb | zc |

## 2. 基本偏差系列图及其特征

图 1－22 所示为基本偏差系列图，它表示公称尺寸相同的 28 种孔、轴的基本偏差相对零线的位置关系。此图只表示公差带位置，不表示公差带大小。所以图中的公差带只画了靠近零线的一端，另一端是开口的，开口端的极限偏差由标准公差确定。

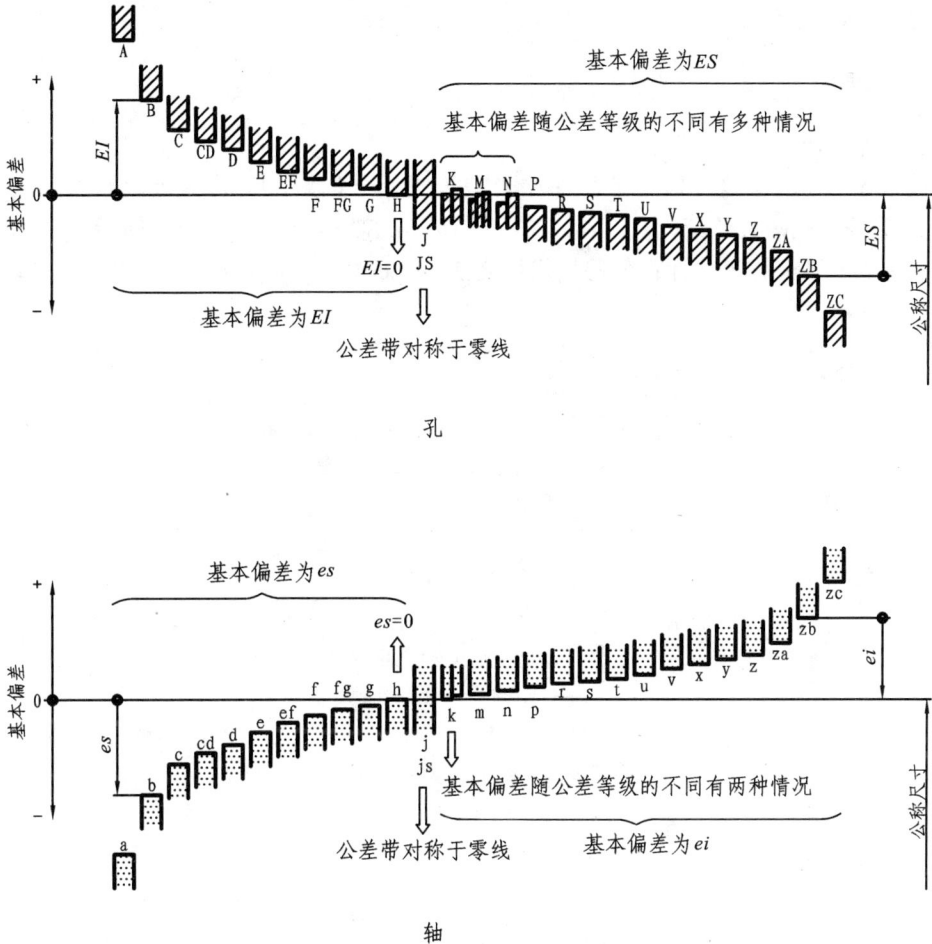

**图 1－22　基本偏差系列图**

从基本偏差系列图可以看出：

(1)孔和轴同字母的基本偏差相对零线基本呈对称分布。轴的基本偏差从 a～h 为上极限偏差 es，h 的上极限偏差为零，其余均为负值，它们的绝对值依次逐渐减小。轴的基本偏差从 j～zc 为下极限偏差 ei，除 j 和 k 的部分外（当代号为 k 且 IT≤3 或 IT＞7 时，基本偏差为零）都为正值，其绝对值依次增大。孔的基本偏差从 A～H 为下极限偏差 EI，J～ZC 为上极限偏差 ES，其正负号情况与轴的基本偏差正负号情况相反。

(2)基本偏差代号为 JS 和 js 的公差带，在各公差等级中完全对称于零线，因此按国标对基本偏差的定义，其基本偏差可为上极限偏差（数值为 ＋IT/2），也可为下极限偏差（数值为 －IT/2）。但为统一起见，在基本偏差数值表中将 js 划归为上极限偏差，将 JS 划归为下极限偏差。JS 和 js 将逐渐取代近似对称的偏差 J 和 j，所以在国标中孔仅保留了 J6，J7，J8，其基本偏差为上极限偏差，轴仅保留了 j5，j6，j7，j8 几种，其基本偏差为下极限偏差。J 和 j 的基本偏差随公差等级不同而偏差数值有所不同。

（3）代号为 k，K 和 N 的基本偏差的数值随公差等级的不同而分为两种情况（k，K 可为正值或零值，N 可为负值或零值），而代号为 M 的基本偏差数值随公差等级不同则有三种不同的情况（正值、负值或零值）。

## 1.2.3　公差带

### 1. 公差带代号

标准规定，在基本偏差代号之后加注公差等级代号（数字），称为公差带代号，如 H8，F8，K7，P7 等为孔的公差带代号；h9，f7，k5，s6 等为轴的公差带代号。如指某一确定公称尺寸的公差带，则公称尺寸标在公差带代号之前，如 $\phi50$ F8、$\phi10$cd8 等，如图 1-23 所示。

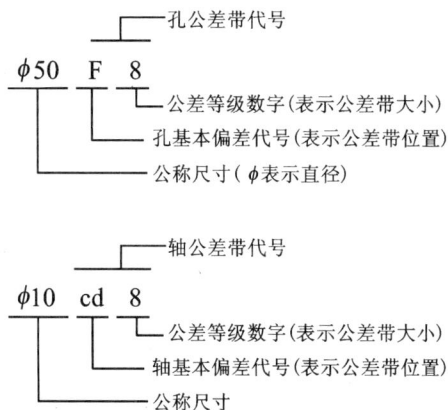

**图 1-23　公差带代号**

### 2. 公差带系列

根据国标规定，标准公差等级有 20 级，基本偏差有 28 个，由此可组成很多种公差带。孔有 20 × 27 + 3（J6，J7，J8）= 543 种，轴有 20 × 27 + 4（j5，j6，j7，j8）= 544 种，孔和轴公差带又能组成更大数量的配合。但在生产实践中，若使用数量过多的公差带，既发挥不了标准化应有的作用，也不利于生产。国标在满足我国实际需要和考虑生产发展需要的前提下，为了尽可能减少零件、定值刀具、定值量具和工艺装备的品种、规格，对孔和轴所选用的公差带作了必要的限制。

国标对公称尺寸至 500mm 的孔、轴规定了优先、常用和一般用途三类公差带。轴的一般用途公差带 116 种，如图 1-24 所示。其中又规定了 59 种常用公差带，见图中用线框框住的公差带；在常用公差带中又规定了 13 种优先公差带，见图中用圆圈框住的公差带。同样对孔公差带规定了 105 种一般用途公差带，44 种常用公差带和 13 种优先公差带，如图 1-25 所示。

在实际应用中，选择各类公差带的顺序是：首先选择优先公差带，其次选择常用公差带，最后选择一般公差带。

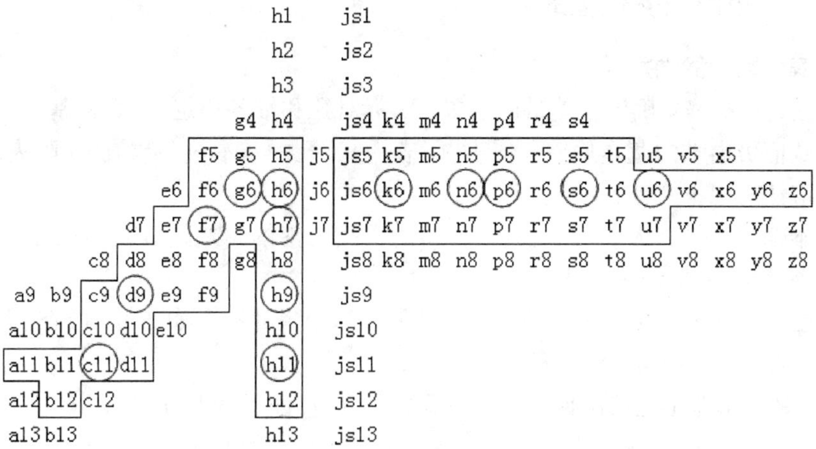

```
          h1      js1
          h2      js2
          h3      js3
       g4 h4      js4 k4 m4 n4 p4 r4 s4
    f5 g5 h5 j5   js5 k5 m5 n5 p5 r5 s5 t5 u5 v5 x5
  e6 f6 g6 h6 j6  js6 k6 m6 n6 p6 r6 s6 t6 u6 v6 x6 y6 z6
d7 e7 f7 g7 h7 j7 js7 k7 m7 n7 p7 r7 s7 t7 u7 v7 x7 y7 z7
c8 d8 e8 f8 g8 h8 js8 k8 m8 n8 p8 r8 s8 t8 u8 v8 x8 y8 z8
a9 b9 c9 d9 e9 f9 h9 js9
a10 b10 c10 d10 e10 h10 js10
a11 b11 c11 d11 h11 js11
a12 b12 c12 h12 js12
a13 b13 h13 js13
```

**图 1 – 24　公称尺寸至 500 mm 的一般、常用和优先轴公差带**

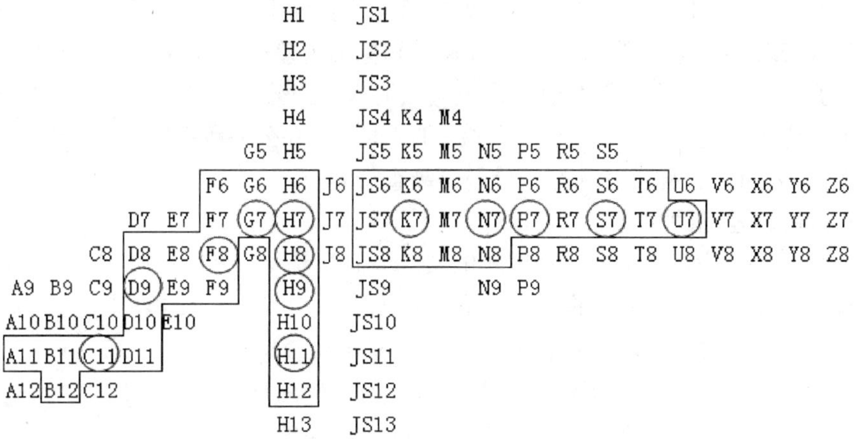

```
          H1      JS1
          H2      JS2
          H3      JS3
          H4      JS4 K4 M4
       G5 H5      JS5 K5 M5 N5 P5 R5 S5
    F6 G6 H6 J6   JS6 K6 M6 N6 P6 R6 S6 T6 U6 V6 X6 Y6 Z6
D7 E7 F7 G7 H7 J7 JS7 K7 M7 N7 P7 R7 S7 T7 U7 V7 X7 Y7 Z7
C8 D8 E8 F8 G8 H8 J8 JS8 K8 M8 N8 P8 R8 S8 T8 U8 V8 X8 Y8 Z8
A9 B9 C9 D9 E9 F9 H9 JS9 N9 P9
A10 B10 C10 D10 E10 H10 JS10
A11 B11 C11 D11 H11 JS11
A12 B12 C12 H12 JS12
          H13     JS13
```

**图 1 – 25　公称尺寸至 500 mm 的一般、常用和优先孔公差带**

# 练　习

1. 基本偏差一般是指(　　)。

A. 上极限偏差　　　　　　　　　　　B. 上极限偏差

C. 实际偏差　　　　　　　　　　　　D. 靠近零线的极限偏差

2. 国家标准对孔和轴规定了_____种基本偏差。

3. 公差带代号是由基本偏差代号和公差等级数字组成。【是、否】

4. 代号 JS 和 js 形成的公差带为完全对称公差带,故其上、下极限偏差相等。【是、否】

5. 选用公差带时,应按常用、优先、一般公差带的顺序选取。【是、否】

### 1.2.4 孔、轴极限偏差数值的确定

**1. 基本偏差数值的确定**

如前所述,基本偏差确定公差带的位置,国标对孔和轴各规定了 28 种基本偏差,轴、孔的基本偏差数值可由轴的基本偏差数值表(附表一)和孔的基本偏差数值表(附表二)查得。

查表时应注意以下几点:

(1)基本偏差代号有大、小写之分,大写的查孔的基本偏差数值表(附表二),小写的查轴的基本偏差数值表(附表一)。

(2)查公称尺寸时,应分清所查公称尺寸属于哪个尺寸段。如 $\phi10$,应查"大于 6 至 10"一行,而不应查"大于 10 至 18"一行。

(3)分清基本偏差是上极限偏差,还是下极限偏差(注意表上方有标示)。

(4)若公差带 js7 至 js11 或 JS7 至 JS11,且 ITn 值数是奇数,则取偏差 $= \pm \dfrac{ITn-1}{2}$,否则取偏差 $= \pm \dfrac{ITn}{2}$(其中 js 基本偏差为上极限偏差,JS 基本偏差为下极限偏差)。

(5)代号 j、k、J 、K、M、N 的基本偏差数值与公差等级有关,查表时应根据基本偏差代号和公差等级查表中相应的列(△可由公称尺寸和标准公差等级查得)。

(6)代号 P ~ ZC 的基本偏差数值与公差等级有关,当公差等级 > IT7 时可根据基本偏差代号查表中相应的列直接获得;当公差等级 ≤IT7 时,应在公差等级 > IT7 的基本偏差数值上增加一个△值(△可由公称尺寸和标准公差等级查得)。

**2. 另一极限偏差的确定**

基本偏差决定了公差带中的一个极限偏差,即靠近零线的那个极限偏差,从而确定了公差带的位置,而另一个极限偏差的数值,可由极限偏差和标准公差的关系式进行计算。

对于轴      $es = ei + IT$    或    $ei = es - IT$

对于孔      $ES = EI + IT$    或    $EI = ES - IT$

**例 1-8** 查表确定下列各尺寸的标准公差和基本偏差,并计算另一极限偏差。

(1)$\phi50f6$        (2)$\phi60K7$        (3)$\phi80R6$

**解:**

(1)$\phi50f6$ 代表轴,公称尺寸段为 30 ~ 50 mm,从表 1-2 可查得标准公差数值为

$$IT = 16 \ \mu m = 0.016 \ mm$$

从附表一可查到 f 的基本偏差为

$$es = -25 \ \mu m = -0.025 \ mm$$

代入公式 $ei = es - IT$,可得另一极限偏差为

$$ei = es - IT = -0.025 - 0.016 = -0.041 \ mm$$

(2)$\phi60K7$ 代表孔,公称尺寸段为 50 ~ 80 mm,从表 1-2 可查得标准公差数值为

$$IT = 30 \ \mu m = 0.030 \ mm$$

公称尺寸段为 50 ~ 65 mm,从附表二可查到 K 的基本偏差为

$$ES = -2 + \triangle = -2 + 11 = +9 \ \mu m = +0.009 \ mm$$

代入公式 $EI = ES - IT$ 可得另一极限偏差为

$$EI = ES - IT = +0.009 - 0.030 = -0.021 \text{ mm}$$

（3）$\phi$80R6 代表孔，公称尺寸段为 50~80 mm，从表 1-2 可查得标准公差数值为

$$IT = 19 \ \mu m = 0.019 \text{ mm}$$

公称尺寸段为 65~80 mm，从附表二可查到 R 的基本偏差为

$$ES = -43 + \triangle = -43 + 6 = -37 \ \mu m = -0.037 \text{ mm}$$

代入公式 $EI = ES - IT$ 可得另一极限偏差为

$$EI = ES - IT = -0.037 - 0.019 = -0.056 \text{ mm}$$

**例 1-9**　查表确定下列各尺寸的标准公差和基本偏差，并计算另一极限偏差。

（1）$\phi$25js7　　　　（2）$\phi$70JS6

**解：**

（1）$\phi$25js7 代表轴，公称尺寸段 18~30 mm，从表 1-2 可查得标准公差数值为

$$IT = 21 \ \mu m$$

从附表一可知，$\phi$25js7 在公差带 js7 至 js11 之内，且 $IT_n$ 值数是奇数，取

$$偏差 = \pm \frac{IT_n - 1}{2} = \pm \frac{21 - 1}{2} = \pm 10 \ \mu m = \pm 0.010 \text{ mm}$$

（2）$\phi$70JS6 代表孔，公称尺寸段为 50~80 mm，从表 1-2 可查得标准公差数值为

$$IT = 19 \ \mu m$$

从附表二可知，$\phi$70JS6 不在公差带 JS7 至 JS11 之内，取

$$偏差 = \pm \frac{IT_n}{2} = \pm \frac{19}{2} = \pm 9.5 \ \mu m = \pm 0.0095 \text{ mm}$$

**3. 极限偏差表**

（1）孔、轴的极限偏差表

上述计算方法在实际应用中较为麻烦，所以国标列出了轴的极限偏差表（附表三）和孔的极限偏差表（附表四）。利用查表的方法，能很快地确定孔和轴的两个极限偏差数值。

（2）查表的步骤和方法

①根据基本偏差代号是大写还是小写，确定是查孔还是查轴的极限偏差表。

②在极限偏差表中首先找到基本偏差代号，再从基本偏差代号下找到公差等级数字所在的列。

③找到公称尺寸段所在的行，则行和列的相交处，就是所要查的极限偏差数值，上方的为上极限偏差，下方的为下极限偏差。

**例 1-10**　查 $\phi$25f6 的极限偏差。

**解：**

第一步：f 为小写字母，应查轴的极限偏差表（附表三）。

第二步：找到基本偏差代号 f 下公差等级为 6 的一列。

第三步：公称尺寸 25 属 "24~30" 尺寸段，找到此段所在的行，在行和列的相交处得到极限偏差数值为 $^{-20}_{-33}$（$\mu m$）。

第四步：经单位换算，$\phi$25 f6 为 $\phi$25 $^{-0.020}_{-0.033}$ mm。

**例 1 – 11**　查 $\phi50R7$ 的极限偏差。

**解：**

第一步：R 为大写字母，应查孔的极限偏差表（附表四）。

第二步：找到基本偏差代号 R 下公差等级为 7 的一列。

第三步：公称尺寸 50 属"40 ~ 50"尺寸段，找到此段所在的行，在行和列的相交处得到极限偏差数值为 $^{-25}_{-50}(\mu m)$。

第四步：经单位换算，$\phi50R7$ 为 $\phi50^{-0.025}_{-0.050}$ mm。

## 练　习

1. 查标准公差数值表和基本偏差数值表并填空。

（1）$\phi25H7$　　IT7 = _____；$ES$ = _____；$EI$ = _____。

（2）$\phi20K7$　　IT7 = _____；$ES$ = _____；$EI$ = _____。

（3）$\phi20S6$　　IT6 = _____；$ES$ = _____；$EI$ = _____。

（4）$\phi60R6$　　IT6 = _____；$ES$ = _____；$EI$ = _____。

（5）$\phi30js6$　　IT6 = _____；$es$ = _____；$ei$ = _____。

（6）$\phi60js9$　　IT9 = _____；$es$ = _____；$ei$ = _____。

2. 利用标准公差数值表和基本偏差数值表，查表确定下列各尺寸公差带代号的公差值大小和基本偏差数值大小，并计算另一极限偏差值的大小。

（1）$\phi125f9$　　　　　（2）$\phi40js7$　　　　　（3）$\phi90JS6$

（4）$\phi60K7$　　　　　（5）$\phi70R6$　　　　　（6）$\phi100S8$

3. 利用极限偏差表，确定下列各公差带代号的极限偏差数值，并将其极限偏差数值（单位：mm）填入公差带代号后的括号内。

（1）$\phi30H8($　　　$)$　　　　　　　　（2）$\phi60JS7($　　　$)$

（3）$\phi25m6($　　　$)$　　　　　　　　（4）$\phi40f7($　　　$)$

### 1.2.5　配合制

在制造互相配合的零件时，使其中一种零件作为基准件，它的基本偏差固定，通过改变另一种非基准件的基本偏差来获得各种不同性质的配合制度称为配合制。根据生产实际需要，国家标准规定了两种配合制，它们分别是基孔制和基轴制。

**1. 基孔制配合**

基本偏差为一定的孔的公差带，与不同基本偏差的轴的公差带形成各种配合的一种制度称为基孔制。基孔制的配合情况如图 1 – 26（a）所示。

如图 1 – 26（b）所示，基孔制中的孔是基准件，称为基准孔，基本偏差代号为"H"，以下极限偏差作为基本偏差，数值为零，上极限偏差为正值，因而其公差带位于零线之上。

基孔制中的轴是非基准件，由于轴的公差带相对零线可以有各种不同的位置，因而可形成各种不同性质的配合。

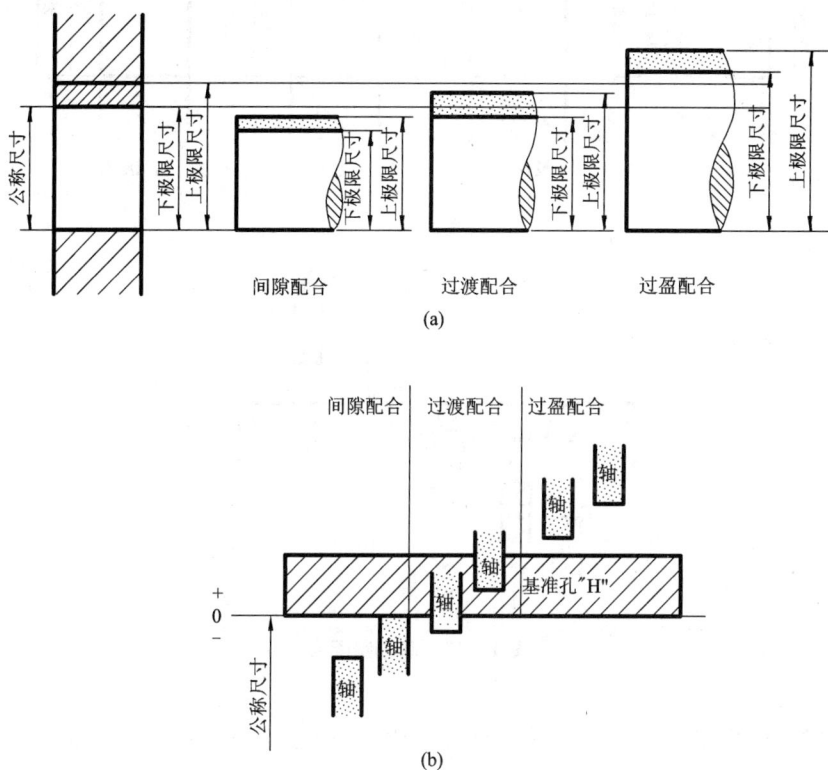

图 1 – 26　基孔制配合

## 2. 基轴制配合

基本偏差为一定的轴的公差带，与不同基本偏差的孔的公差带形成各种配合的一种制度称为基轴制。基轴制的配合情况如图 1 – 27(a)所示。

如图 1 – 27(b)所示，基轴制中的轴是配合的基准件，称为基准轴，基本偏差代号为"h"，以上极限偏差作为基本偏差，数值为零，下极限偏差为负值，因而其公差带位于零线之下。

基轴制中的孔是非基准件，由于孔的公差带相对零线可以有各种不同的位置，因而可形成各种不同性质的配合。

在实际生产中，根据需求有时也采用非基准孔与非基准轴相配合，这种没有基准件的配合称为混合制配合。

(a)

(b)

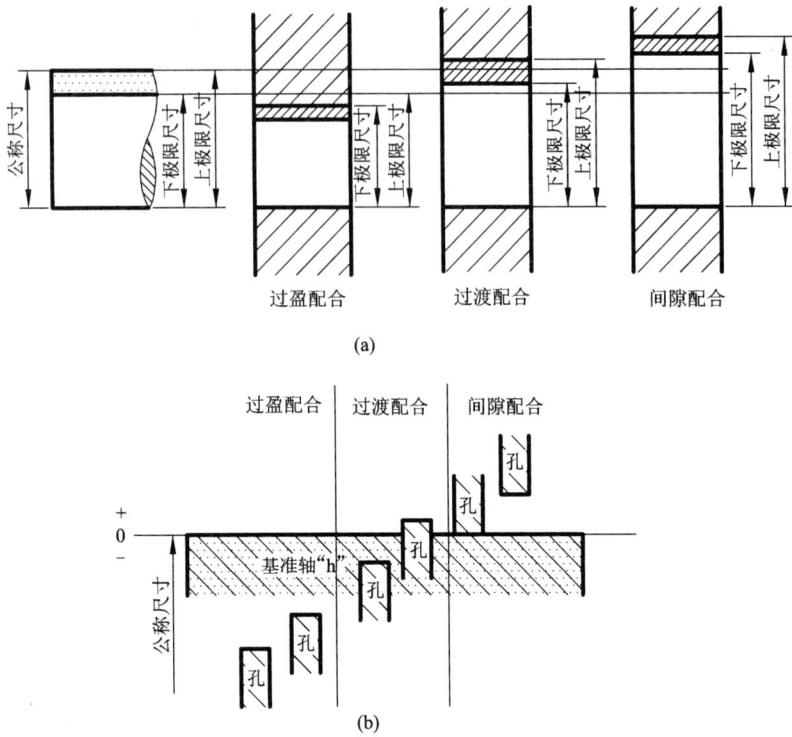

图 1 – 27 基轴制配合

**例 1 – 12** 分析图 1 – 28 中孔、轴配合属于哪一种配合制(基孔制、基轴制或混合制)及哪一类配合(间隙配合、过渡配合或过盈配合)。

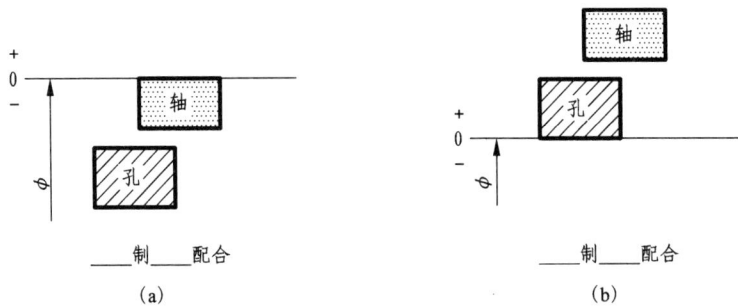

图 1 – 28 配合制的判断示例

**解:** 图(a)中轴的基本偏差为上极限偏差,数值为 0,由此可知为基轴制;且孔的公差带在轴的公差带之下,由此可知为过盈配合。

图(b)中孔的基本偏差为下极限偏差,数值为 0,由此可知为基孔制;且孔的公差带在轴的公差带之下,由此可知为过盈配合。

# 练 习

1. 基孔制中的孔是配合的基准件，称为_____，基本偏差代号为_____，以_____作为基本偏差，数值为_____，上极限偏差为正值，因而其公差带位于零线的____方。

2. 根据图 1－29 填空。

(1)轴的公称尺寸是_____，轴的上极限偏差是_____，下极限偏差是_____，轴的基本偏差是_____，尺寸公差是_____。

(2)该轴与公差等级相同的基准孔相配合，试确定其配合性质是_____制_____配合。

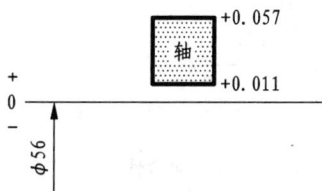

**图 1－29　习题图**

3. 分析图 1－30 中孔、轴配合属于哪一种配合制(基孔制、基轴制或混合制)及哪一类配合(间隙配合、过渡配合或过盈配合)。

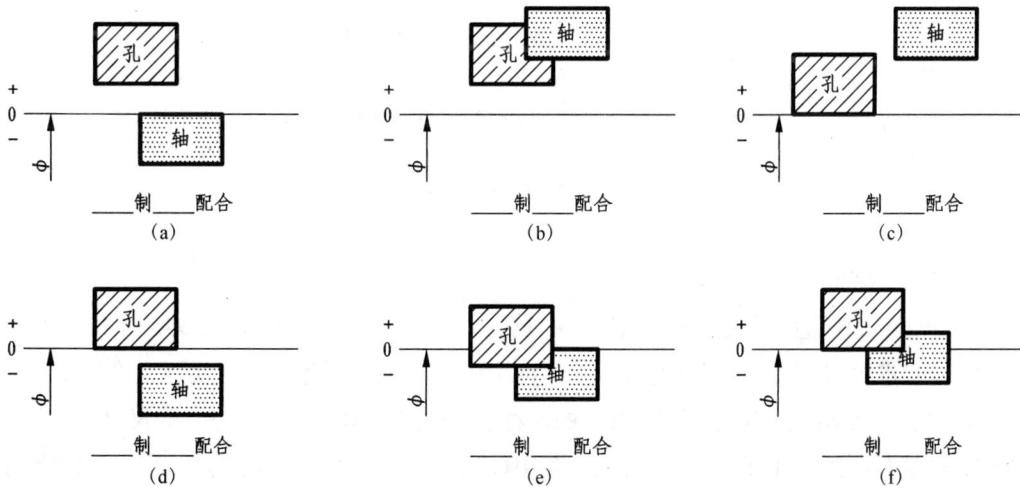

**图 1－30　配合制判断习题图**

## 1.2.6　配合代号

### 1. 配合代号

将配合的孔、轴公差带代号写成分数形式，分子为孔的公差带代号，分母为轴的公差带代号，称为配合代号，如 H7/g6 或 $\dfrac{H7}{g6}$，如指某一确定公称尺寸的配合，则公称尺寸标在配合代号之前，如 $\phi30$ H7/g6 或 $\phi30\dfrac{H7}{g6}$，其含义如图 1-31 所示。

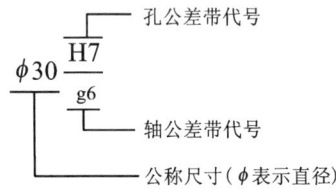

**图 1-31　配合代号的组成**

在配合代号中，若含有"H"则为基孔制配合，若含有"h"则为基轴制配合，若既无"H"，又无"h"，则为混合制配合，如图 1-32 所示。

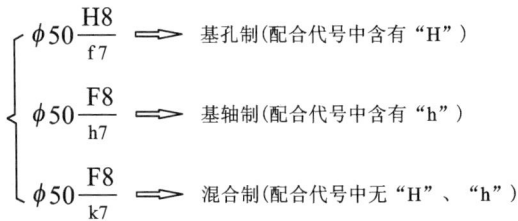

**图 1-32　配合制的判断**

### 2. 常用配合和优先配合

从理论上讲，任意一孔公差带和任意一轴公差带都能组成配合，因而 543 种孔公差带和 544 种轴公差带可组成近 30 万种配合。这么庞大的配合数目远远超出了实际生产的需求。

从经济性角度出发，为避免刀、量具的品种、规格过于繁杂，国标在公称尺寸至 500 mm 范围内，对基孔制规定了 59 种常用配合，其中优先配合 13 种；对基轴制规定了 47 种常用配合，其中优先配合 13 种。基孔制、基轴制的优先配合和常用配合分别见表 1-4 和表 1-5。

同样，选用配合的顺序为：先优先配合，再常用配合。

## 表 1－4　基孔制优先配合、常用配合

| 基准孔 | 轴 | | | | | | | | | | | | | | | | | | | | |
|---|---|---|---|---|---|---|---|---|---|---|---|---|---|---|---|---|---|---|---|---|---|
| | a | b | c | d | e | f | g | h | js | k | m | n | p | r | s | t | u | v | x | y | z |
| | 间隙配合 | | | | | | | | 过渡配合 | | | 过盈配合 | | | | | | | | | |
| H6 | | | | | | $\frac{H6}{f5}$ | $\frac{H6}{g5}$ | $\frac{H6}{h5}$ | $\frac{H6}{js5}$ | $\frac{H6}{k5}$ | $\frac{H6}{m5}$ | $\frac{H6}{n5}$ | $\frac{H6}{p5}$ | $\frac{H6}{r5}$ | $\frac{H6}{s5}$ | $\frac{H6}{t5}$ | | | | | |
| H7 | | | | | | $\frac{H7}{f6}$ | ◤$\frac{H7}{g6}$ | ◤$\frac{H7}{h6}$ | $\frac{H7}{js6}$ | ◤$\frac{H7}{k6}$ | $\frac{H7}{m6}$ | ◤$\frac{H7}{n6}$ | ◤$\frac{H7}{p6}$ | $\frac{H7}{r6}$ | ◤$\frac{H7}{s6}$ | $\frac{H7}{t6}$ | ◤$\frac{H7}{u6}$ | $\frac{H7}{v6}$ | $\frac{H7}{x6}$ | $\frac{H7}{y6}$ | $\frac{H7}{z6}$ |
| H8 | | | | | $\frac{H8}{e7}$ | ◤$\frac{H8}{f7}$ | $\frac{H8}{g7}$ | ◤$\frac{H8}{h7}$ | $\frac{H8}{js7}$ | $\frac{H8}{k7}$ | $\frac{H8}{m7}$ | $\frac{H8}{n7}$ | $\frac{H8}{p7}$ | $\frac{H8}{r7}$ | $\frac{H8}{s7}$ | $\frac{H8}{t7}$ | $\frac{H8}{u7}$ | | | | |
| | | | | $\frac{H8}{d8}$ | $\frac{H8}{e8}$ | $\frac{H8}{f8}$ | | $\frac{H8}{h8}$ | | | | | | | | | | | | | |
| H9 | | | $\frac{H9}{c9}$ | ◤$\frac{H9}{d9}$ | $\frac{H9}{e9}$ | $\frac{H9}{f9}$ | | ◤$\frac{H9}{h9}$ | | | | | | | | | | | | | |
| H10 | | | $\frac{H10}{c10}$ | $\frac{H10}{d10}$ | | | | $\frac{H10}{h10}$ | | | | | | | | | | | | | |
| H11 | $\frac{H11}{a11}$ | $\frac{H11}{b11}$ | ◤$\frac{H11}{c11}$ | $\frac{H11}{d11}$ | | | | ◤$\frac{H11}{h11}$ | | | | | | | | | | | | | |
| H12 | | $\frac{H12}{b12}$ | | | | | | $\frac{H12}{h12}$ | | | | | | | | | | | | | |

注：1. $\frac{H6}{h5}$，$\frac{H7}{p6}$在公称尺寸小于或等于 3 mm 和$\frac{H8}{r7}$在公称尺寸小于或等于 100 mm 时为过渡配合。

2. 标注◤的配合为优先配合。

## 表 1－5　基轴制优先配合、常用配合

| 基准轴 | 孔 | | | | | | | | | | | | | | | | | | | | |
|---|---|---|---|---|---|---|---|---|---|---|---|---|---|---|---|---|---|---|---|---|---|
| | A | B | C | D | E | F | G | H | JS | K | M | N | P | R | S | T | U | V | X | Y | Z |
| | 间隙配合 | | | | | | | | 过渡配合 | | | 过盈配合 | | | | | | | | | |
| h5 | | | | | | $\frac{F6}{h5}$ | $\frac{G6}{h5}$ | $\frac{H6}{h5}$ | $\frac{JS6}{h5}$ | $\frac{K6}{h5}$ | $\frac{M6}{h5}$ | $\frac{N6}{h5}$ | $\frac{P6}{h5}$ | $\frac{R6}{h5}$ | $\frac{S6}{h5}$ | $\frac{T6}{h5}$ | | | | | |
| h6 | | | | | | $\frac{F7}{h6}$ | ◤$\frac{G7}{h6}$ | ◤$\frac{H7}{h6}$ | $\frac{JS7}{h6}$ | ◤$\frac{K7}{h6}$ | $\frac{M7}{h6}$ | ◤$\frac{N7}{h6}$ | ◤$\frac{P7}{h6}$ | $\frac{R7}{h6}$ | ◤$\frac{S7}{h6}$ | $\frac{T7}{h6}$ | ◤$\frac{U7}{h6}$ | | | | |
| h7 | | | | | $\frac{E8}{h7}$ | ◤$\frac{F8}{h7}$ | | ◤$\frac{H8}{h7}$ | $\frac{JS8}{h7}$ | $\frac{K8}{h7}$ | $\frac{M8}{h7}$ | $\frac{N8}{h7}$ | | | | | | | | | |
| h8 | | | | $\frac{D8}{h8}$ | $\frac{E8}{h8}$ | $\frac{F8}{h8}$ | | $\frac{H8}{h8}$ | | | | | | | | | | | | | |
| h9 | | | | ◤$\frac{D9}{h9}$ | $\frac{E9}{h9}$ | $\frac{F9}{h9}$ | | ◤$\frac{H9}{h9}$ | | | | | | | | | | | | | |
| h10 | | | | $\frac{D10}{h10}$ | | | | $\frac{H10}{h10}$ | | | | | | | | | | | | | |
| h11 | $\frac{A11}{h11}$ | $\frac{B11}{h11}$ | ◤$\frac{C11}{h11}$ | $\frac{D11}{h11}$ | | | | ◤$\frac{H11}{h11}$ | | | | | | | | | | | | | |
| h12 | | $\frac{B12}{h12}$ | | | | | | $\frac{H12}{h12}$ | | | | | | | | | | | | | |

注：标注◤的配合为优先配合。

## 1.2.7 公差与配合在图样上的标注

（1）孔和轴的公差带在零件图上的标注，可采用公差带代号或极限偏差数值的形式标注，也可在公差带代号后加注上、下极限偏差数值，如图 1-33 所示。

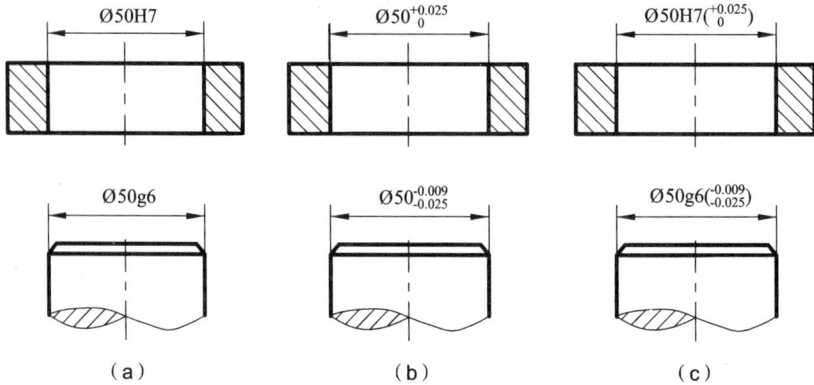

图 1-33 孔、轴公差带代号在零件图上的标注

（2）孔公差带代号 $\phi50H7$ 和相配合的轴公差带代号 $\phi50g6$ 组成配合代号 $\phi50\dfrac{H7}{g6}$，在装配图上的标注如图 1-34 所示。

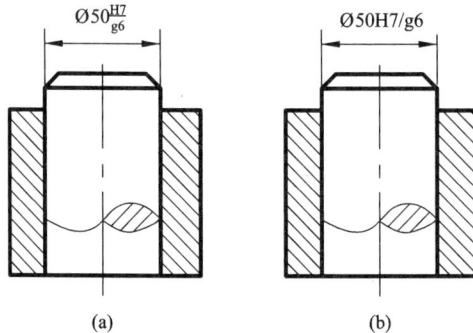

图 1-34 孔、轴配合代号在装配图上的标注

**例 1-13** 根据图 1-35 孔、轴公差带与配合的标注完成填空。

孔与轴配合代号为 $\phi50\dfrac{H8}{f7}$，属于_____制_____配合。孔的公称尺寸为_____，公差带代号为_____。轴的基本偏差代号为____，公差等级为 IT ____级。

**解：**

根据孔与轴在装配图中的标注，即图 1-35（b）可知，孔与轴配合代号为 $\phi50\dfrac{H8}{f7}$，属于__基孔制间隙__配合。

根据孔与轴在零件图中的标注，即图 1-35（a）可知，孔的公称尺寸为 $\underline{\phi50}$，公差带代号

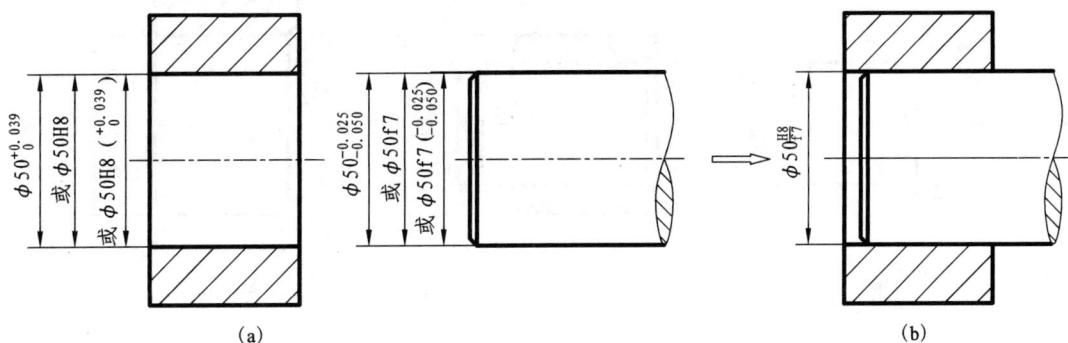

图 1-35　公差带与配合的标注

为H8。轴的基本偏差代号为 f，公差等级为 IT 7 级。

# 练 习

1. $\phi50F8/h7$ 为 _____ 代号，其中 $\phi50$ 表示 _____，F8 表示 _____，h7 表示 _____，h 表示 _____，7 表示 _____。

2. $\phi60R6/h5$ 为 _____ 制度 _____ 配合，其中，孔公差带代号为 _____，轴公称尺寸为 _____，轴公差等级为 _____，孔比轴加工精度要 _____。

3. 选用配合的顺序应先选 _____ 配合，再选 _____ 配合。

4. H7/g6、H9/g9、H7/f8、M8/h8，其中公差等级不合理的是 _____。

5. $\phi80F7/g6$ 属于(    )间隙配合。

A.基孔制　　　　B.基轴制　　　　C.混合制

6. 根据图 1-36(a)中零件图的标注，按要求完成下题。

(1)在图 1-36(b)的装配图中标注相应的配合代号。

(2)轴与轴套配合的配合代号为 _____，是 _____ 制 _____ 配合。

(3)轴套与泵体孔配合的配合代号为 _____，是 _____ 制 _____ 配合。

(4)轴与轴套的配合公差为 _____，轴套与泵体孔的配合公差为 _____。

## 1.2.8　一般公差——线性尺寸的未注公差

设计时，对机器零件上各部位提出的尺寸、形状和位置等精度要求，取决于它们的使用功能要求。零件上的某些部位在使用功能上无特殊要求时，则可给出一般公差。

**1. 线性尺寸的一般公差的概念**

一般公差是指在车间普通工艺条件下，机床设备一般加工能力可保证的公差。在正常维护和操作的情况下，它代表经济加工精度。

（a）零件图

（b）装配图

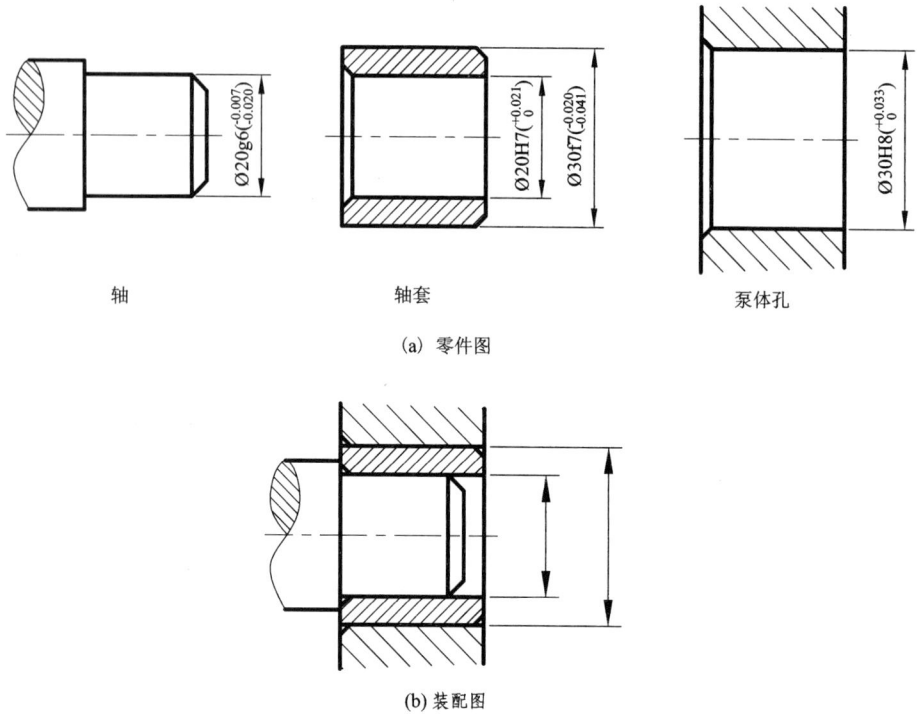

**图 1 - 36　公差带与配合习题图**

国标规定：采用一般公差时，在图样上只标注公称尺寸，不单独注出极限偏差，而是在图样上、技术文件或技术标准中作出总的说明，如图 1 - 37 所示。

采用一般公差时，在正常的生产条件下，尺寸一般可以不进行检验，而由工艺保证。如冲压件的一般公差由模具保证。

零件图样上采用一般公差，可带来以下好处：

（1）简化制图，使图样清晰易读。

（2）简化检验要求，有助于质量管理。

（3）突出了图样上标有公差要求的部位，以便加工和检验时引起重视。

**图 1 - 37　一般公差在图样上的标注**

**2. 线性尺寸的一般公差标准**

（1）适用范围

线性尺寸的一般公差标准既适用于金属切削加工的尺寸，也适用于一般冲压加工的尺寸，非金属材料和其他工艺方法加工的尺寸也可参照采用。国标规定线性尺寸的一般公差适用于较低精度的非配合尺寸。

（2）公差等级与数值

线性尺寸的一般公差规定了四个等级，即：f（精密级）、m（中等级）、c（粗糙级）、v（最粗级）。线性尺寸的极限偏差数值见表 1 - 6，倒圆半径与倒角高度的极限偏差数值见表 1 - 7。

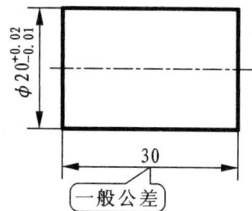

表 1-6　线性尺寸的极限偏差数值(mm)

| 公差等级 | 尺寸分段 | | | | | | | |
|---|---|---|---|---|---|---|---|---|
| | 0.5 ~ 3 | >3 ~ 6 | >6 ~ 30 | >30 ~ 120 | >120 ~ 400 | >400 ~ 1000 | >1000 ~ 2000 | >2000 ~ 4000 |
| f<br>(精密级) | ±0.05 | ±0.05 | ±0.1 | ±0.15 | ±0.2 | ±0.3 | ±0.5 | — |
| m<br>(中等级) | ±0.1 | ±0.1 | ±0.2 | ±0.3 | ±0.5 | ±0.8 | ±1.2 | ±2 |
| c<br>(粗糙级) | ±0.2 | ±0.3 | ±0.5 | ±0.8 | ±1.2 | ±2 | ±3 | ±4 |
| v<br>(最粗级) | — | ±0.5 | ±1 | ±1.5 | ±2.5 | ±4 | ±6 | ±8 |

表 1-7　倒圆半径与倒角高度尺寸的极限偏差数值(mm)

| 公差等级 | 尺寸分段 | | | |
|---|---|---|---|---|
| | 0.5 ~ 3 | >3 ~ 6 | >6 ~ 30 | >30 |
| f(精密级) | ±0.2 | ±0.5 | ±1 | ±2 |
| m(中等级) | | | | |
| c(粗糙级) | ±0.4 | ±1 | ±2 | ±4 |
| v(最粗级) | | | | |

在确定图样上线性尺寸的一般公差时,应考虑车间的一般加工精度,选取标准规定的公差等级,在相应的技术文件或技术标准中作出具体规定。

**3. 线性尺寸的一般公差的表示方法**

可在图样上、技术文件或技术标准中用线性尺寸的一般公差标准号和公差等级符号表示。例如当一般公差选用中等级时,可在零件图样上(标题栏上方)标明:未注公差尺寸按GB/T1804 - m。

## 1.2.9　温度条件

一个零件在某一温度条件下测量合格,而在另一温度条件下测量可能不合格,特别是高精度零件出现这种情况的可能性更大。所以国标明确规定尺寸的基准温度为20℃。这一规定的含义为图样上和标准中规定的极限与配合是在20℃时给定的,因此测量结果应以工件和测量器具的温度在20℃时为准。

# 练　习

1. 线性尺寸的一般公差主要用于较低精度的非配合尺寸。【是、否】
2. 线性尺寸的一般公差规定了四个等级,即_____级、_____级、_____级和_____级。
3. 国家标准规定尺寸的基准温度为_____。

# 1.3 公差带与配合的选用

在机械制造中，合理地选用公差带与配合是非常重要的，它对提高产品的性能、质量，以及降低制造成本都有重大的作用。公差带与配合的选择就是公差等级、配合制和配合种类的选择。在实际工作中，三者是有机联系的，因而往往是同时进行的。下面分别予以介绍。

## 1.3.1 公差等级的选用

选择公差等级时要正确处理零件的使用要求与制造工艺的复杂程度及成本之间的关系。

一般来说公差等级高，使用性能好，但零件加工困难，生产成本高。反之，公差等级低，零件加工容易，生产成本低，但零件使用性能也较差。因而选择公差等级时要综合考虑使用性能和经济性能两方面的因素，

选择公差等级的基本原则是在满足使用要求的条件下，尽量选取低的公差等级。

公差等级的选用，一般情况下采用类比的方法，即参考经过实践证明是合理的典型产品的公差等级，结合待定零件的配合、工艺和结构等特点，经分析对比后确定公差等级。用类比法选择公差等级时，应掌握各公差等级的应用范围，以便类比选择时有所依据。

表 1 - 8 列出了各公差等级的适用范围，表 1 - 9 列出了各公差等级的应用实例，表 1 - 10 列出了各种加工方法所能达到的公差等级。

**表 1 - 8  公差等级的应用范围**

| 应 用 | 公差等级 IT | | | | | | | | | | | | | | | | | | | |
|---|---|---|---|---|---|---|---|---|---|---|---|---|---|---|---|---|---|---|---|
| | 01 | 0 | 1 | 2 | 3 | 4 | 5 | 6 | 7 | 8 | 9 | 10 | 11 | 12 | 13 | 14 | 15 | 16 | 17 | 18 |
| 量块 | — | — | — | | | | | | | | | | | | | | | | | |
| 量规 | | | — | — | — | — | — | — | — | — | | | | | | | | | | |
| 特别精密的配合 | | | | | — | — | — | — | — | | | | | | | | | | | |
| 一般配合 | | | | | | | — | — | — | — | — | — | — | — | | | | | | |
| 非配合尺寸 | | | | | | | | | | | | | | — | — | — | — | — | — | — |
| 原材料尺寸 | | | | | | | | | — | — | — | — | — | — | — | — | — | | | |

**表 1 - 9  公差等级的主要应用实例**

| 公差等级 | 主 要 应 用 实 例 |
|---|---|
| IT01 ~ IT1 | 一般用于精密标准量块。IT1 也用于检验 IT6 和 IT7 级轴用量规的校对量规。 |
| IT2 ~ IT7 | 用于检验工件 IT5 ~ IT16 级量规的尺寸公差。 |
| IT3 ~ IT5 （孔为 IT6） | 用于精度要求很高的重要配合。例如机床主轴与精密滚动轴承的配合、发动机活塞销与连杆孔和活塞孔的配合。<br>配合公差很小，对加工要求很高，应用较少。 |

续表 1 – 9

| 公差等级 | 主　要　应　用　实　例 |
|---|---|
| IT6<br>（孔为 IT7） | 用于机床、发动机和仪表中的重要配合。例如机床传动机构中的齿轮与轴的配合，轴与轴承的配合，发动机中活塞与汽缸、曲轴与轴承、气阀杆与导套的配合等。<br>配合公差较小，一般精密加工能够实现，在精密机械中广泛应用。 |
| IT7，IT8 | 用于机床和发动机中不太重要的配合，也用于重型机械、农业机械、纺织机械、机车车辆等的重要配合。例如机床上操纵杆的支承配合、发动机中活塞环与活塞环槽的配合、农业机械中齿轮与轴的配合等。<br>配合公差中等，加工易于实现，在一般机械中广泛应用。 |
| IT9，IT10 | 用于一般要求，或长度精度要求较高的配合。某些非配合尺寸的特殊要求，例如飞机机身的外壳尺寸，由于质量限制，要求达到 IT9 或 IT10。 |
| IT11，IT12 | 多用于各种没有严格要求，只要求便于连接的配合。例如螺栓和螺孔、铆钉和孔等的配合。 |
| IT12～IT18 | 用于非配合尺寸和粗加工的工序尺寸。例如手柄的直径、壳体的外形和壁厚尺寸，以及端面之间的距离等。 |

**表 1 – 10　各种加工方法与公差等级的关系**

| 加工方法 | 公差等级 IT | | | | | | | | | | | | | | | | | |
|---|---|---|---|---|---|---|---|---|---|---|---|---|---|---|---|---|---|---|
| | 01 | 0 | 1 | 2 | 3 | 4 | 5 | 6 | 7 | 8 | 9 | 10 | 11 | 12 | 13 | 14 | 15 | 16 |
| 研磨 | — | — | — | — | — | — | — | | | | | | | | | | | |
| 珩 | | | | | | — | — | — | — | | | | | | | | | |
| 圆磨 | | | | | | — | — | — | — | | | | | | | | | |
| 平磨 | | | | | | — | — | — | — | | | | | | | | | |
| 金刚石车 | | | | | | | — | — | — | | | | | | | | | |
| 金刚石镗 | | | | | | | — | — | — | | | | | | | | | |
| 拉削 | | | | | | | — | — | — | | | | | | | | | |
| 铰孔 | | | | | | | | — | — | — | — | — | | | | | | |
| 车 | | | | | | | | | — | — | — | — | — | | | | | |
| 镗 | | | | | | | | | — | — | — | — | — | | | | | |
| 铣 | | | | | | | | | | — | — | — | — | | | | | |
| 刨、插 | | | | | | | | | | | | — | — | | | | | |
| 钻孔 | | | | | | | | | | | | — | — | — | — | | | |
| 滚压、挤压 | | | | | | | | | | | | — | — | | | | | |
| 冲压 | | | | | | | | | | | | — | — | — | — | — | | |
| 压铸 | | | | | | | | | | | | | — | — | — | — | | |
| 粉末冶金成型 | | | | | | | | — | — | — | | | | | | | | |

| 加工方法 | 公差等级 IT | | | | | | | | | | | | | | | | |
|---|---|---|---|---|---|---|---|---|---|---|---|---|---|---|---|---|---|
| | 01 | 0 | 1 | 2 | 3 | 4 | 5 | 6 | 7 | 8 | 9 | 10 | 11 | 12 | 13 | 14 | 15 | 16 |
| 粉末冶金烧结 | | | | | | | | | — | — | — | — | | | | | | |
| 砂型铸造、气割 | | | | | | | | | | | | | | | | | | — |
| 锻造 | | | | | | | | | | | | | | | | — | | |

## 1.3.2　配合制的选用

配合制的选用原则如下。

**1. 优先选用基孔制**

因为中、小尺寸的孔多采用定值刀具(如钻头、铰刀、拉刀等)加工,用定值量具(如极限量规)检验,所以一种规格的定值刀具、量具只能加工或检测一种规格的孔,而轴的加工却不存在此类问题。若采用基孔制,可大大减少尺寸刀具和量具的品种和规格,利于刀具和量具的标准化和系列化,从而降低成本。

**2. 其次采用基轴制配合**

1)轴不加工

在纺织机械、农业机械、仪器仪表中,经常直接采用一些精度较高(IT8 ~ T11)的冷拉钢材做轴,该轴表面光滑,尺寸、形状相当准确,轴的外圆不必另外加工,只需对孔进行加工,此时选用基轴制配合较为经济合理。

2)一轴配多孔,且配合性质不同

有些零件由于结构或工艺上的原因,必须采用基轴制。例如,柴油机中的活塞连杆机构,如图 1 – 38(a)所示。

由于工作时活塞销和连杆相对摆动,所以活塞销与连杆的衬套孔采用间隙配合,而活塞销与活塞内的孔的连接要求准确定位,因而采用过渡配合。

如果采用基孔制,则连杆上的衬套孔和活塞内的孔为基准孔,公差带相同,而为了满足两种不同的配合要求,必须把活塞销按两种公差带加工成如图 1 – 38(b)所示(夸大画出)中间小两头大的"阶梯轴",这给加工和装配造成很大的困难。

若改用基轴制,活塞销按一种公差带加工,加工成如图 1 – 38(c)所示的光轴,而活塞的两个销孔和连杆衬套孔按不同的公差带加工,从而获得两种不同的配合。这样即保证装配的质量,不会给加工带来困难。所以在这种情况下应采用基轴制。

**3. 与标准件配合时,依标准件而定**

当设计零件的需要与标准件配合时,必须以标准件为准选择配合制。例如滚动轴承是标准件,因此滚动轴承内圈与轴的配合应采用基孔制,而滚动轴承外圈与轴承孔配合应采用基轴制,如图 1 – 39 所示。

**4. 特殊需要时采用非基准制混合配合**

如当机器上出现一个非基准孔(轴)和两个以上的轴(孔)要求组成不同性质的配合时,

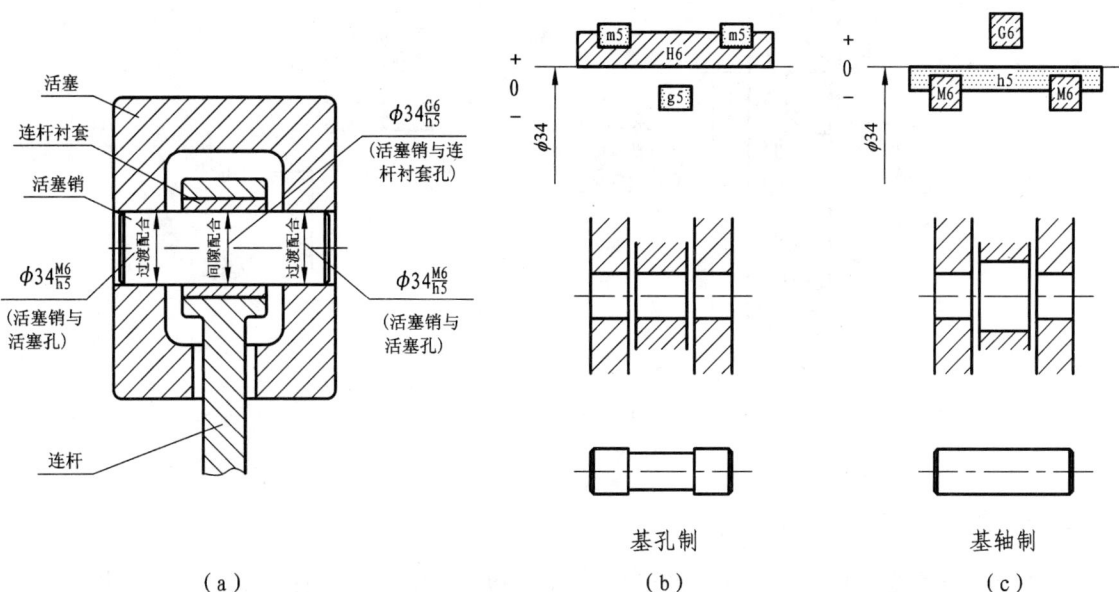

图 1 − 38　基轴制的选择示例

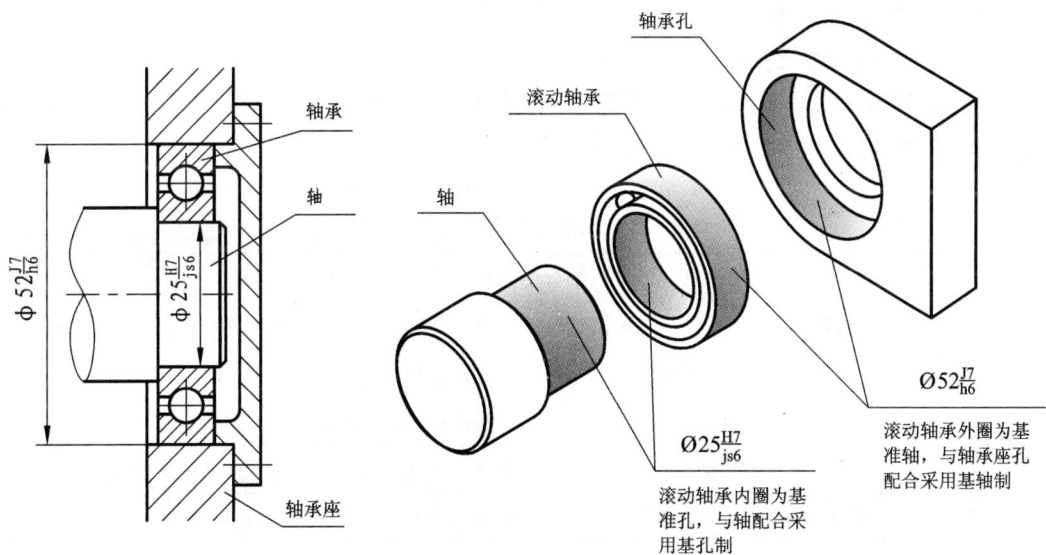

图 1 − 39　标准件配合制的选用

其中肯定至少有一个为混合配合。

如图 1 − 40 所示轴承座孔与轴承外圈和端盖的配合，轴承外圈与座孔的配合按规定为基轴制过渡配合，因而轴承座孔为非基准孔；而轴承座孔与端盖凸缘之间应是较低精度的间隙配合，此时凸缘公差带必须置于轴承座孔公差带的下方，因而端盖凸缘为非基准轴，所以，轴承座孔与端盖凸缘的配合为混合配合。

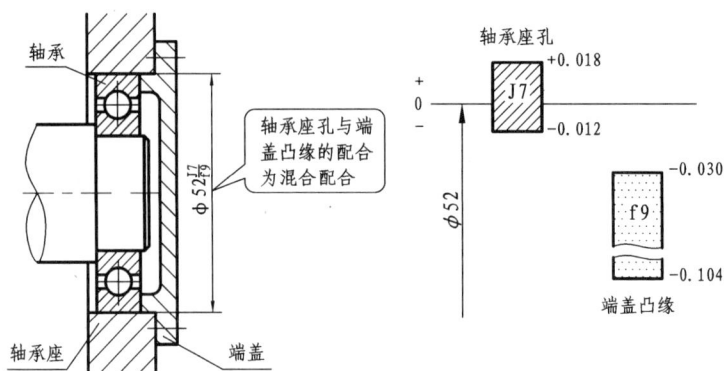

**图 1 – 40　混合配合应用示例**

### 1.3.3　配合种类的选用

选用配合种类的方法有三种：计算法、类比法和试验法。在一般情况下采用类比法，即与经过生产和使用验证后的某种配合进行比较，然后确定其配合种类。

采用类比法选择配合时，首先应了解该配合部位在机器中的作用、使用要求及工作条件，还应该掌握国标中各种基本偏差的特点，了解各种常用和优先配合的特征及应用场合，熟悉一些典型的配合实例。

采用类比法选用配合种类的步骤是：

（1）首先根据使用要求，确定配合的类别，即确定是间隙配合、过盈配合，还是过渡配合。表 1 – 11 提供了选择的基本原则，供选择时参考。

**表 1 – 11　配合类别选择的基本原则**

| | | | |
|---|---|---|---|
| 无相对运动 | 要传递转矩 | 要精确同轴 | 永久结合 | 过盈配合 |
| | | | 可拆结合 | 过渡配合或基本偏差为 H(h)的间隙配合加紧固件[1] |
| | | 无须精确同轴 | | 间隙配合加紧固件[1] |
| | 不传递转矩 | | | 过渡配合或小过盈配合 |
| 有相对运动 | 只有移动 | | | 基本偏差为 H(h)，G(g)[2]的间隙配合 |
| | 转动或转动和移动复合运动 | | | 基本偏差为 A ~ F(a ~ f)[2]的间隙配合 |

注：①紧固件指键、销钉和螺钉等。
　　②指非基准件的基本偏差代号。

（2）确定类别后，再进一步类比确定选用哪一种配合。表 1 – 12、表 1 – 13 和表 1 – 14 分别给出了公称尺寸至 500 mm 的三类配合中的常用和优先配合的特征及应用场合，根据这些表进行类比后可初步确定选用哪一种配合。

表 1 - 12　公称尺寸至 500 mm 常用和优先间隙配合的特征及应用

| 基准件 | 基本偏差 | a | A | b | B | c | C | d | D | e | E | f | F | g | G | h | H |
|---|---|---|---|---|---|---|---|---|---|---|---|---|---|---|---|---|---|
| H6 | h5 | | | | | | | | | | | $\frac{H6}{f5}$ | $\frac{F6}{h5}$ | $\frac{H6}{g5}$ | $\frac{G6}{h5}$ | | $\frac{H6}{h5}$ |
| H7 | h6 | | | | | | | | | | | $\frac{H7}{f6}$ | $\frac{F7}{h6}$ | ⌐$\frac{H7}{g6}$ | ⌐$\frac{G7}{h6}$ | | ⌐$\frac{H7}{h6}$ |
| H8 | h7 | | | | | | | | | $\frac{H8}{e7}$ | $\frac{E8}{h7}$ | ⌐$\frac{H8}{f7}$ | ⌐$\frac{F8}{h7}$ | $\frac{H8}{g7}$ | | | ⌐$\frac{H8}{h7}$ |
| H8 | h8 | | | | | | | $\frac{H8}{d8}$ | $\frac{D8}{h8}$ | $\frac{H8}{e8}$ | $\frac{E8}{h8}$ | $\frac{H8}{f8}$ | $\frac{F8}{h8}$ | | | | $\frac{H8}{h8}$ |
| H9 | h9 | | | | | $\frac{H9}{c9}$ | | ⌐$\frac{H9}{d9}$ | ⌐$\frac{D9}{h9}$ | ⌐$\frac{H9}{e9}$ | $\frac{E9}{h9}$ | $\frac{H9}{f9}$ | $\frac{F9}{h9}$ | | | | ⌐$\frac{H9}{h9}$ |
| H10 | h10 | | | | | $\frac{H10}{c10}$ | | $\frac{H10}{d10}$ | $\frac{D10}{h10}$ | | | | | | | | $\frac{H10}{h10}$ |
| H11 | h11 | $\frac{H11}{a11}$ | $\frac{A11}{h11}$ | $\frac{H11}{b11}$ | $\frac{B11}{h11}$ | ⌐$\frac{H11}{c11}$ | ⌐$\frac{C11}{h11}$ | $\frac{H11}{d11}$ | $\frac{D11}{h11}$ | | | | | | | | ⌐$\frac{H11}{h11}$ |
| H12 | h12 | | | $\frac{H12}{b12}$ | $\frac{B12}{h12}$ | | | | | | | | | | | | |

| 摩擦类型 | 紊流液体摩擦 | | | 层流液体摩擦 | | | 半液体摩擦 |
|---|---|---|---|---|---|---|---|
| 配合间隙 | 特别大 | 特大 | 很大 | 较大 | 适中 | 较小 | 很小,极端情况为零 |
| 应用场合 | 用于高温或工作时要求大间隙的配合。一般很少应用。 | | 用于缓慢、松弛的动配合,工作条件较差(如农业机械)、受力变形或为了便于装配而需要大间隙的配合,高温时有相对运动的配合。 | 用于高速、重载的滑动轴承或大直径的滑动轴承。由于间隙较大,也可用于大跨距或多支点支承的配合。 | 用于一般转速转动配合。当温度影响不大时,广泛地应用在普通润滑油(或润滑脂)润滑的支承处。 | 最适合于不回转的精密滑动配合或用于缓慢间歇回转的精密配合。 | 用于不同精度要求的一般定位配合或缓慢移动和摆动配合。 |

注:标注 ⌐ 的配合为优先配合。

#### 表 1 – 13　公称尺寸至 500 mm 常用和优先过渡配合的特征及应用

| 配合种类 基准件 | 基本偏差 | 轴或孔 | | | | | | | | | |
|---|---|---|---|---|---|---|---|---|---|---|---|
| | | js | JS | k | K | m | M | n | N | p | r |
| H6 | h5 | $\dfrac{H6}{js5}$ | $\dfrac{JS6}{h5}$ | $\dfrac{H6}{k5}$ | $\dfrac{K6}{h5}$ | $\dfrac{H6}{m5}$ | $\dfrac{M6}{h5}$ | $\dfrac{H6}{n5}$ | | | |
| H7 | h6 | $\dfrac{H7}{js6}$ | $\dfrac{JS7}{h6}$ | ▌$\dfrac{H7}{k6}$ | ▌$\dfrac{K7}{h6}$ | $\dfrac{H7}{m6}$ | $\dfrac{M7}{h6}$ | ▌$\dfrac{H7}{n6}$ | ▌$\dfrac{N7}{h6}$ | ▌$\dfrac{H7}{p6}$ | |
| H8 | h7 | $\dfrac{H8}{js7}$ | $\dfrac{JS8}{h7}$ | $\dfrac{H8}{k7}$ | $\dfrac{K8}{h7}$ | $\dfrac{H8}{m7}$ | $\dfrac{M8}{h7}$ | $\dfrac{H8}{n7}$ | $\dfrac{N8}{h7}$ | $\dfrac{H8}{p7}$ | $\dfrac{H8}{r7}$ |
| 出现过盈百分率 | | 低 ←————————————————————→ 高 | | | | | | | | | |
| 应用场合 | | 用于易于装拆的定位配合或加紧固件可传递一定静载荷的配合。 | 用于稍有振动的定位配合。加紧固件可传递一定的载荷。装拆尚方便。 | 用于定位精度较高且能抗振的定位配合。加键能传递较大的载荷。一般可用木锤装配，但在最大过盈时要求相当的压入力。 | | 用于精确定位或紧密组件的配合。加键能传递大转矩或冲击性载荷。由于拆卸较难，一般大修理时才拆卸。 | | 加键后能传递很大转矩和抗振动及冲击的配合。因拆卸困难，故用于装配后不再拆卸的配合。 | | | |

注：①$\dfrac{H6}{n5}$ 和 $\dfrac{H7}{p6}$ 当公称尺寸大于 3 mm 和 $\dfrac{H8}{r7}$ 在公称尺寸大于 100 mm 时为过渡配合。

　　②标注▌的配合为优先配合。

#### 表 1 – 14　公称尺寸至 500 mm 常用和优先过盈配合的特征及应用

| 配合种类 基准件 | 基本偏差 | 轴或孔 | | | | | | | | | | | | | | | | |
|---|---|---|---|---|---|---|---|---|---|---|---|---|---|---|---|---|---|---|
| | | n | N | p | P | r | R | s | S | t | T | u | U | v | V | x | X | y | Y | z | Z |
| H6 | h5 | $\dfrac{H6}{n5}$ | $\dfrac{N6}{h5}$ | $\dfrac{H6}{p5}$ | $\dfrac{P6}{h5}$ | $\dfrac{H6}{r5}$ | $\dfrac{R6}{h5}$ | $\dfrac{H6}{s5}$ | $\dfrac{S6}{h5}$ | $\dfrac{H6}{t5}$ | $\dfrac{T6}{h5}$ | | | | | | | | | | |
| H7 | h6 | ▌$\dfrac{H7}{p6}$ | ▌$\dfrac{P7}{h6}$ | $\dfrac{H7}{r6}$ | $\dfrac{R7}{h6}$ | ▌$\dfrac{S7}{h6}$ | $\dfrac{H7}{s6}$ | $\dfrac{H7}{t6}$ | $\dfrac{T7}{h6}$ | ▌$\dfrac{H7}{u6}$ | ▌$\dfrac{U7}{h6}$ | $\dfrac{H7}{v6}$ | | $\dfrac{H7}{x6}$ | | $\dfrac{H7}{y6}$ | | $\dfrac{H7}{z6}$ | |
| H8 | h7 | | | $\dfrac{H8}{r7}$ | | $\dfrac{H8}{s7}$ | | $\dfrac{H8}{t7}$ | | $\dfrac{H8}{u7}$ | | | | | | | | | | | |
| 配合类型 | | 轻型 | | 中型 | | | | 重型 | | | | 特重型 | | | | | | | | | |

续表 1 – 14

| 配合种类基本偏差基准件 | 轴或孔 | | | | | | | | | | | | | | | | | | | |
|---|---|---|---|---|---|---|---|---|---|---|---|---|---|---|---|---|---|---|---|---|
| | n | N | p | P | r | R | s | S | t | T | u | U | v | V | x | X | y | Y | z | Z |
| 装配方法 | 用锤子或压力机 | | | | 用压力机，或用热胀孔或冷缩轴法 | | | | 用热胀孔或冷缩轴法 | | | | 用热胀孔或冷缩轴法 | | | | | | | |
| 应用场合 | 用于精确的定位配合。上列多数配合不能靠过盈产生的紧固性传递载荷，要传递转矩或轴向力时，须加紧固件。 | | | | 在传递较小转矩或轴向力时不需加紧固件，若承受较大载荷或动载荷时，应加紧固件。 | | | | 不加紧固件能传递和承受大的转矩和动载荷，但材料的许用应力要大。 | | | | 能传递和承受很大的转矩和动载荷，目前使用经验和资料还很少，须经试验后才可应用。 | | | | | | | |

注：①$\dfrac{H6}{n5}$和$\dfrac{H7}{p6}$当公称尺寸小于或等于 3 mm 和$\dfrac{H8}{r7}$在公称尺寸小于或等于 100 mm 时为过渡配合。

②标注◤的配合为优先配合。

（3）工作条件是选择配合的重要依据。当实际工作条件与典型配合的应用场合有所不同时，应对配合的松紧作适当的调整，最后确定选用哪种配合。表 1 – 15 定性地表示了工作条件不同时进行调整的趋势，作为选择时的参考。

表 1 – 15　不同工作条件影响配合间隙或过盈的趋势

| 工作条件 | 过盈增或减 | 间隙增或减 |
|---|---|---|
| 材料强度小 | 减 | — |
| 经常拆卸 | 减 | — |
| 有冲击载荷 | 增 | 减 |
| 工作时孔温高于轴温 | 增 | 减 |
| 工作时轴温高于孔温 | 减 | 增 |
| 配合长度增大 | 减 | 增 |
| 配合面形状和位置误差增大 | 减 | 增 |
| 装配时可能歪斜 | 减 | 增 |
| 旋转速度增高 | 增 | 增 |
| 有轴向运动 | — | 增 |
| 润滑油黏度增大 | — | 增 |
| 表面趋向粗糙 | 增 | 减 |
| 单件生产相对于成批生产 | 减 | 增 |

## 练 习

1.配合制的选用原则是：一般情况下，应优先选用_____；有些情况下可采用_____；与标准件配合时，配合制的选择通常依_____而定；为了满足配合的特殊要求，允许采用_____。

2.公差等级选择原则是：是在满足使用要求的条件下，尽量选取低的公差等级【是、否】

3. 优先选用基孔制的原因主要是孔比轴难加工。【是、否】

4. 下列情况中，不能采用基轴制配合的是(    )。

A. 采用冷拔圆型材作轴。

B. 滚动轴承内圈与转轴轴颈的配合。

C. 滚动轴承外圈与轴承座孔的配合。

5. 如果零件 $\phi60$ 的 IT5 和 IT6 级都能满足使用要求，则尽量选用其中的____级的公差等级。

6. 如图 1−41 所示，根据装配图中的配合代号在对应的零件图上标出孔或轴的公称尺寸与极限偏差。

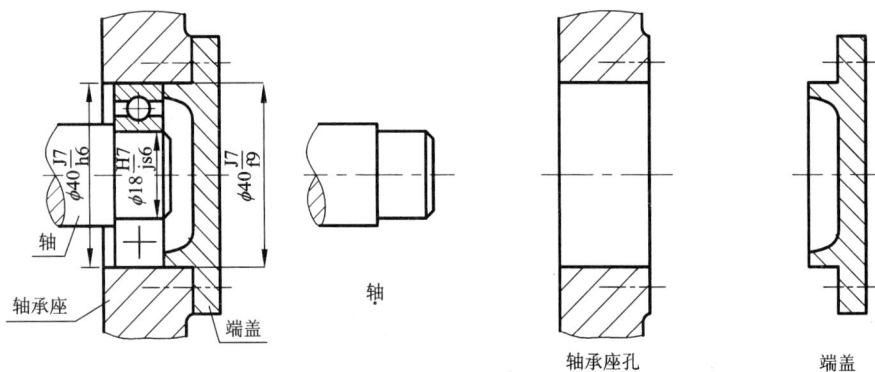

**图 1−41  混合制配合习题图**

滚动轴承内圈与轴配合的配合代号为 $\phi18\dfrac{H7}{js6}$，是_____制_____配合。轴的基本偏差代号为_____，公差等级为_____。

滚动轴承外圈与轴承座孔配合的配合代号为 $\phi40\dfrac{J7}{h6}$，是_____制_____配合。轴承座孔的基本偏差代号为_____，公差等级为_____。

轴承座孔与端盖配合的配合代号为 $\phi40\dfrac{J7}{f9}$，是_____制_____配合。端盖的基本偏差代号为_____，公差等级为_____。

# 第 2 章　技术测量基础

## 【知识目标】

（1）理解测量长度尺寸的常用计量器具，如游标卡尺、千分尺、量块等的结构、刻线原理及读数步骤，掌握其使用方法、维护与保养。

（2）理解常用的机械式量仪，如百分表、内径百分表、杠杆百分表等的结构、工作原理及用途，掌握其使用方法、维护与保养。

（3）理解测量角度的常用计量器具，如直角尺、万能角度尺、正弦规等的结构与用途，掌握其使用方法。

（4）了解检验平板、塞尺、检验平尺、光滑极限量规和水平仪等的应用。

## 【技能目标】

（1）能熟练使用游标卡尺、千分尺等测量长度。

（2）会使用量块校对测量工具。

（3）理解百分表的使用方法。

（4）会使用直角尺、万能角度尺测量角度。

（5）理解光滑极限量规、水平仪等的使用方法。

## 2.1　测量技术的基本知识

### 2.1.1　测量技术的概念

测量技术包括测量和检验。

测量是指把被测的几何量与作为计量单位的标准量进行比较的过程。一个完整的测量技术过程应包括测量对象、计量单位、测量方法和测量精度四个要素。检验是指确定被测量是否在规定的极限范围之内，从而判断被测对象是否合格。检验无须得出具体的量值。

### 2.1.2　测量器具的种类

测量器具按结构特点可分为以下三类，见表 2 - 1。

表 2 - 1　计量器具的分类

| 种类 | 分类 | 常用计量器具示例 | 用途 |
|------|------|------------------|------|
| 量具 | 标准量具 |  　量块 　　　　　　　直角尺 | 用来测量单一量值的量具。 |
| | 通用量具 | 　钢直尺(固定刻线量具)<br>　游标卡尺(游标量具)<br>　千分尺(螺旋测微量具) | 用来测量一定范围内的量值的量具。 |
| 量规 | 光滑极限量规 |  　环规 　　卡规 　　塞规 | 用于检验光滑圆柱形工件的合格性。 |
| | 螺纹量规 |  　螺纹环规 　　螺纹塞规 | 用于综合检验螺纹的合格性。 |
| | 圆锥量规 |  　锥度套规 　　锥度塞规 | 用于检验圆锥的锥度及尺寸。 |

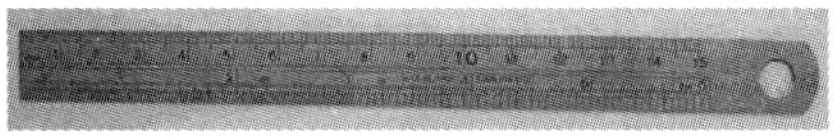

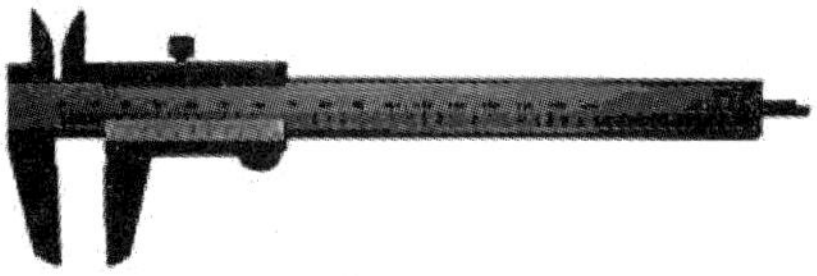

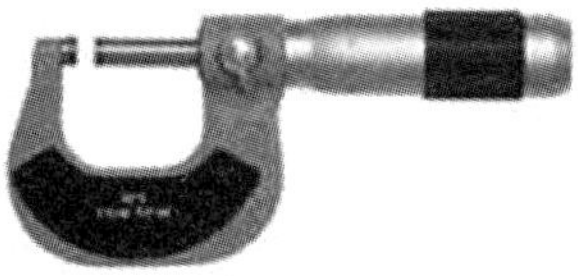

| 种类 | 分类 | 常用计量器具示例 | 用途 |
|---|---|---|---|
| 量仪 | 机械式量仪（常用） | 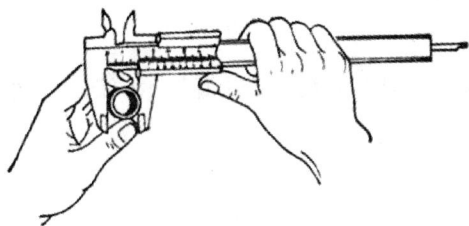　百分表　　　杠杆表 | 可将被测几何量值转换成可直接观察的指示值或等效信息的计量器具。 |
| | 光学式量仪 | | |
| | 电动式量仪 | | |
| | 气动式量仪 | | |

### 2.1.3　测量方法的分类

测量方法可以从不同的角度进行分类。

**1. 按实测量是否为被测量分为直接测量和间接测量**

（1）直接测量　直接用量具或量仪测出被测量的量值的方法。如图 2-1 所示用游标卡尺测量工件直径。

（2）间接测量　先测出与被测量相关的量值,再通过计算获得被测量的量值的方法。如图 2-2 所示,可先测出 $L_1$ 和 $L_2$ ,然后再计算出两孔的中心距 $L = \dfrac{L_1 + L_2}{2}$。

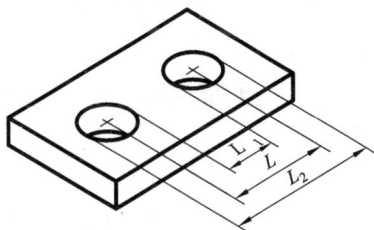

**图 2-1　直接测量(绝对测量)**　　　　　　**图 2-2　间接测量**

**2. 根据被测量值是否由计量器具的读数装置直接获得可分为绝对测量和相对测量**

（1）绝对测量　从量具或量仪上直接读出被测量量值的方法称为绝对测量。如图 2-1 所示用游标卡尺测量工件直径。

（2）相对测量　通过读取被测量与标准量的偏差来确定被测量量值的方法,又称比较测量或微差测量。如用内径百分表测量孔径,测量时先用标准件调整零位,再用内径百分表测量孔径。孔径等于百分表上指示的偏差值 $\Delta D$ 与标准量值 $D'$ 的代数和: $D = D' + \Delta D$。

**3. 根据同时测量的几何量的数量可分为单项测量和综合测量**

（1）单项测量　在一次检测中只测量一个几何量的量值的测量方法。如图 2-1 所示用游标卡尺测量工件直径。

(2)综合测量 在一次检测中可得到几个相关几何量的综合结果,以判断工件是否合格。如用螺纹量规综合检验螺纹的合格性。

### 2.1.4 计量器具的基本计量参数

计量器具的计量参数是反映其性能和功用的指标,是选择和使用计量器具的主要依据。基本计量参数如下。

**1. 刻度间距**

刻线间距是指刻度尺或刻度盘上两相邻刻线中心的距离,一般在 1~2.5 mm 之间。

**2. 分度值**

分度值是指刻度尺或刻度盘上每一小格所代表的测量值。如千分尺和百分表的分度值为 0.01 mm。一般来说,分度值越小,计量器具的精度越高。

**3. 示值范围**

示值范围是指计量器具的刻度尺或刻度盘上所指示的起始值到终了值的范围。如百分表的示值范围为 1 mm。

**4. 测量范围**

测量范围是指计量器具能测出的被测量的最小值到最大值的范围。如某一千分尺的测量范围为 25~50 mm。

**5. 示值稳定性**

示值稳定性是指在工作条件一定的情况下,对同一参数进行多次测量所得示值的最大变化范围。

**6. 示值误差**

示值误差是指计量器具上的示值与被测量真值的代数差。

**7. 修正值**

修正值是指为了消除系统误差用代数法加到测量结果上的数值,其值与示值误差大小相等,符号相反。

**8. 灵敏度**

灵敏度是指计量器具的指针对被测量的变化的反应能力。

## 练 习

1. 一个完整的测量过程包括测量对象、_____、_____和_____四个要素。

2. 测量和检验的主要区别是:测量是要确定被测量的大小;检验只须确定被测量是否在规定的极限范围内,而无须得出具体的量值。【是、否】

3. 用内径百分表测量孔径尺寸,既属于相对测量,又属于直接测量。【是、否】

4. 下列量具中属于标准量具的是( )。

A. 钢直尺　　　　　　B. 量块　　　　　　C. 游标卡尺　　　　　　D. 光滑极限量规

5. 用游标卡尺测量轴的直径尺寸属于( )。

A. 间接测量　　　　　　B. 相对测量　　　　　　C. 绝对测量

## 2.2　测量长度尺寸的常用量具

### 2.2.1　游标量具

　　游标量具是应用游标原理制成的一种常用量具，具有结构简单、使用方便、测量范围大等特点。常用的长度游标量具有游标卡尺、游标深度尺和游标高度尺等，如表 2 - 2 所示。

表 2 - 2　常用的游标量具

| 名　称 | 结构图 | 用　途 |
|--------|--------|--------|
| 三用游标卡尺 | 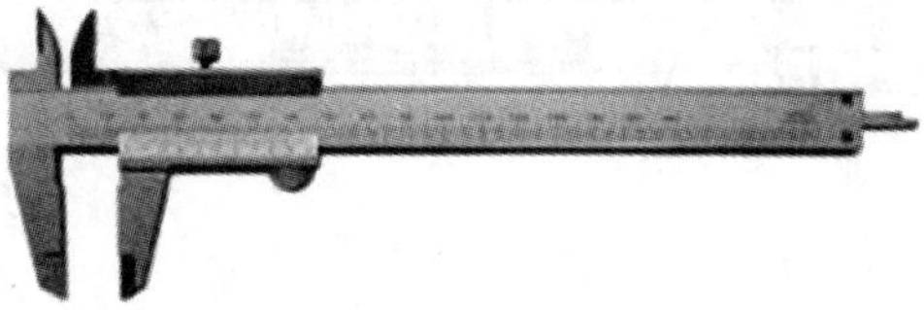 | 用于测量内外尺寸、孔深及槽深等。 |
| 深度游标卡尺 | 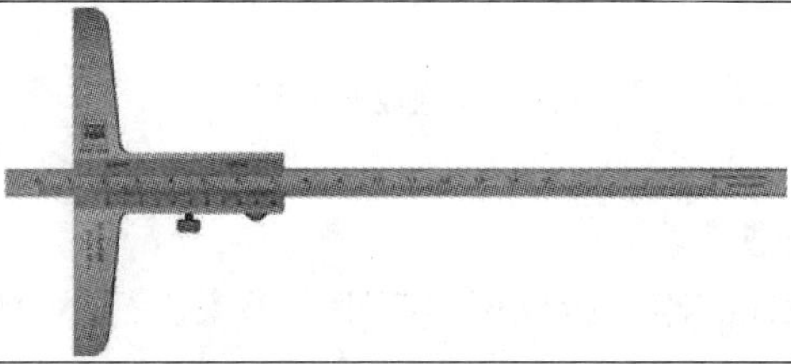 | 用于测量孔深、槽深及阶台高度。 |
| 带表游标卡尺 | 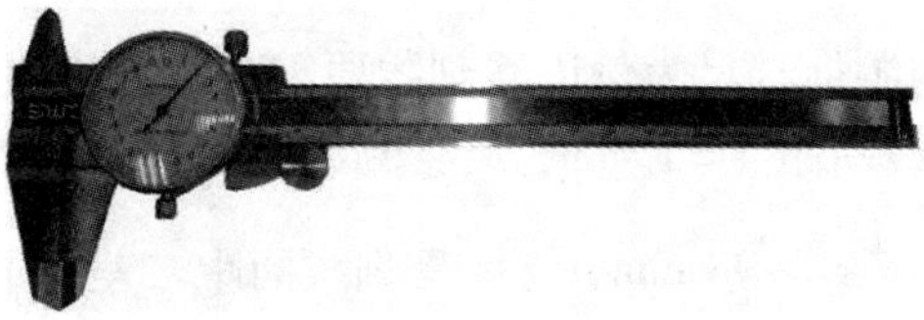 | 用于测量内、外尺寸，装有百分表，便于读数。 |
| 高度游标卡尺 | 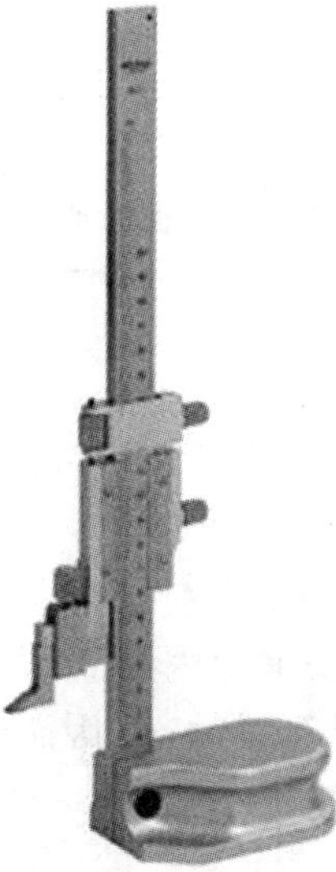 | 用于测量工件的高度或进行划线。 |

**1. 游标卡尺的结构和用途**

如图 2-3 所示，游标卡尺是由主尺、尺框、游标、固定量爪、活动量爪、深度尺等组成。游标卡尺的主体是一个刻有刻度的尺身，其上有固定量爪。可沿尺身移动的部分称为尺框，尺框上有活动量爪、深度尺，并装有带刻度的游标和紧固螺钉。有的游标卡尺为了调节方便还装有微调装置。在尺身上滑动尺框可使两量爪的距离改变，以完成不同尺寸的测量工作。

游标卡尺主要用于测量工件的内外尺寸、孔深及槽深等。

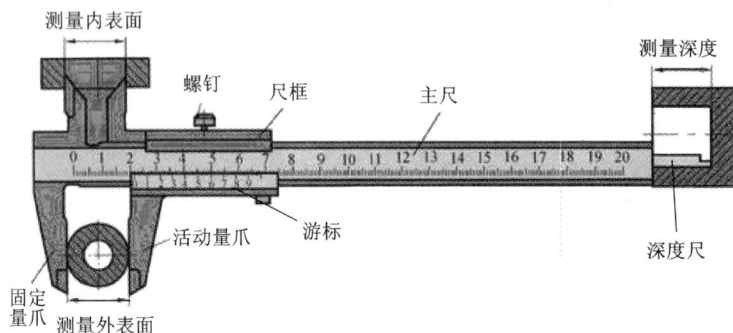

图 2-3　游标卡尺组成及应用

**2. 游标卡尺的刻线原理和读数步骤**

游标卡尺主要是利用尺身刻线间距和游标刻线间距之差来进行小数读数。常用的游标卡尺的分度值有 0.10 mm、0.05 mm 和 0.02 mm 三种。

下面以分度值为 0.02 mm 的游标卡尺为例讲述刻线原理和读数步骤。

如图 2-4(a) 所示，尺身刻线间距 $a=1$ mm，尺身刻线 49 格的长度等于游标刻线 50 格的长度，则游标刻线间距 $b = \dfrac{49 \times 1}{50} = 0.98$ mm，与尺身刻线间距之差为 $1 - 0.98 = 0.02$ mm。

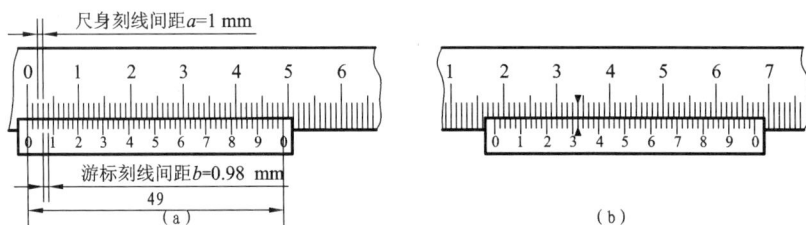

图 2-4　游标卡尺刻线原理及读数示例

如图 2-4(b) 所示，游标卡尺的读数步骤如下：

(1) 游标的零线落在尺身的 18～19 mm 之间，因而整数值为 18 mm。

(2) 游标的第 16 格刻线与尺身的某一条刻线对齐，因而小数值为 $0.02 \times 16 = 0.32$ mm。

(3) 最后将整数值与小数值相加，所以被测尺寸为 18.32 mm。

知识要点提示：

　　游标卡尺的读数分 3 步：

　　(1)读整数。根据游标零线所处位置读出主尺在游标零线前的整数值。

　　(2)读小数。找到与主尺刻线对齐的游标刻线，将其序号乘以该游标卡尺的分度值即可得到小数值。

　　(3)求和。将整数值与小数值相加即为测量结果。

### 3.游标卡尺的使用、维护与保养

| | |
|---|---|
| 游标卡尺的使用 | 1.使用前应先校对"零"位，看主尺和游标的零刻度线是否对齐。若没有对齐，就存在零位偏差，一般不能使用；如要使用，需加修正值。<br>2.读数时，视线应与尺身表面垂直，避免产生视觉误差。<br>3.使用时，要先注意看清尺框上的分度值标记，以免读错小数值产生粗大误差。<br>4.用游标卡尺测量内、外尺寸时，应使两量爪的测量平面与被测平面平行；用游标卡尺测量孔深或槽深时，应使深度尺垂直于槽底，不能歪斜，如图 2-5 所示。 |
| 游标卡尺的维护与保养 | 1.不得用游标卡尺测量运动的工件、表面粗糙的工件。<br>2.不得将游标卡尺的尺框用紧固螺钉紧固后当作卡规使用。<br>3.使用过程中要轻拿轻放，不要与手锤、扳手等工具放在一起，以防受压或磕碰造成损伤。<br>4.使用完毕应将其擦净并涂油，装入专用盒内后放在干燥、无腐蚀物质、无振动和无强磁力的地方保管。<br>5.不得用砂纸等硬物擦卡尺，非专业修理量具人员不得进行拆卸和调整。<br>6.按使用合格证的要求进行周期检定。 |

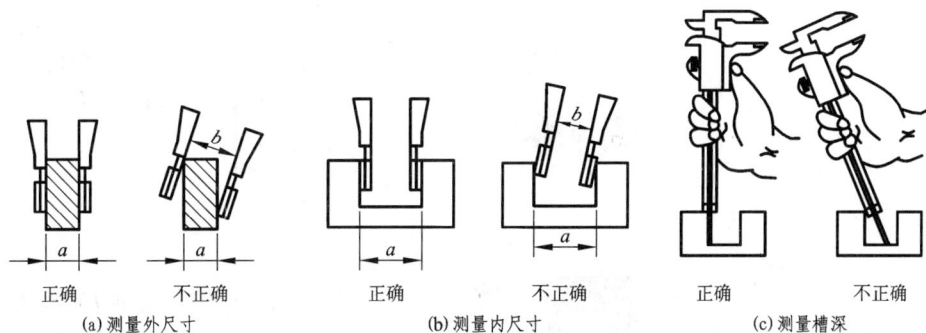

(a)测量外尺寸　　　　　　　(b)测量内尺寸　　　　　　　(c)测量槽深

图 2-5　游标卡尺的使用

# 练 习

1. 游标卡尺的分度值有＿＿＿＿mm、＿＿＿＿mm 和＿＿＿＿mm 三种，其中＿＿＿＿mm 最常用。

2. 游标卡尺是利用尺身刻度间距和游标刻度间距之差来进行小数部分读数的。差值越小，其分度值越小，游标卡尺的测量精度越高。【是、否】

3. 用游标卡尺的深度尺测量槽深时，尺身应(　　)于槽底。

A. 垂直　　　　　　　　B. 平行　　　　　　　　C. 倾斜

4. 如图 2-6 所示，在下列横线上写出对应的游标卡尺的读数。

(a) ＿＿＿　　　　　(b) ＿＿＿　　　　　(c) ＿＿＿

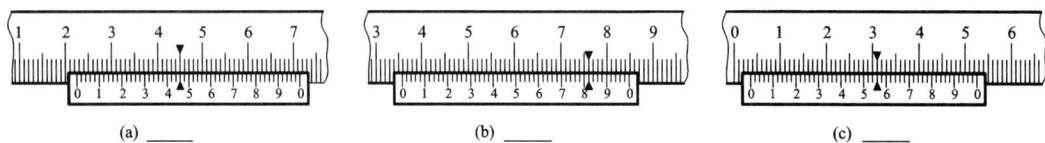

图 2-6　游标卡尺读数习题图

## 2.2.2　螺旋测微量具

螺旋测微量具是应用螺旋副测微原理进行测量的一种量具。按用途可分为外径千分尺、内径千分尺、深度千分尺、螺纹千分尺和公法线千分尺等，如表 2-3 所示。其中外径千分尺应用最广，在此我们只对外径千分尺作重点介绍。

表 2-3　螺旋测微量具的分类

| 名　称 | 结　构　图 | 特点及用途 |
|---|---|---|
| 外径千分尺 |  | 用于测量工件的厚度、长度、外圆直径等各种外形尺寸。 |
| 接杆式内径千分尺 |  | 用于测量较大的孔径或内尺寸，加接长杆可改变(一般是增大)测量范围。 |

**续表 2 – 3**

| 名　称 | 结　构　图 | 特点及用途 |
|---|---|---|
| 三爪式内径千分尺 | 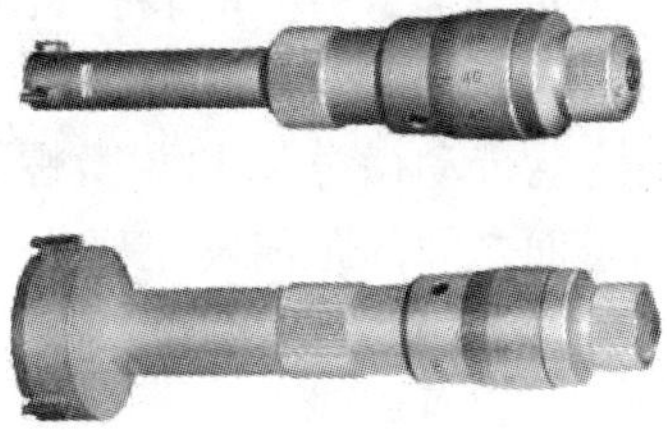 | 测头有三个可伸缩的测爪，用于测量中、小孔直径。 |
| 内测千分尺 | 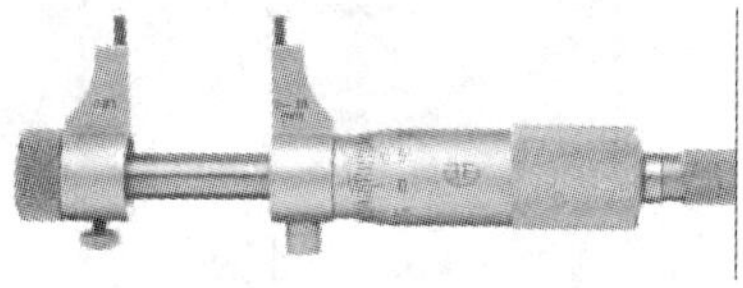 | 用于测量中、小孔直径、槽宽等内尺寸。 |
| 深度千分尺 |  | 在测量螺杆的下面连接着可换测量杆，用于测量孔深、槽深及两平面间的距离。 |
| 螺纹千分尺 | 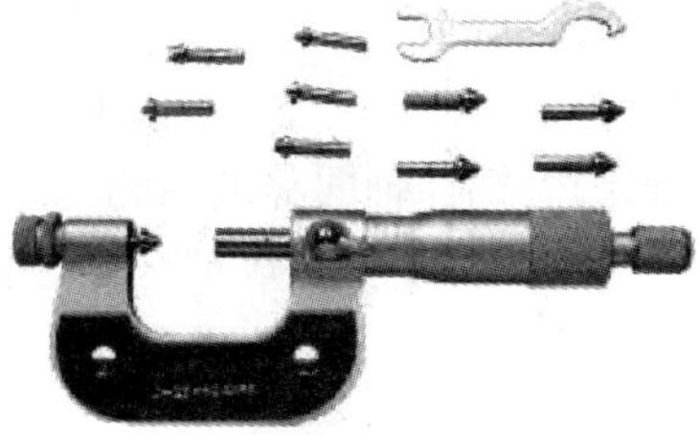 | 其附有各种不同规格的测量头，用于测量螺纹的中径尺寸。 |
| 公法线千分尺 | 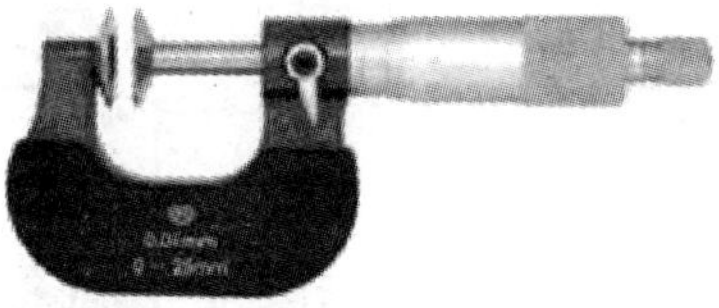 | 两个测砧的测量面相互平行，用于测量齿轮的公法线长度。 |
| 壁厚千分尺 | 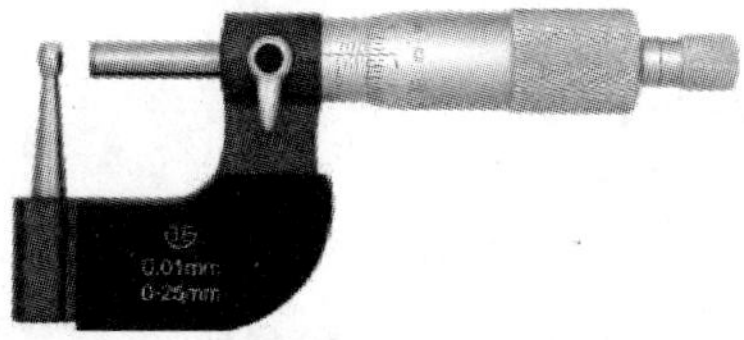 | 前端做成杆状球头测砧，以便伸入孔内并使测砧与孔的内壁贴合，用于测量精度较高的管型件的壁厚等。 |

**1. 外径千分尺的结构及特点**

如图 2-7 所示,外径千分尺是由尺架、砧座、测微螺杆、锁紧装置、固定套筒、微分筒、测力装置等组成。尺架一端装有固定测量砧座,另一端装有固定套筒和锁紧装置,尺架的两侧还覆盖有绝缘板,以防使用时手的温度影响千分尺的测量精度。测微螺杆与微分筒、测力装置结合在一起。当旋转测力装置时,就带动微分筒和测微螺杆一起旋转,并沿轴向移动,使固定测量砧座和测微螺杆的两个测量面之间的距离发生变化。

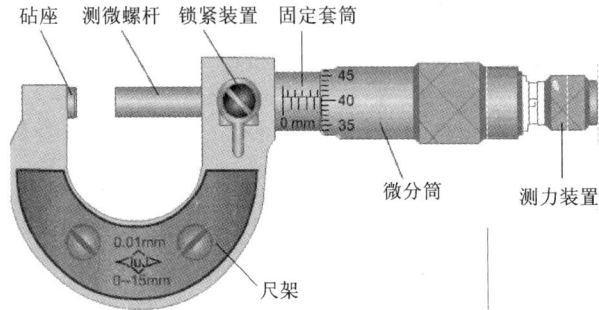

图 2-7　外径千分尺的结构

外径千分尺测微螺杆的移动量一般为 25 mm,常用的外径千分尺的测量范围有 0~25 mm,25~50 mm,50~75 mm 等。

外径千分尺使用方便,读数准确,其测量精度比游标卡尺高,在生产中使用广泛。

**2. 外径千分尺的刻线原理和读数步骤**

外径千分尺是应用螺旋副的传动原理,将角位移变为直线位移。测微螺杆的螺距为 0.5 mm,微分筒的圆锥面上刻有 50 等分的圆周刻度。当微分筒旋转一周时,测微螺杆轴向移动 0.5 mm。当微分筒只转动一格时,则测微螺杆轴向移动量为 0.5/50 = 0.01 mm。这样,可由微分筒上的刻度精确地读出测微螺杆轴向位移的小数部分。因此,外径千分尺的分度值为 0.01 mm。

**例 2-1**　读出图 2-8 中外径千分尺所示的读数。

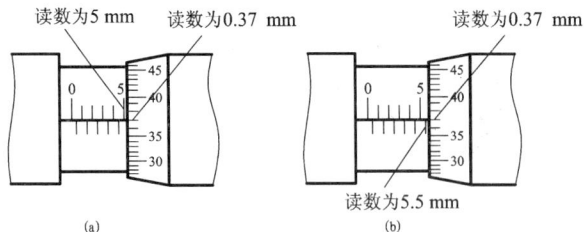

图 2-8　外径千分尺读数示例

**解:**

从图 2-8(a)中可以看出,固定套筒基准线上侧刻线为 5 mm,基准线下侧表示 0.5 mm 的刻线没露出来,且微分筒上与固定套筒基准线对齐的刻度数值为 0.37 mm,所以外径千分尺的读数为 5 + 0.37 = 5.37 mm。

　　从图 2 - 8(b) 中可以看出，固定套筒基准线上侧刻线为 5 mm，基准线下侧表示 0.5 mm 的刻线露出来了，且微分筒上与固定套筒基准线对齐的刻度数值为 0.37 mm，所以外径千分尺的读数为 5 + 0.5 + 0.37 = 5.87 mm。

> **知识要点提示：**
>
> 　　外径千分尺的读数分 3 步：
>
> 　　(1) 读整数。由固定套筒上露出的刻线读出被测工件的整毫米数(上侧刻度)或半毫米数(下侧刻度)。
>
> 　　(2) 读小数。在微分筒上找到与固定套筒基准线对齐的刻度，将此刻度线乘以 0.01 mm 就是小于 0.5 mm 的小数部分的读数(注：若固定套筒上的 0.5 mm 刻线没露出来，那么微分筒上与基准线对齐的刻度线值即为所求的小数值；若固定套筒上的 0.5 mm 刻线露出来，那么微分筒上与基准线对齐的刻度线值还应加上 0.5 mm 后，才为所求的小数部分；当微分筒上没有任何一条线与基准线对齐时，应该估算到小数点第 3 位数)。
>
> 　　(3) 求和。将整数值与小数值相加即为测量结果。

### 3. 外径千分尺的使用、维护与保养

| | |
|---|---|
| 千分尺的使用 | 1. 使用前必须用校对杆校对"零"位。<br>2. 手应握在隔热垫处，测量器具与被测工件必须等温，以减少温度对测量精度的影响。<br>3. 测量时，千分尺的测微螺杆的轴线应垂直零件被测表面，先转动微分筒，当接近工件时，再转动测力装置上的棘轮，直至发出"咔咔"声后停止转动，如图 2 - 9 所示。<br>4. 读数时要特别注意半毫米刻线是否露出。 |
| 千分尺的维护与保养 | 1. 不得用千分尺测量运动的工件、表面粗糙的工件。<br>2. 不得将千分尺的测微螺杆用锁紧装置紧固后当作卡规使用。<br>3. 使用过程中要轻拿轻放，不要与手锤、扳手等工具放在一起，以防受压或磕碰造成损伤。<br>4. 使用完毕应将其擦净并涂油，装入专用盒内后放在干燥、无腐蚀物质、无振动和无强磁力的地方保管。<br>5. 不得用砂纸等硬物擦千分尺，非专业修理量具人员不得进行拆卸和调整。<br>6. 按使用合格证的要求进行周期检定。 |

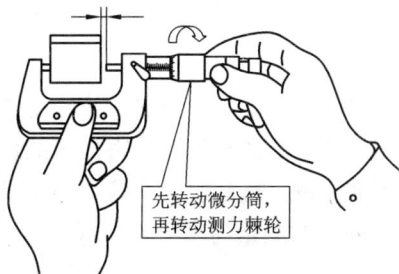

先转动微分筒，再转动测力棘轮

**图 2 - 9　使用外径千分尺注意事项**

# 练 习

1. 螺旋测微量具是利用_____原理进行测量和读数的。

2. 外径千分尺的分度值是(　　)。

A. 0.5 mm          B. 0.01 mm          C. 0.05 mm          D. 0.001 mm

3. 如图 2 - 10 所示，在下列横线上写出对应的千分尺的读数。

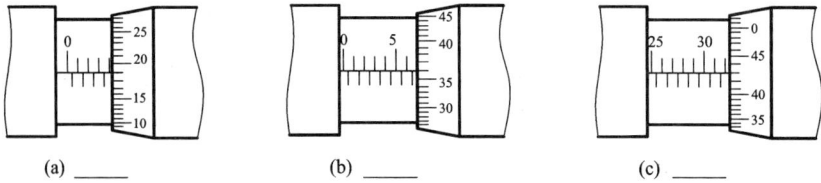

　　(a) _____　　　　　　(b) _____　　　　　　(c) _____

图 2 - 10　千分尺读数习题图

## 2.2.3　量块

### 1. 量块的定义、用途及尺寸系列

量块是没有刻度的平行端面量具，也称块规，如图 2 - 11 所示。量块上有两个经过精密加工的平行平面，叫做测量面。

量块的测量面极为光滑、平整，用少许压力推合两块量块，可使其紧密粘合在一起，这种特性称为研合性。利用量块的研合性，就可用不同尺寸的量块组合成所需的各种尺寸，如图 2 - 12 所示。

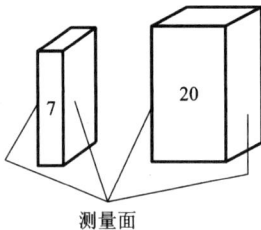

图 2 - 11　量块

图 2 - 12　量块的研合性

量块的用途广泛，可用于检定和校准测量工具或量仪；相对测量时，可用于调整量具或量仪的零位，还可直接用于精密划线、精密测量及精密机床的调整等。

在实际生产中，量块是成套使用的，每套包含一定数量的不同标称尺寸的量块，以便组合成各种尺寸，满足一定尺寸范围内的测量需求。常用成套量块的尺寸见表 2 - 4。

表 2 - 4　常见成套量块的尺寸

| 套别 | 总块数 | 级　别 | 尺寸系列(mm) | 间隔(mm) | 块数 |
|------|--------|--------|-------------|----------|------|
| 1 | 91 | 00, 0, 1 | 0.5 | | 1 |
| | | | 1 | | 1 |
| | | | 1.001, 1.002, …, 1.009 | 0.001 | 9 |
| | | | 1.01, 1.02, …, 1.49 | 0.01 | 49 |
| | | | 1.5, 1.6, …, 1.9 | 0.1 | 5 |
| | | | 2.0, 2.5, …, 9.5 | 0.5 | 16 |
| | | | 10, 20, …, 100 | 10 | 10 |
| 2 | 83 | 00, 0, 1, 2, (3) | 0.5 | | 1 |
| | | | 1 | | 1 |
| | | | 1.005 | | 1 |
| | | | 1.01, 1.02, …, 1.49 | 0.01 | 49 |
| | | | 1.5, 1.6, …, 1.9 | 0.1 | 5 |
| | | | 2.0, 2.5, …, 9.5 | 0.5 | 16 |
| | | | 10, 20, …, 100 | 10 | 10 |
| 3 | 46 | 0, 1, 2 | 1 | | 1 |
| | | | 1.001, 1.002, …, 1.009 | 0.001 | 9 |
| | | | 1.01, 1.02, …, 1.09 | 0.01 | 9 |
| | | | 1.1, 1.2, …, 1.9 | 0.1 | 9 |
| | | | 2, 3, …, 9 | 1 | 8 |
| | | | 10, 20, …, 100 | 10 | 10 |
| 4 | 38 | 0, 1, 2, (3) | 1 | | 1 |
| | | | 1.005 | | 1 |
| | | | 1.01, 1.02, …, 1.09 | 0.01 | 9 |
| | | | 1.1, 1.2, …, 1.9 | 0.1 | 9 |
| | | | 2, 3, …, 9 | 1 | 8 |
| | | | 10, 20, …, 100 | 10 | 10 |

## 2. 量块的尺寸组合及使用方法

量块组合成一定尺寸的方法是先从给定尺寸的最后一位数字考虑，每选一块应使尺寸的位数减少 1～2 位，使量块数尽可能少，以减少累积误差。

**例 2 - 2**　试从 83 块一套的量块与 38 块一套的量块中选择适当的量块组合成尺寸 55.425 mm，并比较其优劣。

**解：**

若采用 83 块一套的量块，则有：

55.425

−1.005 —— 第一块量块尺寸

54.42

−1.42 —— 第二块量块尺寸

53.0

−3.0 —— 第三块量块尺寸

50 —— 第四块量块尺寸

若采用 38 块一套的量块，则有：

55.425

−1.005 —— 第一块量块尺寸

54.42

−1.02 —— 第二块量块尺寸

53.4

−1.4 —— 第三块量块尺寸

52

−2 —— 第四块量块尺寸

50 —— 第五块量块尺寸

通过比较，采用 83 块一套的量块只需四块，而用 38 块一套的量块需要五块，相比而言采用 83 块一套的量块好些。

**知识要点提示：**

使用量块时的注意事项：

(1)组合前，应根据工件尺寸选好量块，一般不超过 4~5 块。

(2)在组合量块前要用软绸等将量块各面擦净，用推压的方法逐块研合。

(3)使用后，决不允许将量块结合在一起存放，应拆开组合量块，清洗、擦拭干净(钢制量块涂上防锈油)后，装在专用盒内。

为了扩大量块的应用范围，可采用量块附件。将量块附件夹持器、各种量爪与量块组合，可用于测量内径、外径或划线等，如图 2 − 13 所示。

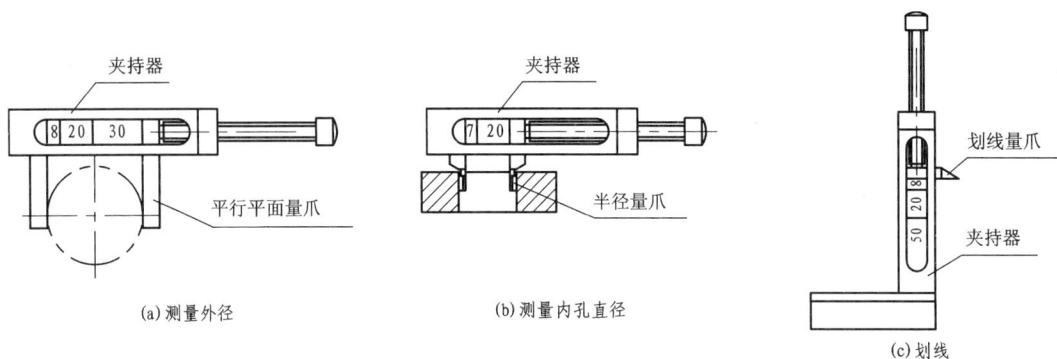

图 2 − 13  量块的附件及应用

# 练　习

1. 量块是没有_____的平行端面量具,利用量块的_____性,就可用不同尺寸的量块组合成所需的各种尺寸。

2. 为了减少量块组合的累积误差,使用量块时,应尽量减少使用的块数,一般要求不超过 4~5 块。选用量块时,应根据所需组合的尺寸,从最后一位数字开始选择。【是、否】

3. 量块是一种精密量具,应用较为广泛,但它不能用于(　　)。

A. 调整量具、量仪的零位　　　　　　　B. 检定和校准其他量具、量仪

C. 评定表面粗糙度　　　　　　　　　　D. 调整精密机床、精密划线等

4. 利用 91 块成套量块,选择组成 $\phi58e6\left(^{-0.060}_{-0.079}\right)$ 两极限尺寸的量块组(提示:先确定极限尺寸)。

# 2.3　常用机械式量仪

机械式量仪是用机械方法将被测量的量值转换成可直接观察的指示值。这种量仪结构简单、性能稳定、使用方便,因而应用广泛。常用的机械式量仪有百分表、内径百分表和杠杆百分表等。

## 2.3.1　百分表

### 1. 百分表的结构、传动原理与特点

如图 2-14 所示,百分表是由小齿轮、大齿轮、中间齿轮、弹簧、测量杆、指针、游丝等组成。

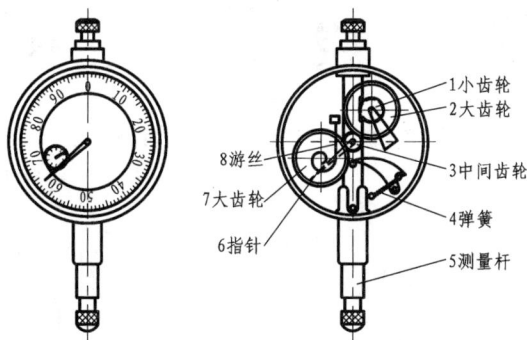

图 2-14　百分表的结构

测量时,被测尺寸的变化引起测量杆 5 的微小移动,经小齿轮 1、大齿轮 2、中间齿轮 3 和大齿轮 7 转变成指针 6 的转动,被测的读数可从刻度盘上读出。游丝 8 用于消除由齿轮传动系统中齿侧间隙引起的测量误差。

百分表外廓尺寸小、重量轻、使用方便、价格便宜,是一种应用最广的机械式量仪。

### 2. 百分表的刻线原理

百分表表面刻度盘上共有 100 个刻度,当测量杆移动 1 mm 时,指针沿刻度盘回转一周。那么,当指针转过 1 格时,测量杆移动的距离为 1/100 = 0.01 mm,所以百分表的分度值为 0.01 mm。

### 3. 百分表的使用、维护与保养

| | |
|---|---|
| 百分表的使用 | 1. 百分表一般与百分表座及专用夹具一起使用,图 2-15 所示为常用的百分表座和百分表架。<br>2. 测量前先用标准件或量块校对百分表,转动表圈,使表盘的零刻度线对准指针。<br>3. 测量头与被测表面接触时,测量杆应有一定的预留量,一般为 1~2 mm,以提高示值的稳定性,如图 2-16(a) 所示。<br>4. 测量时,测量杆应垂直于被测工件表面,如图 2-16(b) 所示。<br>5. 测量圆柱形工件时,测量杆的轴线要垂直通过被测工件的轴线,如图 2-16(c) 所示。 |
| 百分表的维护与保养 | 1. 不得用百分表测量表面粗糙的毛坯。<br>2. 提压测量杆的次数不要过多,距离不要过大,以免损坏机件及加剧零件磨损。<br>3. 百分表应轻拿轻放,避免剧烈震动和碰撞,不要使测量头突然撞击在被测表面上,以防测量杆变形,更不能敲打百分表的任何部位。<br>4. 表架或表座要放稳,以免百分表落地摔坏。使用磁性表座时要注意表座的旋钮位置。<br>5. 用后要擦净放入专用盒内,使测量杆处于自由状态,以免表内弹簧失效。 |

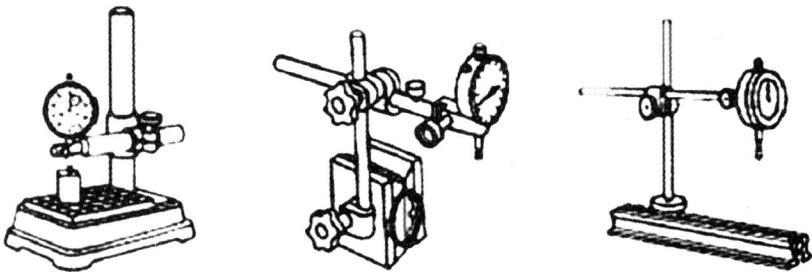

**图 2-15 常用的百分表座和百分表架**

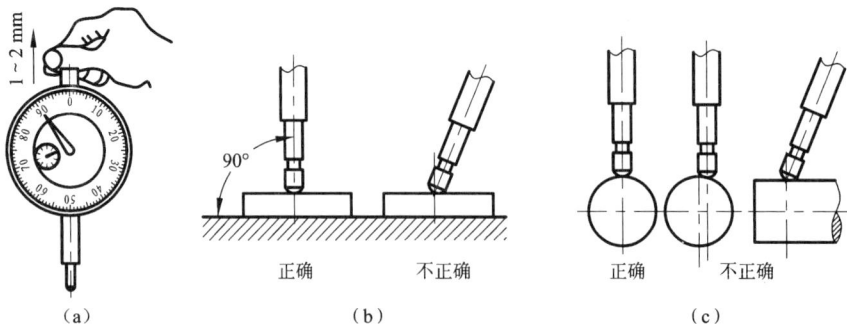

**图 2-16 百分表的使用**

# 练　习

1. 机械式量仪是用机械方法将被测量的量值转换成可直接观察的指示值。【是、否】

2. 百分表的指针转过 1 格，表示其测量杆移动 0.01 mm，因而百分表的分度值为 0.01 mm。【是、否】

3. 百分表的示值范围最大为 0 ~ 10 mm，因而百分表只能用来测量尺寸较小的工件。【是、否】

4. 用百分表测量时应使测量杆垂直零件被测表面。【是、否】

5. 用百分表测量轴表面时，测量杆的轴线应（　　）。

A. 垂直于轴表面　　　　B. 垂直通过轴线　　　　C. 与轴表面成一定的倾斜角度

## 2.3.2　内径百分表

### 1. 内径百分表的用途

内径百分表是用比较法测量孔径、槽宽及其几何形状误差，特别适用于深孔的测量。

### 2. 内径百分表的结构与传动原理

如图 2 - 17 所示，内径百分表是由可换测头、活动测头、杠杆、传动杆、测力弹簧、百分表等组成。

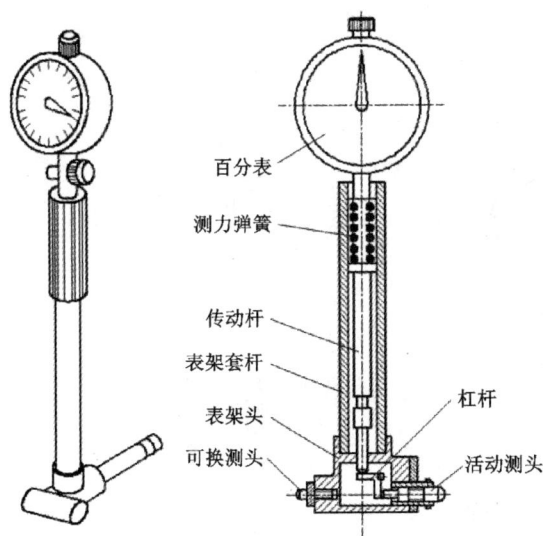

图 2 - 17　内径百分表

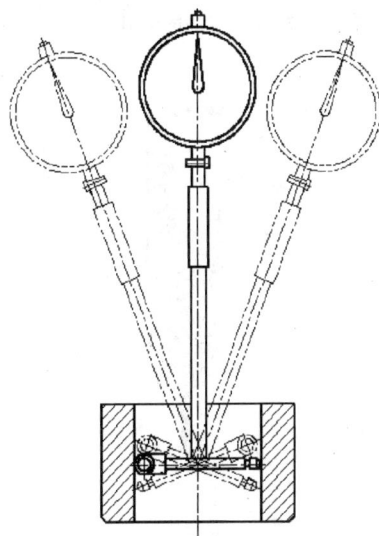

图 2 - 18　用内径百分表测量

测量时，活动测头的移动使杠杆回转，通过传动杆推动百分表的测量杆，使百分表指针回转。由于杠杆是等臂的，所以当活动测头移动 1 mm 时，传动杆也移动 1 mm，从而推动百分表回转一周。活动测头的移动量可以通过百分表表示出来。

内径百分表活动测头的移动量很小，可通过更换或调整可换测头的长度来改变测量范围，每只内径百分表都有一套可换测头。

**3. 内径百分表的使用、维护与保养**

| 内径百分表<br>的使用 | 1. 测量前，应根据被测工件的尺寸选用相应的可换测头。<br>2. 测量前，应根据被测工件的大小用标准环规、千分尺、量块及量块附件来校对零位。<br>3. 测量孔径时，应将表架套杆在测量杆轴线所在平面内轻微摆动，在摆动过程中读取最小读数，即为孔径的实际偏差，如图 2 – 18 所示。 |
| --- | --- |
| 内径百分表的<br>维护与保养 | 1. 内径百分表应避免受冲击、摔碰，直管上不准压放其他物品。<br>2. 操作时，要一手拿住直管上的隔热套，用另一只手扶住直管下部靠近主体的地方。<br>3. 测量时不要硬性地按压活动测头，不要使之受到强烈震动。<br>4. 装卸百分表时，不要让水、油污或灰尘等进入表座内。 |

## 2.3.3　杠杆百分表

### 1. 杠杆百分表的结构与传动原理

杠杆百分表的外形、结构和传动原理如图 2 – 19 所示。它是由夹持柄、测头、测杆、表体、表盘、表圈、指针等组成。

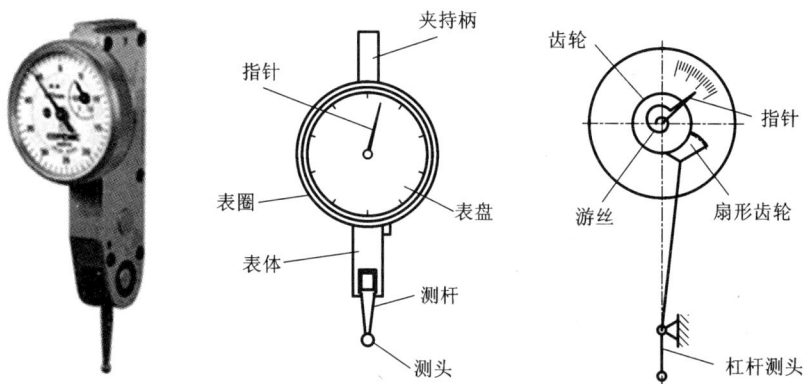

**图 2 – 19　杠杆百分表**

杠杆百分表是通过杠杆齿轮传动机构把杠杆测头的摆动转变为指针在表盘上的偏转。当杠杆测头产生位移时，会带动扇形齿轮绕其轴摆动，使与其啮合的齿轮转动，从而带动与齿轮同轴的指针偏转。当杠杆测头的位移为 0.01 mm 时，杠杆齿轮传动机构使指针正好偏转一格。因此，杠杆百分表分度值为 0.01 mm。

### 2.杠杆百分表的特点与用途

杠杆百分表体积小,使用方便,能改变杠杆测头的角度位置和测量方向,其用途与百分表相同,如图2-20所示。主要用于测量百分表难以测量或不能测量的表面,如小孔、凹槽等。

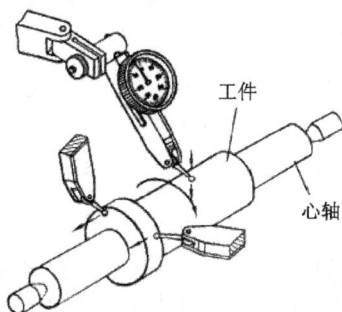

工件

心轴

图2-20　用杠杆百分表检测与校正

## 练　习

1.用内径百分表测量孔径时应将表架套杆在测量头的轴线所在平面内轻微摆动,在摆动过程中读取最小读数,即为孔径的实际偏差。【是、否】

2.用内径百分表测量孔径尺寸属于(　　)。

A.间接测量　　　　　　　B.相对测量　　　　　　C.绝对测量

3.杠杆百分表体积较小,杠杆测头可在一定范围内转动,因而其测量精度比普通百分表高。【是、否】

## 2.4　测量角度的常用计量器具

角度量具是用于测量被测工件的角度的。常用的角度量具有直角尺、万能角度尺和正弦规等。

### 2.4.1　直角尺

常用直角尺的结构形式有圆柱角尺、刀口角尺和宽座角尺等,其中宽座角尺结构简单、使用方便,在生产中应用比较广泛,如图2-21所示。直角尺主要用于检验90°内、外角,测量垂直度误差,检查机床仪器的精度和划线等,如图2-22所示。

图 2-21 宽座角尺

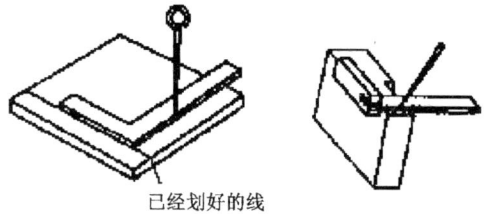

已经划好的线

图 2-22 直角尺的应用

### 2.4.2 万能角度尺

万能角度尺主要用于测量各种工件的内、外角度。按其分度值可分为 5′和 2′两种，按其尺身的形状不同可分为扇形(Ⅰ型)和圆形(Ⅱ型)两种。下面对Ⅰ型万能角度尺的结构、测量范围、刻线原理和读数方法进行介绍。

**1. Ⅰ型万能角度尺的结构**

如图 2-23 所示，Ⅰ型万能角度尺是由尺身、基尺、游标、角尺、直尺、夹块、扇形板和制动器等组成。游标固定在扇形板上，基尺和尺身连为一体，基尺随着尺身相对游标转动，转到所需角度时，为了读数方便，可用制动器将扇形板固定在尺身的任何一个位置。

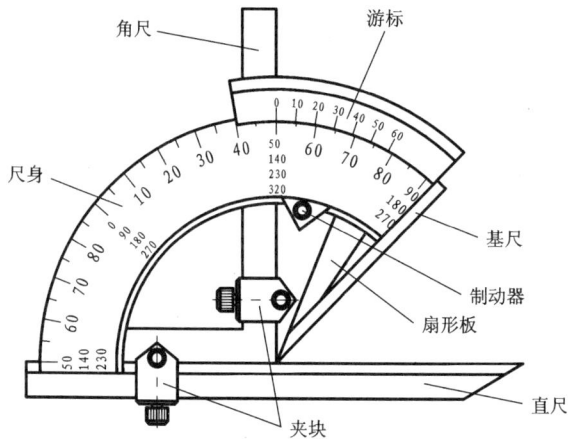

图 2-23 Ⅰ型万能角度尺

**2. Ⅰ型万能角度尺的刻线原理及读数步骤**

万能角度尺的刻线原理、读数方法和游标卡尺相似，也是利用尺身刻线间距和游标刻线间距之差来进行小数读数。图 2-24(a)所示是分度值为 2′的Ⅰ型万能角度尺的刻线图。主尺尺身刻线每格为 1°，尺身刻线 29 格的角度等于游标刻线 30 格的角度，即每格为 $\dfrac{29°}{30}$，与尺身相差 $1° - \dfrac{29°}{30} = \dfrac{1°}{30} = 2′$，即万能角度尺的分度值为 2′。

如图 2-24(b)所示，万能角度尺的读数步骤如下：

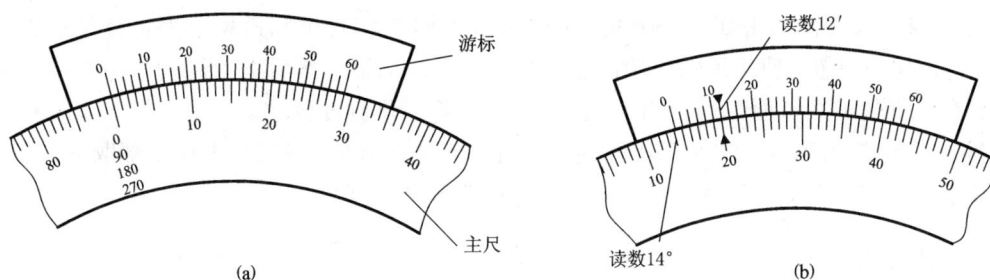

图 2 - 24　Ⅰ型万能角度尺的刻线原理与识读

（1）游标的零线落在尺身的 14°～15°之间，因而该被测角度的"度"值为 14°。

（2）游标第 6 格刻线与尺身的某一刻线对齐，因而被测角度的"分"值为 2′×6 = 12′。

（3）最后将"度"值与"分"值相加，所以被测角度为 14°12′。

**知识要点提示：**

　　万能角度尺的读数分 3 步：

　　（1）读"度"值。根据游标零线所处位置读出主尺在游标零线前的"度"值。

　　（2）读"分"值。找到与主尺刻线对齐的游标刻线，将其序号乘以该万能角度尺的分度值即可得到"分"值。

　　（3）求和。将"度"值与"分"值相加即为测量结果。

**3. Ⅰ型万能角度尺的测量范围**

　　Ⅰ型万能角度尺可以测量 0°～320°的任意角度，根据所测不同角度的需要，夹块将角尺和直尺以不同的方式与扇形板固定在所需的位置上，如图 2 - 25 所示。

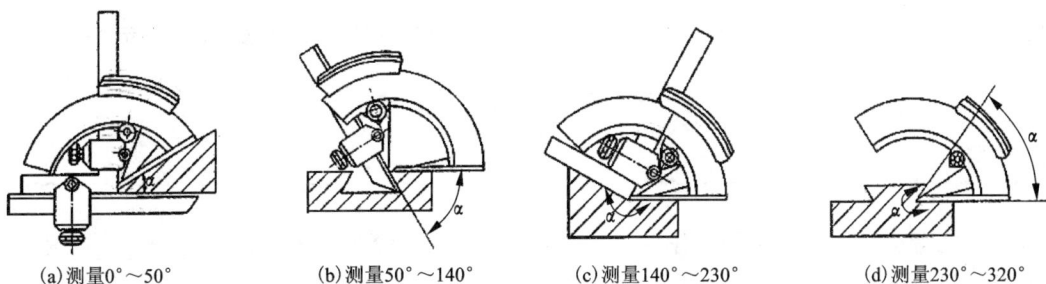

(a)测量0°～50°　　(b)测量50°～140°　　(c)测量140°～230°　　(d)测量230°～320°

图 2 - 25　Ⅰ型万能角度尺的测量范围

　　图 2 - 25（a）为测量 0°～50°角时的情况，被测工件放在基尺和直尺的测量面之间，此时按尺身上的第一排刻度读数。

　　图 2 - 25（b）为测量 50°～140°角时的情况，此时应将角尺取下来，将直尺直接装在扇形

板的夹块上，利用基尺和直尺的测量面进行测量，按尺身上的第二排刻度读数。

图 2-25(c)为测量 140°～230°角时的情况，此时应将直尺和角尺上固定直尺的夹块取下，调整角尺的位置，使角尺的直角顶点与基尺的尖端对齐，然后把角尺的短边和基尺的测量面靠在工件的被测量面上进行测量，按尺身上的第三排刻度读数。

图 2-25(d)为测量 230°～320°角时的情况，此时将角尺、直尺和夹块全部取下，直接用基尺和扇形板的测量面进行测量，按尺身上的第四排刻度读数。

### 2.4.3　正弦规

正弦规是利用正弦函数原理进行间接测量，它是测量锥度的常用量具。

**1. 正弦规的工作原理**

如图 2-26 所示，由于正弦规的两个圆柱直径相等，两圆柱中心连线与工作平面平行，因此，两圆柱与量块所组成的直角三角形的锐角 $\alpha$ 等于正弦规工作平面与平板之间的夹角。$\alpha$ 的对边是量块的高度 $H$，斜边是正弦规两圆柱的中心距 $L$。利用直角三角形的正弦函数关系，可根据量块尺寸 $H$ 和中心距 $L$，求锐角 $\alpha$ 的大小。

**2. 正弦规的测量方法**

如果 $a$、$b$ 两点指示值相同，则被测锥度正好等于锥角；如果测得指示值不同，则说明被测锥度存在误差。假设 $a$、$b$ 两点存在误差 $n$，则 $n$ 与被测长度 $L$ 的比为锥度误差，如图 2-27 所示。

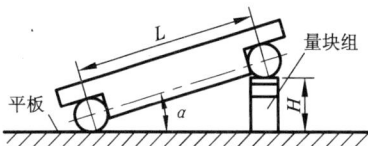

图 2-26　正弦规的工作原理

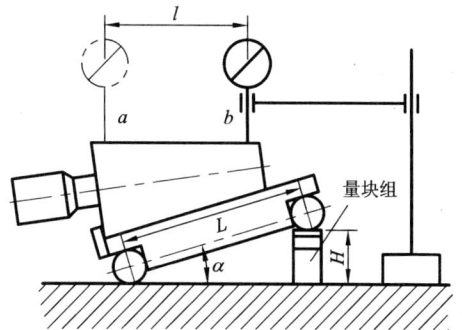

图 2-27　用正弦规检测锥角示意图

## 练 习

1. 万能角度尺是用来测量工件_____的量具。按其分度值可分为____和____两种；按其尺身的形状不同可分为_____和_____两种。

2. 分度值为 2′ 的 Ⅰ 型万能角度尺，游标上____格的弧长对应尺身上____度的弧长。

3. 正弦规是一种采用_____原理，利用_____法来精密测量角度的量具。

4. 由于万能角度尺是万能的，因而 Ⅰ 型万能角度尺可以测量 0°～360° 内的任意角度。【是、否】

5. 正弦规测量角度必须同量块和指示量仪(百分表或千分表)结合起来使用。【是、否】

6. 关于万能角度尺,下列说法中错误的是( )。

A. 万能角度尺是用来测量工件内外角度的一种通用量具

B. 万能角度尺的刻线原理与游标卡尺相似,也是利用尺身与游标的刻度间距之差来进行小数部分读数的

C. 万能角度尺在使用时,要根据实测工件的不同角度,正确搭配使用直尺和角尺

D. Ⅰ型万能角度尺可以测量0°~360°的任意角度

7. 在图2-28的横线上写出对应的万能角度尺的读数。

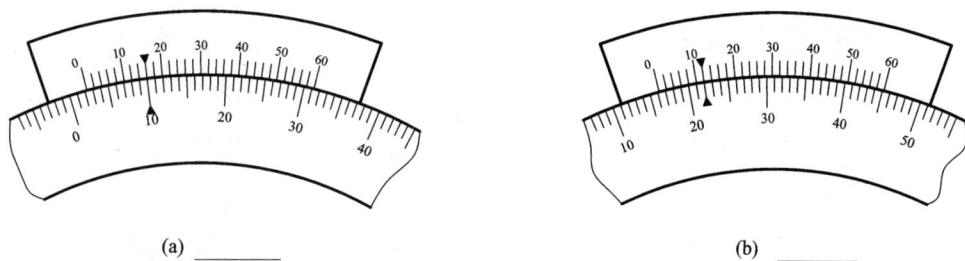

(a) _____ 　　　　　　　　 (b) _____

图2-28　Ⅰ型万能角度尺的识读习题图

## 2.5　其他计量器具简介

### 2.5.1　检验平板

检验平板的工作平面精度非常高,其平面度误差极小。在检验平板上,利用百分表、V形架、量块及量块附件等辅助工具,可以进行多种检测。常用的检验平板如图2-29所示。

### 2.5.2　塞尺

塞尺是用于检验两表面间缝隙大小的量具。由若干厚薄不一的钢制塞片组成,如图2-30所示。塞尺可以单片使用,也可以几片重叠在一起使用。

图2-29　检验平板图

图2-30　塞尺

## 2.5.3　检验平尺

检验平尺有两种类型：一种是样板平尺，根据形状不同，又可以分为刀口尺、三棱样板平尺和四棱样板平尺，如图 2 – 31 所示，检验时将样板平尺的棱边紧贴工件的被测表面，通过透光法检验工件的直线度；另一种是宽工作面平尺，常用的有矩形平尺、工字形平尺和桥形平尺，如图 2 – 32 所示，检验时将宽工作面平尺的工作面紧贴工件的被测表面，通过着色法来检验工件的平面度。

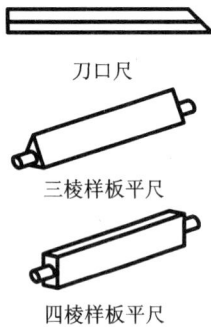

图 2 – 31　样板平尺

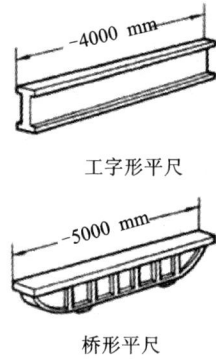

图 2 – 32　工字形平尺和桥形平尺

## 2.5.4　光滑极限量规

光滑极限量规(简称量规)是一种没有刻度的定值测量工具。用它来检验工件时，只能确定工件的尺寸是否在极限尺寸的范围内，不能测出工件的实际尺寸。由于量规结构简单，使用方便，检验效率高，因而在生产中得到广泛应用，特别适用于大批量生产的场合。

量规按检验对象的不同分为塞规和卡规两种，塞规用于检验孔，卡规用于检验轴。量规都是成对使用的。孔用量规和轴用量规都有通规和止规，如图 2 – 33 所示。通规按工件的最大实体尺寸制造；止规按工件的最小实体尺寸制造。用它们检验工件时，只要通规能通过工件，止规不能通过工件，则认为工件合格。

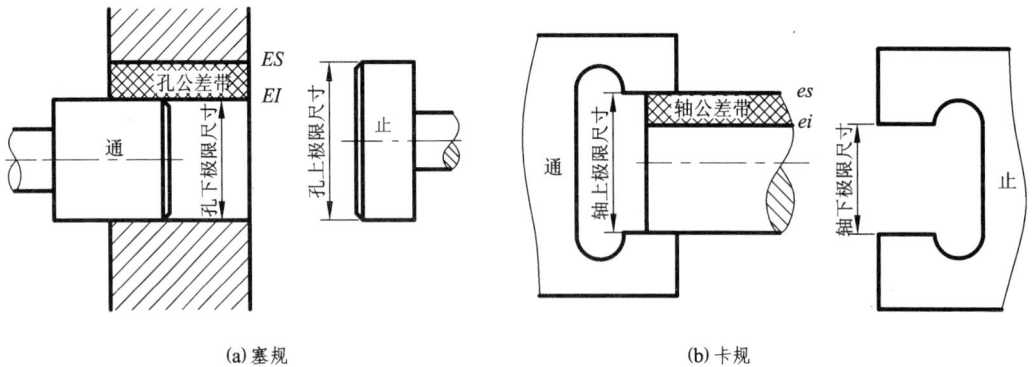

(a)塞规

(b)卡规

图 2 – 33　光滑极限量规

## 2.5.5　水平仪

### 1. 水平仪的用途

水平仪是测量被测平面相对水平面的微小角度的一种计量器具。主要用于检测机床、仪器的底座、工作台面及机床导轨等的水平情况；还可以用水平仪检测导轨、平尺、平板等的直线度和平面度误差，以及测量两工作面的平行度和工作面相对于水平面的垂直度误差等。

### 2. 水平仪的分类

水平仪按其工作原理可分为水准式水平仪和电子水平仪两类，其中水准式水平仪使用较广。水准式水平仪又有条式水平仪、框式水平仪和合像水平仪三种结构形式，如图 2 - 34 示。

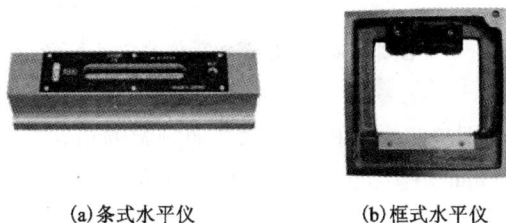

(a)条式水平仪　　　　　(b)框式水平仪

图 2 - 34　条式水平仪和框式水平仪

### 3. 水准式水平仪的工作原理

水准式水平仪的主要工作部分是管状水准器，它是一个密封玻璃管，其内表面的纵剖面是一曲率半径很大的圆弧面。管内装有精馏乙醚或精馏乙醇，但未注满，形成一个气泡。玻璃管的外表面刻有刻度，不管水准器的位置处于何种状态，气泡总是趋向于玻璃管圆弧面的最高位置。当水准器处于水平位置时，则气泡位于中央；水准器相对于水平面倾斜时，气泡就偏向高的一侧，倾斜程度可从玻璃管外表面上的刻度读出，如图 2 - 35 所示。

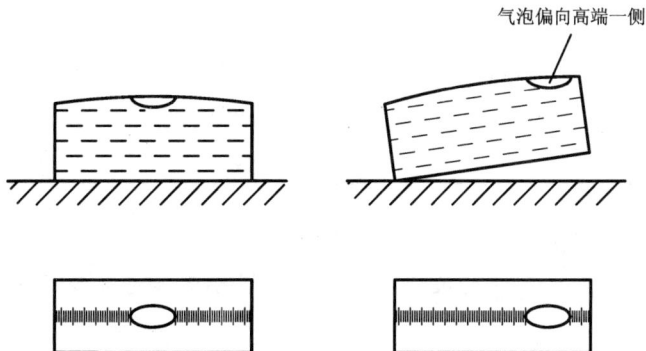

图 2 - 35　水准器水平仪工作原理

### 4. 水准式水平仪的应用

如图 2 - 36 所示，用分度值为 0.02 mm/1000 mm 的水平仪测量导轨时，当气泡向右移动

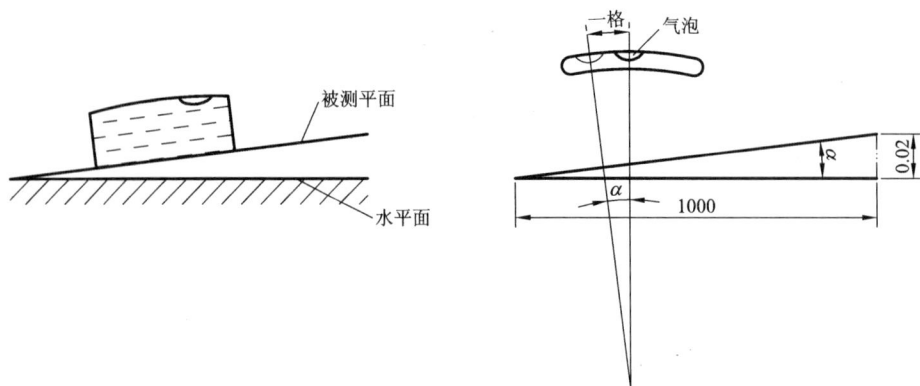

图 2-36 水准器水平仪的应用

了一格，如以倾斜角表示，则被测平面相对于水平面倾斜的角度为 $\alpha \approx 4''$；如用平面在长度上的高度表示，则表示 1000 mm 距离上导轨右端比左端高 0.02 mm。那么，当气泡移动了 $n$ 格，如用倾斜角表示，则

$$倾斜角 = 每格的倾斜角 \times 格数$$

即：

$$\alpha = 4'' \times n$$

如用平面在长度上的高度表示，则

$$高度差 = 水平仪的分度值 \times 平面长度 \times 格数$$

即：

$$h = \frac{0.02}{1000} \times l \times n$$

**例 2-3**　用分度值为 0.02 mm/1000 mm（$4''$）的水平仪测量长度为 600 mm 的导轨工作面的倾斜程度，测量时水平仪的气泡移动了 2 格，试求该导轨工作面对水平面的倾斜角度及导轨两端的高度差。

**解：**

倾斜角：

$$\alpha = 4'' \times n = 4'' \times 2 = 8''$$

高度差：

$$h = \frac{0.02}{1000} \times l \times n = \frac{0.02}{1000} \times 600 \times 2 = 0.024 \text{ mm}$$

# 练　习

1. 塞尺是用于检验两表面间_____大小的量具。

2. 量规是一种没有_____的定值测量工具。量规按检验对象的不同，可分为_____规和_____规两种。

3. 在检验平板上，利用百分表、V 形架、量块及量块附件等辅助工具，可以进行多种检测。【是、否】

4. 量规结构简单、使用方便、检验效率高，因此在大批量生产中应用十分广泛。【是、否】

5. 光滑极限量规须成对使用，只有在通规通过工件的同时止规不能通过工件，才能判定

此工件合格。【是、否】

6. 水准式水平仪是利用水准器中气泡的微小移动来进行测量的，因而它只能用来测量被测平面相对水平面的微小倾角。【是、否】

7. 读数值为 0.02 mm/1000 mm 的水平仪，当其水准器的气泡移动 1 格时，表示被测平面在 1000 mm 内的高度差为 0.02 mm。【是、否】

8. 关于检验平尺，下列说法正确的是(　　)。

A. 检验平尺只能用来检验工件的平面度

B. 检验平尺可以分为矩形平尺和工字形平尺

C. 用样板平尺检验时要将其棱边紧贴工件的被测表面

D. 宽工作面平尺通过透光法来检验工件的直线度或平面度

9. 关于水准式水平仪的工作原理，下列说法错误的是(　　)。

A. 水准式水平仪的主要工作部分是管状水准器

B. 水准器是一个密封的圆柱形玻璃管，里面装满乙醚或乙醇

C. 水准器的气泡总是趋向于玻璃管圆弧面的最高位置

D. 水准器相对于水平面倾斜越大，气泡的偏移量越大

10. 用读数值为 0.02 mm/1000 mm 的水平仪测量长度为 1200 mm 的导轨工作面的倾斜程度。如气泡移动 3 格，试求导轨工作面对水平面的倾斜角度及导轨两端的高度差。

# 第3章　形状和位置公差及其检测

## 【知识目标】

(1)掌握形状和位置公差及公差带的含义。

(2)掌握正确选用和标注形位公差的方法。

(3)了解形位公差的评定的基本原则及应用。

(4)了解公差原则的含义、应用要素、功能要求、控制边界和应用场合。

## 【技能目标】

(1)具有正确解释机械图样上形位公差等几何要素技术要求的基本能力。

(2)能用刀口尺、百分表、水平仪、塞尺、V 形铁、综合量规等工具检测形位公差。

## 3.1　形位公差概述

### 3.1.1　形位误差的产生及其影响

在机械制造中,由于机床精度、工件的装夹精度和加工过程中的变形等多种因素的影响,加工后的零件除了会产生尺寸误差以外,还会产生形状和位置误差,即所加工的零件和由零件装配而成的组件、成品也都不可能完全达到图样所要求的理想形状和相互间的准确位置。在实际加工中所得到的形状和相互间的位置相对于其理想形状和位置的差异就是形状和位置的误差,简称为形位误差。

零件上存在着各种各样的形状和位置误差,例如,车削圆柱表面时,刀具的运动轨迹若与工件的旋转轴线不平行,会使加工后的零件表面产生圆柱度误差;铣轴上的键槽时,若铣刀刀杆轴线的运动轨迹相对于零件的轴线有偏离或倾斜,则会使加工出的键槽产生对称度误差等。另外,零件的形位误差还会直接影响机械产品的工作精度、密封性、耐磨性、使用寿命和可装配性等,例如,轴的圆柱度误差会影响轴在配合时的配合间隙的均匀性,即在间隙配合中,会使间隙分布不均匀,加快局部磨损,从而降低零件的工作寿命。键槽的对称度误差会使键安装困难。

形状和位置公差就是为了控制零件的形位精度而针对零件所产生的各种形位误差规定许可的变动范围,简称为形位公差。

为了满足零件装配后的功能要求,保证零件的互换性和经济性,我国对国家形位公差标准进行了几次修订,现行推荐使用的标准有 GB/T 1182—2008《产品几何技术规范(GPS)几何公差形状、方向、位置和跳动公差标注》、GB/T 1184—1996《形状和位置公差 未注公差值》、

GB/T 4249—1996《公差原则》和 GB/T 16671—1996《形状和位置公差 最大实体要求、最小实体要求和可逆要求》等。

### 3.1.2　形位公差的研究对象

形位公差的研究对象是构成零件具有几何特征的点、线、面,这些统称为几何要素(简称要素)。

所谓要素是指零件上的特征部分——点、线或面等。如图 3-1 所示,零件是由点(球心和锥顶)、线(圆柱与圆锥的素线和轴线)和面(端面、球面、圆锥面、圆柱面和中心平面)等要素构成。为了便于研究形位公差和形位误差,可以从不同的角度对零件几何要素进行分类。

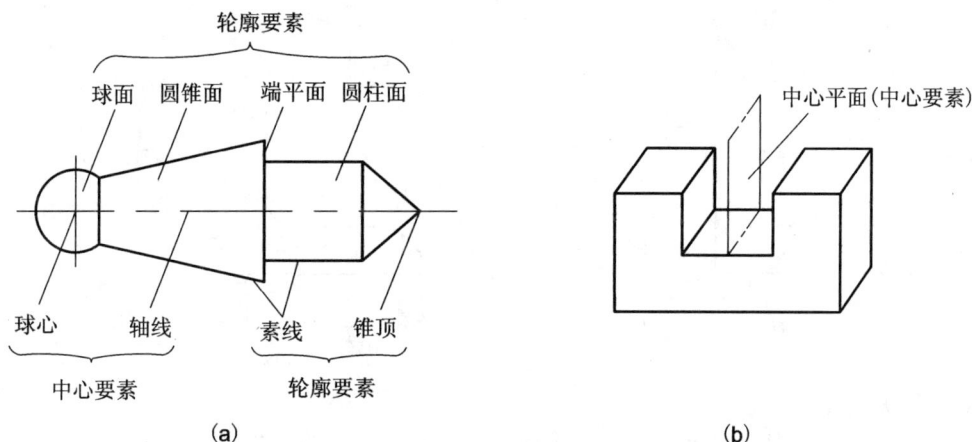

图 3-1　零件的几何要素

**1. 按几何特征分类**

(1)组成要素(轮廓要素)

组成要素是指构成零件轮廓并能直接为人们所感觉到的点、线、面等各要素。图 3-1 所示零件上的球面、圆锥面、平面、素线、圆锥顶点等都属于轮廓要素。

(2)导出要素

导出要素是指对称轮廓的中心点、线或面。图 3-1(a)所示零件上的轴线、球心和图 3-1(b)所示零件上凹槽的中心平面都属于导出要素。导出要素不能为人们直接感觉到,它因轮廓要素的存在而客观存在。

**2. 按存在的状态分类**

(1)理想要素

理想要素是指具有几何意义的要素。理想要素没有形位误差,是绝对正确的几何要素。

(2)实际要素

实际要素是指零件上实际存在的要素。由于存在测量误差,所以完全符合定义的实际要素是测量不到的。生产中常用测得的要素来替代,它并非要素的真实情况。

### 3. 按检测关系分类

（1）被测要素

被测要素是指零件设计图样上给出形状公差或位置公差要求的要素，是检测的对象。

（2）基准要素

基准要素是指用来确定被测要素的方向或位置的要素。理想的基准要素简称为基准。

被测要素和基准要素示例如图 3-2 所示。

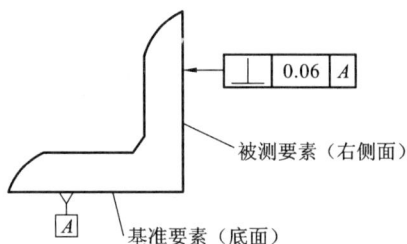

图 3-2 被测要素和基准要素

### 4. 按功能关系分类

（1）单一要素

单一要素是指仅对其要素本身提出形状公差要求的被测要素，如图 3-3 所示。

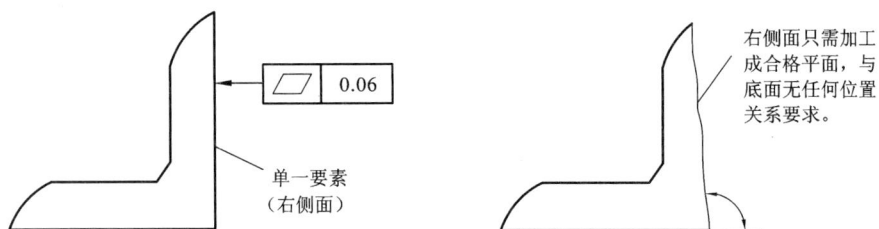

图 3-3 单一要素

（2）关联要素

关联要素是指对其他要素有功能要求而给出位置公差的被测要素，如图 3-4 所示。

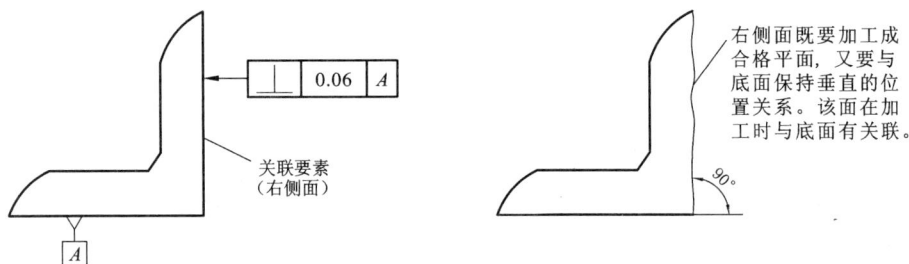

图 3-4 关联要素

## 练 习

1. 图样上给出形状公差或位置公差要求的要素称为_____要素，用来确定被测要素方向或位置的要素称为_____要素。

2. 构成零件外形的点、线、面是_____要素，表示组成要素对称中心的点、线、面是____
____要素。

3. 在机械制造中，零件的几何误差是不可避免的。【是、否】

4. 零件的几何误差是由加工中机床精度、加工方法等多种因素造成的，因此在加工中采用高精度的机床，采用先进的加工方法等，可使几何误差值为零。【是、否】

5.（1）$\boxed{\angle\ \ 0.05}$ 被测要素是指____ 面。【①、②、③】

它属于_____ 要素。【单一、关联】（见图 3-5）

（2）$\boxed{\perp\ \ 0.08\ \ A}$ 被测要素是指____ 面。【①、②、③】

它属于单一要素还是关联要素？_____ 。它属于轮廓要素还是导出要素？_____ 。（见图 3-5）

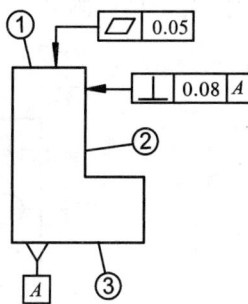

图 3-5　形位公差习题图

## 3.1.3　形位公差的特征项目及符号

GB/T 1182—1996 中规定的形位公差特征项目及其符号见表 3-1。

形位公差共有 14 个项目。形状公差是对单一要素提出的要求，因此没有基准要求；位置公差是对关联要素提出的要求，因此在大多数情况下都是有基准的。

当公差特征为线轮廓度和面轮廓度时，若无基准要求，则为形状公差；若有基准要求，则为位置公差。

表 3-1　形位公差的分类、特征项目及符号

| 公　差 | | 特　征 | 符　号 | 有或无基准要求 | 公　差 | | 特　征 | 符　号 | 有或无基准要求 |
|---|---|---|---|---|---|---|---|---|---|
| 形状 | 形状 | 直线度 | — | 无 | 位置 | 定向 | 平行度 | // | 有 |
| | | 平面度 | ▱ | 无 | | | 垂直度 | ⊥ | 有 |
| | | 圆度 | ○ | 无 | | | 倾斜度 | ∠ | 有 |
| | | 圆柱度 | ⌀ | 无 | | 定位 | 位置度 | ⊕ | 有或无 |
| 形状或位置 | 轮廓 | 线轮廓度 | ⌒ | 有或无 | | | 同轴（同心）度 | ◎ | 有 |
| | | 面轮廓度 | ⌓ | 有或无 | | | 对称度 | = | 有 |
| | | | | | | 跳动 | 圆跳动 | ↗ | 有 |
| | | | | | | | 全跳动 | ↗↗ | 有 |

## 3.1.4　理论正确尺寸

理论正确尺寸是用于确定被测要素的理想形状、理想方向或理想位置的尺寸（或角度）。理论正确尺寸在图样上用带方框的尺寸（或角度）数字表示。

理论正确尺寸是表示被测要素或基准的一种没有误差的理想状态，因此理论正确尺寸（或角度）不带公差，例如要素的位置度、轮廓度或倾斜度，零件实际尺寸仅由在公差框格中

的位置度、轮廓度或倾斜度公差来限定，如图 3-6 所示。

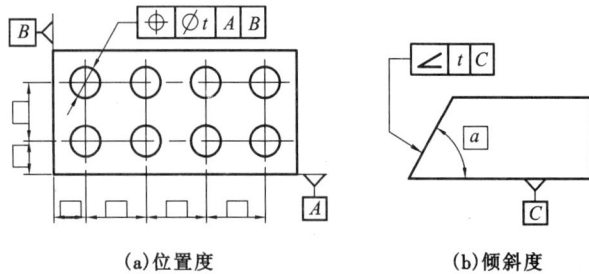

(a)位置度　　　　　　　　(b)倾斜度

图 3-6　理论正确尺寸的标注

### 3.1.5　基准

基准是指理想基准要素。被测要素的方向或(和)位置由基准确定。图样上标注的任何一个基准都是理想基准要素，但实际上基准都是由零件上相应的实际要素来体现的。零件上起基准作用的实际要素被称为基准实际要素。

基准按几何特征可分为基准点、基准直线和基准平面三种。基准点用得极少，基准直线和基准平面则应用广泛。图样上标出的基准通常分为以下三种。

(1)单一基准

由一个基准要素建立的基准称为单一基准。如一个平面、一个圆柱面的轴线、某表面上的一条素线(直线)、一个球的球心(一个点)等建立的基准。如图 3-7(a)所示，底面 $A$ 即为基准平面。

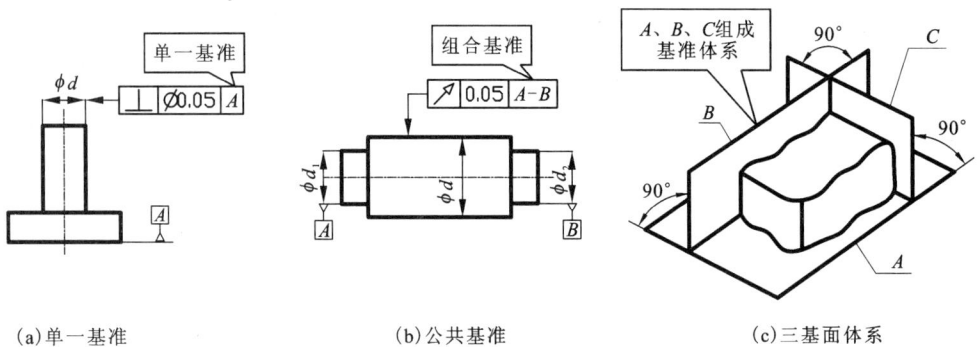

(a)单一基准　　　　　　(b)公共基准　　　　　　(c)三基面体系

图 3-7　基准的种类

(2)组合基准

由两个或两个以上的基准要素建立的基准称为组合基准或公共基准。如图 3-7(b)所示，由 $\phi d_1$ 的轴线 $A$ 和 $\phi d_2$ 的轴线 $B$ 建立起公共基准轴线 $A-B$，又称组合基准。

(3)基准体系(三基面体系)

以 3 个互相垂直的平面所构成的一个基准体系。如图 3-7(c)所示，3 个互相垂直的平

面 $A$、$B$、$C$ 构成一个三基面体系，分别称为第一、第二、第三基准平面。每两个基准平面的交线构成基准轴线，三轴线的交点构成基准点。因此，上面提到的单一基准平面是三基面体系中的一个基准平面；基准轴线是三基面体系中的两个基准平面的交线。当单一基准或组合基准不能对关联要素提供完整的定向或定位时，就应采用三基面体系。

### 3.1.6　形位公差带的概念

形位公差带是实际被测要素对图样上给定的理想形状、理想位置的变动量。

形位公差带与尺寸公差带不同，尺寸公差带用来限制零件实际尺寸的变动量，而形位公差带则用来限制被测实际要素变动的区域。若被测实际要素全部位于给定的公差带内，则表示被测实际要素符合设计要求；反之，则不合格。

形位公差带具有形状、大小、方向和位置 4 个要素，这些要素将在标注中体现出来。

**1. 公差带的形状**

公差带的形状取决于被测要素的几何特征和设计要求。为满足不同的设计要求，国家标准规定了 10 种主要的公差带形状，见表 3 – 2。

表 3 – 2　形位公差带的形状及描述

| 公差带形状 | 公差带描述 | 公差带形状 | 公差带描述 |
|---|---|---|---|
| 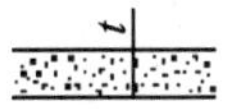 | 两平行直线之间的区域 | 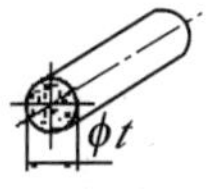 | 圆柱面内的区域 |
| 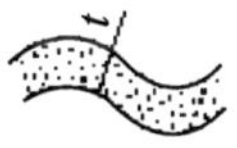 | 两等距曲线之间的区域 | 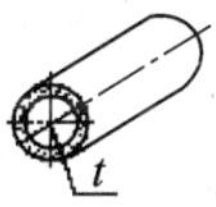 | 半径差为 $t$ 的两同轴圆柱面之间的区域 |
| 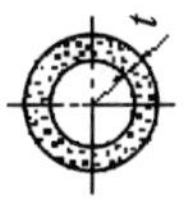 | 半径差为 $t$ 的两同心圆之间的区域 | 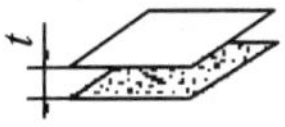 | 两平行平面之间的区域 |
| 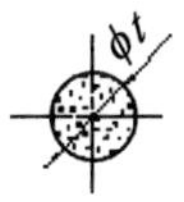 | 圆内的区域 | 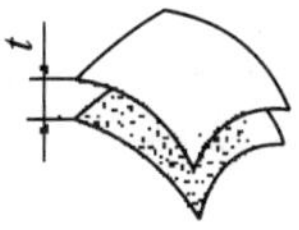 | 两等距曲面之间的区域 |
| 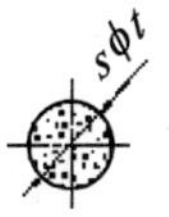 | 圆球面内的区域 | 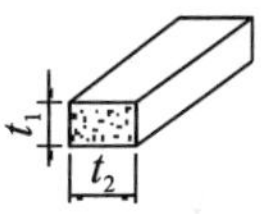 | 四棱柱面内的区域（两对平行平面围成的区域） |

**2. 公差带的大小**

公差带的大小一般指公差带的宽度、直径或半径差的大小，由图样上给出的形位公差值决定。如表 3 – 2 中标注所示的形位公差值 $t$、$\phi t$ 或 $S\phi t$。

**3. 公差带的方向**

公差带的方向是指组成公差带几何要素的延伸方向。公差带的方向理论上应与图样上公差带代号的指引线箭头方向垂直。

**4. 公差带的位置**

形位公差带的位置可分为固定和浮动两种。所谓固定是指公差带的位置由图样上给定的基准和理论正确尺寸确定；所谓浮动是指形位公差带在尺寸公差带内，因实际尺寸的不同而变动，其实际位置与实际尺寸有关。

形状公差带只是用来限制被测要素的形状误差，本身不作位置要求；而定向位置公差带强调的是相对于基准的方向关系，其对实际要素的位置不作控制，实际要素的位置由相对于基准的尺寸公差或理论正确尺寸控制；定位位置公差带强调的是相对于基准的位置(其必包含方向)关系，公差带的位置由相对于基准的理论正确尺寸确定，公差带是完全固定位置的。

## 练　习

1. 标准规定形状和位置公差共有______个项目，其中形状公差有______个项目，形状或位置公差有______个项目，位置公差有______个项目。

2. 位置公差分为三种，它们分别是定向公差、______公差和______公差。

3. 对于同一被测要素，形状公差值应____位置公差值，位置公差值应____尺寸公差值。

A. 大于　　B. 等于　　C. 小于　　D. 无法确定

4. 几何公差可分为形状公差、方向公差、位置公差和跳动公差，共有14个项目，其中形状公差有______项，方向公差有______项，跳动公差有______项。

5. 理论正确尺寸与其他尺寸在标注时的区别是，理论正确尺寸数字外加上方框。【是、否】

6. 确定几何公差带的四要素分别是________、________、________和________。

7. 公差项目中属于形状公差的是(　　)。

A. 圆柱度　　B. 平行度　　C. 同轴度　　D. 圆跳动

8. 公差项目中属于位置公差的是(　　)。

A. 圆柱度　　B. 直线度　　C. 同轴度　　D. 圆度

9. 下列公差项目符号中错误的是(　　)。

A. 圆柱度⌭　　B. 圆跳动⌖　　C. 同轴度◎　　D. 圆度○

## 3.2 形位公差的标注方法

GB/T 1182—2008 中规定了形位公差标注的基本要求和方法，并说明了适用于工件的形位公差的标注方法。

## 3.2.1　形位公差代号及基准符号

### 1. 被测要素的标注符号

形位公差标注符号由公差框格和指引线(带箭头)组成,如图3-8所示。

**图3-8　形位公差标注符号**

公差框格为划分成两格或多格的矩形框格。一般形状公差的公差框格为两格,位置公差的公差框格为3~5格,公差框格水平放置时,各个小格按从左至右的顺序依次填写几何特征符号、公差值、基准;公差框格竖直放置时,应从最下方的第一格起向上方依次填写几何特征符号、公差值、基准,如图3-9所示。

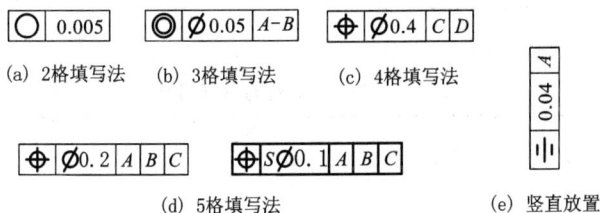

**图3-9　公差框格填写**

(1)公差值

公差值以线性尺寸表示,如果公差带为圆形或圆柱形,公差值前应加注符号"$\phi$";如果公差带为圆球形,公差值前应加注符号"$S\phi$"。

(2)基准

一般用一个字母表示单一基准,见图3-9(e),用两个字母中间加一短横线连接表示公共基准,例如 ⊚ $\phi 0.05$ A-B ,见图3-9(b);或用几个字母表示三基面体系,例如 ⊕ $\phi 0.4$ C D 、 ⊕ $\phi 0.2$ A B C ,见图3-9(c)、(d)。

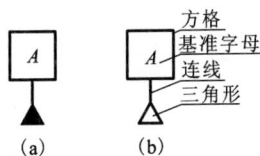

**图3-10　基准符号**

### 2. 基准符号

对有位置公差要求的零件,在图样上必须标明基准。基准符号由三角形(或黑三角形)、连线、方格和基准字母表示,如图3-10所示。

无论基准符号在图样中的方向如何,方格内的基准字母都应水平书写。为了避免误解,基准字母不得采用 E、I、J、M、O、P、L、R、F,当字母不够用时可加脚注。

### 3.2.2 被测要素的标注方法

对于有形位公差要求的被测要素应该用指引线将其与公差框格连接。连接时,指引线无箭头的一端应从形位公差框格的一端连出,而有箭头的一端则应指向被测要素。指引线箭头的方向不影响公差的定义。

水平放置的公差框格,指引线可以从框格的左端或右端引出,如图3-11所示,垂直放置的公差框格,指引线可以从框格的上端或下端引出,如图3-12所示。指引线从框格引出时必须垂直于框格,而引向被测要素时允许弯折,但弯折次数不得多于两次。

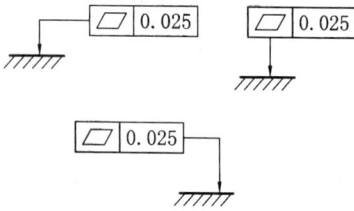

图3-11 水平放置的公差框格        图3-12 垂直放置的公差框格

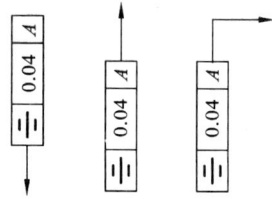

被测要素的标注方法见表3-3所示。

表3-3 被测要素的标注方法

| 示 例 | 标 注 方 法 |
| --- | --- |
|  | (1)当形位公差涉及的被测要素为组成要素(轮廓线或轮廓面)时,指引线箭头应直接指向该要素的轮廓线或其延长线,并与尺寸线明显错开。 |
|  | (2)当被测要素为视图上的局部表面时,箭头也可指向该表面引出线的水平线。 |

**续表 3－3**

| 示　　例 | 标 注 方 法 |
|---|---|
| 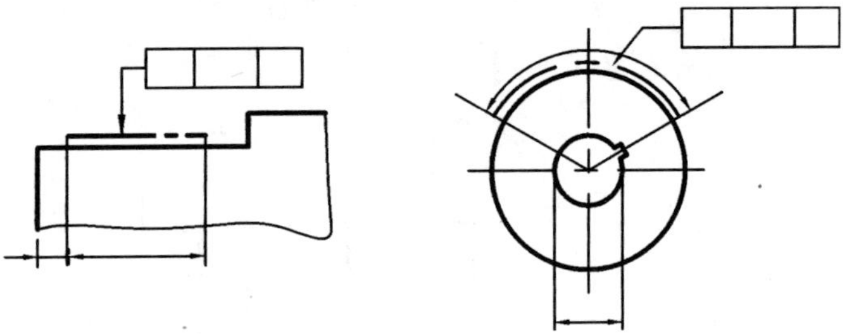 | （3）当被测要素只是要素的某一局部时，则应用粗点划线标示出该部分并加注尺寸。 |
| 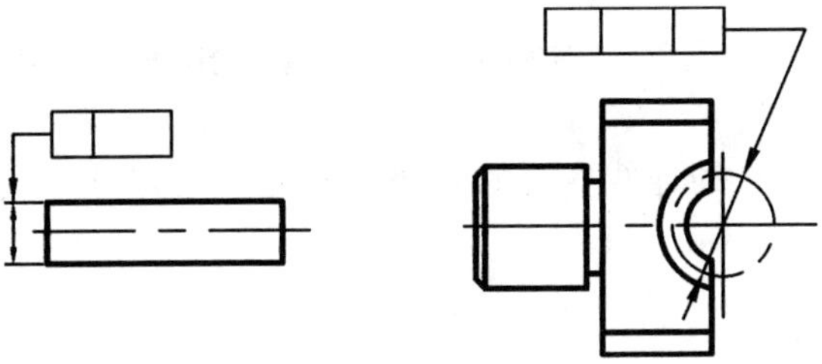 | （4）当形位公差涉及的被测要素为导出要素（中心线、中心面或中心点）时，指引线箭头应与被测要素相应的组成要素的尺寸线对齐，必要时指引线箭头可替代其中一个尺寸线箭头。 |
| 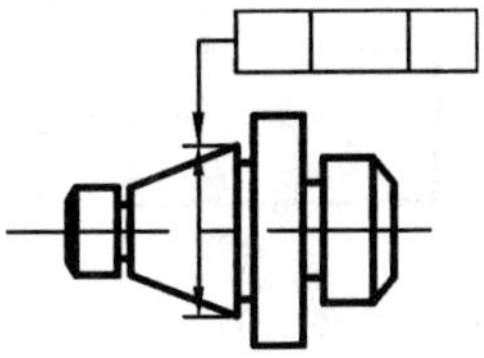 | （5）当被测要素是圆锥体的导出要素时，箭头应与圆锥体大端或小端的尺寸线对齐。 |
| 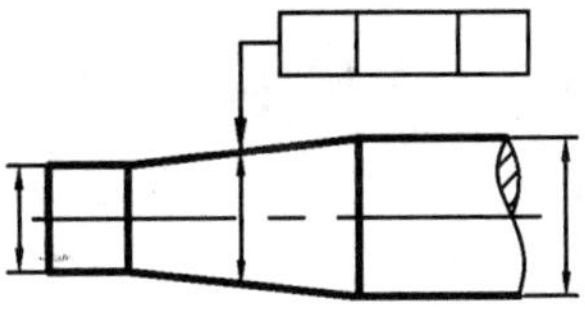 | （6）当直径尺寸不能明显地区别圆锥体和圆柱体时，则应在圆锥体内画出空白的尺寸线，并将箭头与该空白尺寸线对齐。 |
| 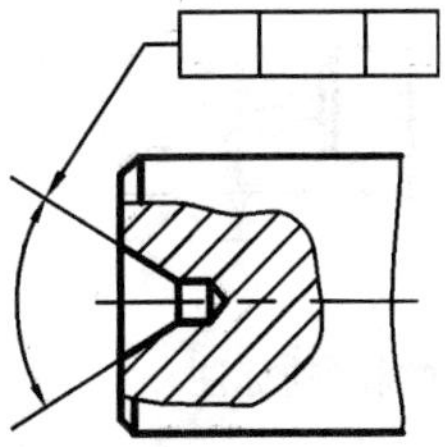 | （7）当圆锥体采用角度尺寸标注时，则箭头应对着该角度尺寸线。 |

## 3.2.3　基准要素的标注方法

基准要素采用基准符号标注，并从几何公差框格中的第三格起，填写相应的基准符号字母，基准符号中的连线应与基准要素垂直。无论基准符号在图样中方向如何，方框内字母应水平书写,如图 3 – 13 所示。

(1)基准要素为轮廓要素时,基准符号的连线应指在该要素的轮廓线或其延长线上,并应明显地与尺寸线错开,如图 3 – 14 所示。

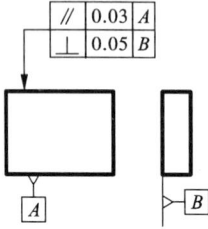

图 3 – 13　基准要素的标注

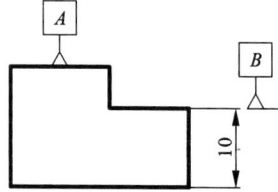

图 3 – 14　基准要素为轮廓要素时的标注

(2)基准要素为导出要素时,基准符号的连线应与确定该要素轮廓的尺寸线对齐,如图 3 – 15所示。

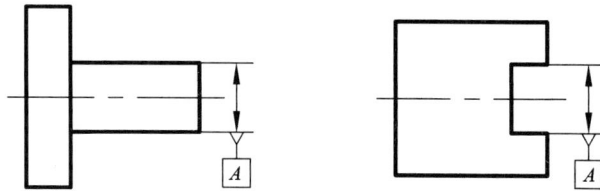

图 3 – 15　基准要素为中心要素时的标注

(3)基准要素为公共轴线时的标注

在图 3 – 16 中,基准要素为外圆 $\phi d_1$ 的轴线 $A$ 与外圆 $\phi d_2$ 的轴线 $B$ 组成的公共轴线$A – B$。

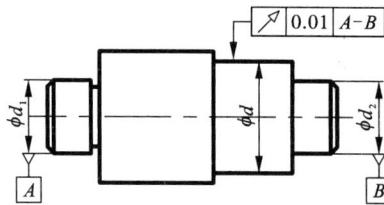

图 3 – 16　基准要素为公共轴线时的标注

当轴类零件以两端中心孔工作锥面的公共轴线作为基准时可采用图 3 – 17 的标注方法。其中图 3 – 17(a)为两端中心孔参数不同时的标注;图 3 – 17(b)为两端中心孔参数相同时的标注。

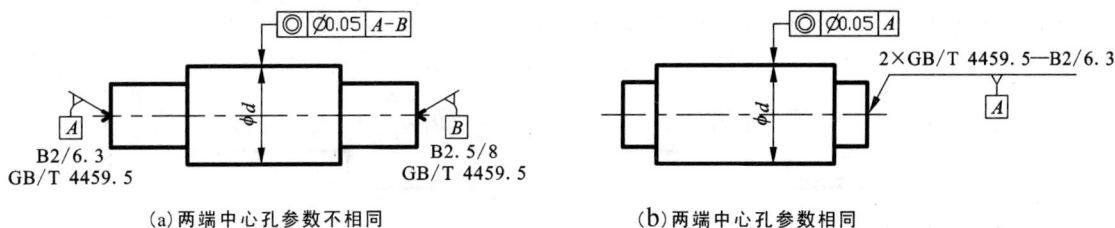

（a）两端中心孔参数不相同　　　　　　　　（b）两端中心孔参数相同

图 3 – 17　以中心孔的公共轴线作为基准时的标注

### 3.2.4　特殊表示法

**1. 同一被测要素有多项形位公差要求时的标注**

如果对同一要素有一个以上的公差特征项目要求且测量方向相同时，为方便起见可将一个公差框格放在另一个框格的下面，用同一指引线指向被测要素，如图 3 – 18（a）所示；如测量方向不完全相同，则应将测量方向不同的项目分开标注，如图 3 – 18（b）所示。

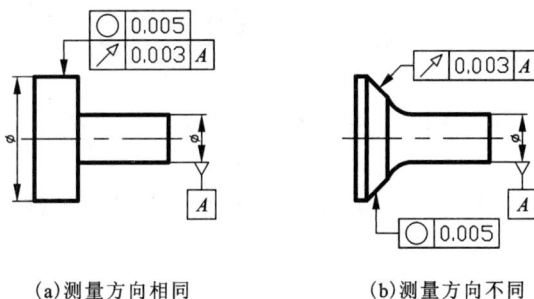

（a）测量方向相同　　　　　　　　（b）测量方向不同

图 3 – 18　同一被测要素有多项公差要求的标注

**2. 不同被测要素有相同形位公差要求时的标注**

不同的被测要素有相同的形位公差要求时，可以从同一框格引出多条指引线，分别指向各被测要素，如图 3 – 19 所示。

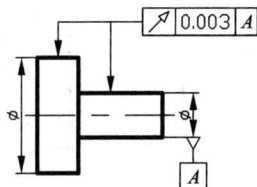

图 3 – 19　不同被测要素有相同形位公差要求的标注

**3. 形位公差数值和测量范围有附加说明时的标注**

1）限定被测要素或基准要素的范围

如仅对要素的某一部分给定形位公差要求,如图3-20(a)所示,或以要素的某一部分作基准时,如图3-20(b)所示,则应用粗点画线表示其范围并加注尺寸。

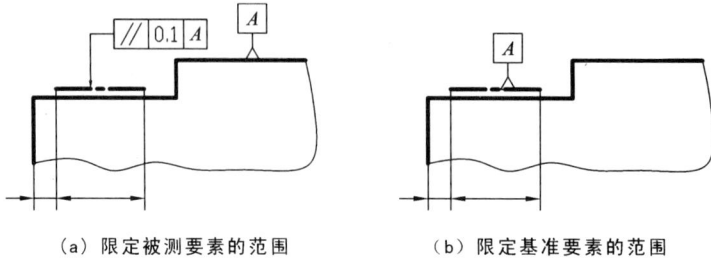

(a)限定被测要素的范围　　　　　(b)限定基准要素的范围

**图3-20　限定被测要素或基准要素的范围**

2)对公差值有附加说明时的标注

(1)当给定的公差带形状为圆或圆柱时,应在公差数值前加注"$\phi$",如图3-21(a)所示;若给定的公差带形状为球时,应在公差数值前加注"$S\phi$",如图3-21(b)所示。

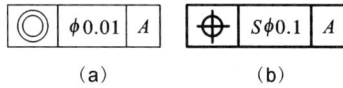

(a)　　　　　(b)

**图3-21　公差带为圆、圆柱面或球时的标注**

(2)形位公差有附加要求时应在相应的公差数值后加注有关符号,如图3-22所示,其含义见表3-4。

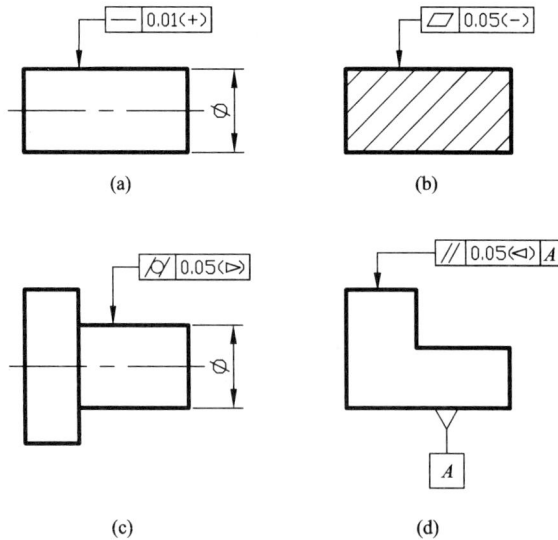

(a)　　　　　(b)

(c)　　　　　(d)

**图3-22　用符号表示附加要求**

**表 3 - 4 形位公差数值后加注有关符号的含义**

| 符 号 | 解 释 | 标注示例 |
|---|---|---|
| ( + ) | 见图 3 - 22(a),若被测要素有误差,则只允许中间向材料外凸起。 | ⎯ 0.01(+) |
| ( − ) | 见图 3 - 22(b),若被测要素有误差,则只允许中间向材料内凹下。 | ▱ 0.05(−) |
| (▷) | 见图 3 - 22(c),若被测要素有误差,则只允许按符号小端方向从左至右逐渐缩小。 | ⌀ 0.05(▷) |
| (◁) | 见图 3 - 22(d),若被测要素有误差,则只允许零件表面左低右高。 | ∥ 0.05(◁) A |

(3)如对公差数值在一定范围内有附加的要求时,可采用图 3 - 23 的标注方法,其含义见表 3 - 5 所示。

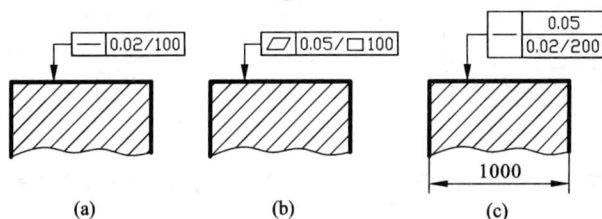

**图 3 - 23 对公差数值在一定范围内有附加要求时的标注**

**表 3 - 5 对公差数值在一定范围内有附加要求的含义**

| 符 号 | 解 释 |
|---|---|
| ⎯ 0.02/100 | 见图 3 - 23(a),表示在任一 100 mm 长度上的直线度公差值为 0.02 mm。 |
| ▱ 0.05/□100 | 见图 3 - 23 (b),表示在任一 100 mm × 100 mm 的正方形面积内,平面度公差数值为 0.05 mm。 |
| ⎯ 0.05 / 0.02/200 | 见图 3 - 23(c),表示在 1000 mm 全长上的直线度公差为 0.05 mm,在任一 200 mm 长度上的直线度公差数值为 0.02 mm。 |

3)对形位公差有文字说明时的标注

为了说明公差框格中所标注的形位公差的其他附加要求,或为了简化标注方法,可以在公差框格的周围(一般是上方或下方)附加文字说明。

(1)若文字用于说明被测要素数量,应写在公差框格的上方,如图3-24(a)、(b)所示,其含义见表3-6。

(2)若文字用于解释性的说明,应写在公差框格的下方,如图3-24(c)、(d)所示,其含义见表3-6。

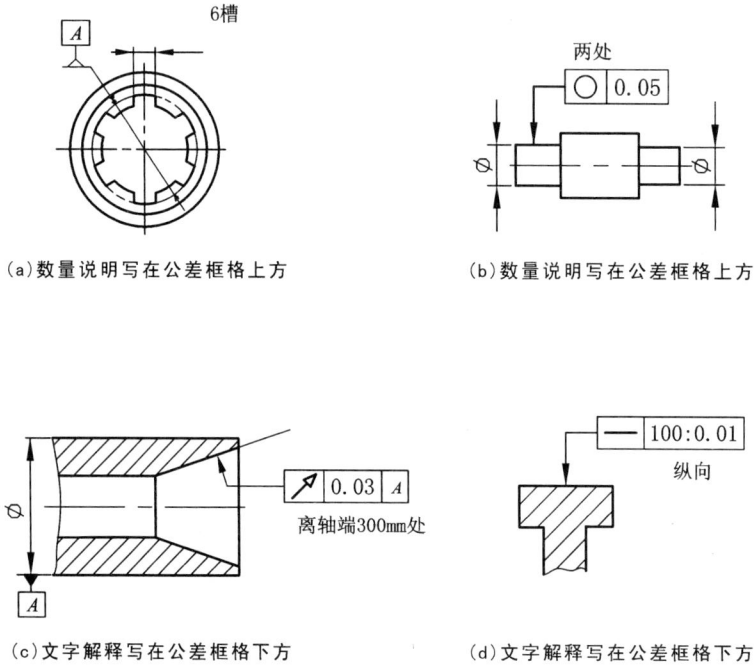

(a)数量说明写在公差框格上方                     (b)数量说明写在公差框格上方

(c)文字解释写在公差框格下方                     (d)文字解释写在公差框格下方

**图3-24　用文字说明附加要求**

**表3-6　用文字说明附加要求的含义**

| 符　号 | 解　释 |
| --- | --- |
| 6槽<br>$\boxed{\overline{\underline{=}}\ \vert\ 0.05\ \vert\ A}$ | 见图3-24(a),表示6个键槽分别对基准$A$的对称度公差为0.05 mm。 |
| 两处<br>$\boxed{\bigcirc\ \vert\ 0.005}$ | 见图3-24(b),表示两端圆柱面的圆度公差同为0.005 mm。 |
| $\boxed{\nearrow\ \vert\ 0.03\ \vert\ A}$ | 见图3-24(c),表示内圆锥面对外圆柱面的轴线在离轴端300 mm处的斜向圆跳动公差为0.03 mm。 |
| $\boxed{—\ \vert\ 100:0.01}$<br>纵向 | 见图3-24(d),表示在未画出导轨纵向视图时,可借用其横剖面标注纵向直线度公差。 |

#### 4. 全周符号表示法

当形位公差特征项目，如轮廓度公差适用于横截面内的整个外轮廓线或整个外轮廓面时，应采用全周符号，即在公差框格的指引线上画上一个圆圈，如图 3 – 25 所示。此时被测要素不仅是曲线（或曲面），而且包括两条垂直直线（或两个垂直的平面），即整个外轮廓线（或外轮廓面）。

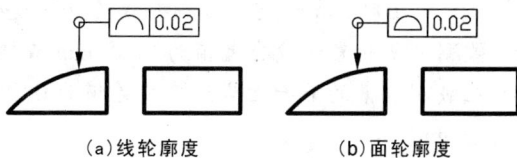

图 3 – 25　全周符号

#### 5. 延伸公差带表示法

延伸公差带的含义是将被测要素的公差带延伸到工件实体之外，控制工件外部的公差带，以保证相配合零件与该零件配合时能顺利装入。延伸公差带用符号 Ⓟ 表示，并用双点画线表示其延伸的范围，如图 3 – 26 所示。

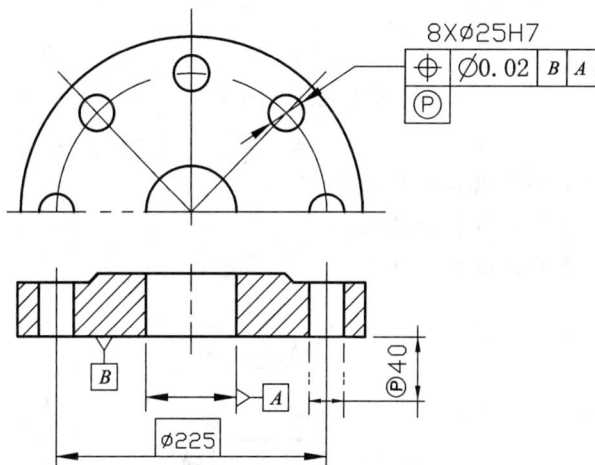

图 3 – 26　延伸公差带的标注

# 练　习

1. ◎ Ⅰ⌀0.1 Ⅰ A-B Ⅰ 形位公差框格中基准代号字母"A – B"表示此几何公差有两个基准。【是、否】

2. 下列各项中，所有字母都不能用作基准符号字母的是（　　）。

A. A、B、C、D、E　　　　　　　B. D、H、I、K、L

C. E、F、I、J、O　　　　　　　D. A1、B2、C1、D2

3. 几何公差的基准代号中字母（　　）。

A. 应按垂直方向书写　　　　　　B. 应按水平方向书写

C. 和基准符号的方向一致　　　　D. 可按任意方向书写

4. 公差框格 $\boxed{-\ \boxed{\begin{array}{c} 0.05 \\ 0.02/100 \end{array}}}$ 表示( )。

A. 被测要素的直线度公差值为 0.05 mm。

B. 在任意 100 mm 长度上被测要素的直线度公差值为 0.02 mm。

C. 被测要素的直线度公差值为 0.05 mm 或 0.02/100 mm。

D. 在被测要素的全长上直线度公差值为 0.05 mm，在任意 100 mm 长度上的直线度公差值为 0.02 mm。

5. 请将下图中错误的标注改正。

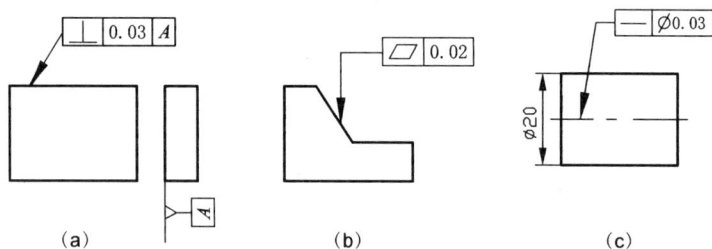

图 3 – 27　习题图

6. 见图 3 – 28，请按下列要求补全标注。

(1) 零件的被测要素为 φ60 轴的轴线。

(2) 零件的基准要素为 φ30 轴的轴线。

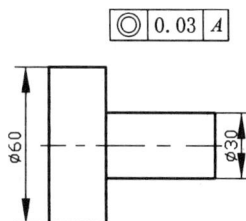

图 3 – 28　习题图

## 3.3　形位公差及公差带

### 3.3.1　形状公差及公差带

形状公差是指单一实际要素的形状所允许的变动量。形状公差包括直线度、平面度、圆度和圆柱度 4 项。

**1. 直线度公差**

限制被测实际直线相对于理想直线的变动。被测直线可以是平面内的直线、直线回转体（圆柱、圆锥）上的素线、平面间的交线和轴线等。直线度公差的标注示例和公差带意义见表 3 – 7。

**表 3 - 7　直线度公差的标注示例和意义**

| 示　　例 | 公差带及标注意义 |
|---|---|
| 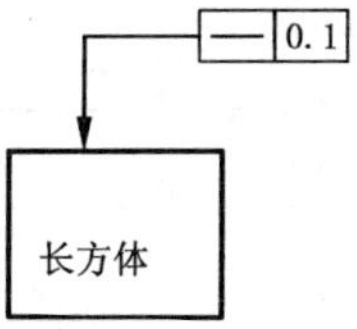 长方体表面素线的直线度 | 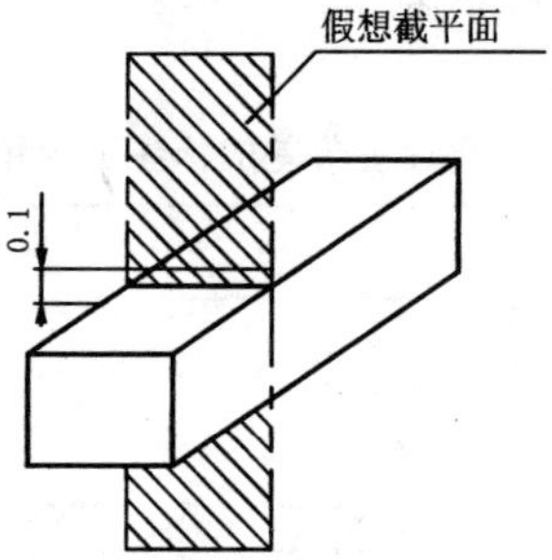 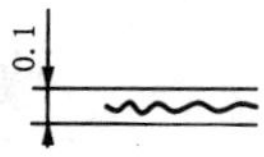 假想截平面<br><br>长方体上表面任一素线的直线度公差值为 0.1 mm，该素线被控制在相距为 0.1 mm 的两平行直线之间。 |
| 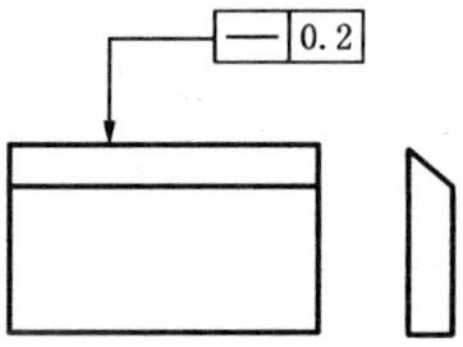 刀口尺刃口的直线度 | 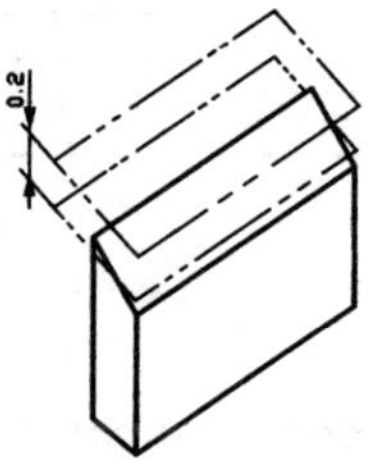 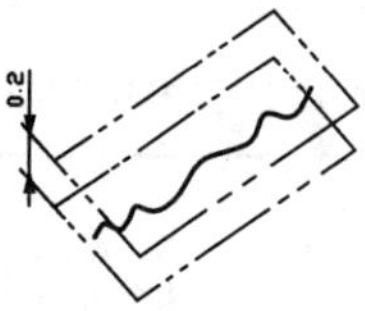 <br><br>实际棱线必须位于垂直方向距离为公差值 0.2 mm 的两平行平面之间。 |
| 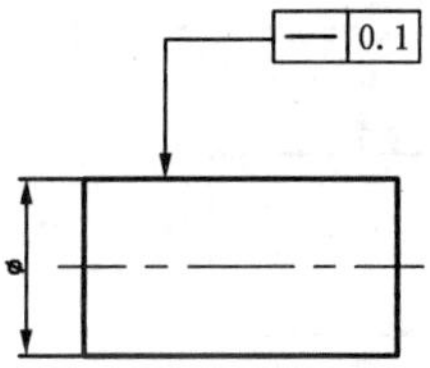 圆柱面素线的直线度 | 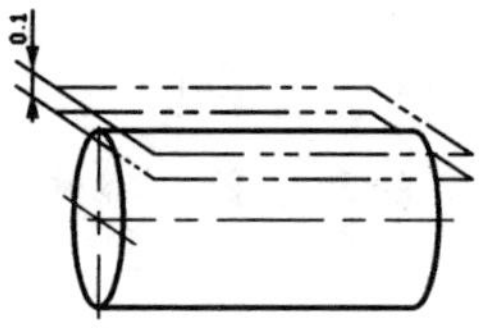 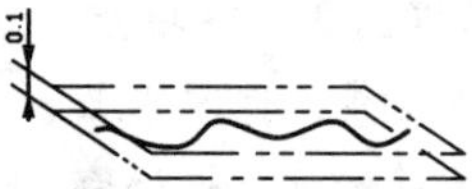 <br><br>圆柱面任一素线的直线度公差值为 0.1 mm，该素线被控制在相距为 0.1 mm 的两平行平面之间。 |
| 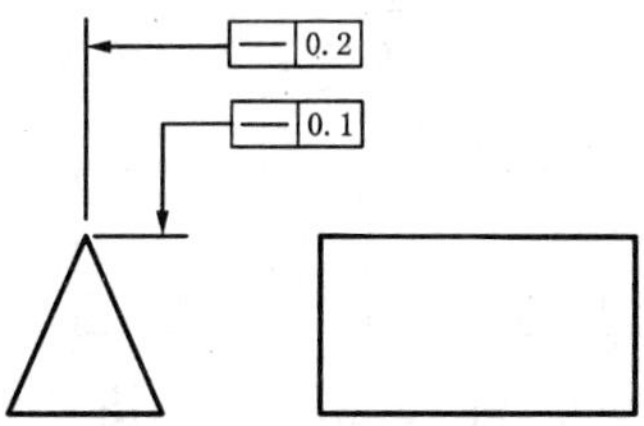 三棱柱棱边的直线度 | 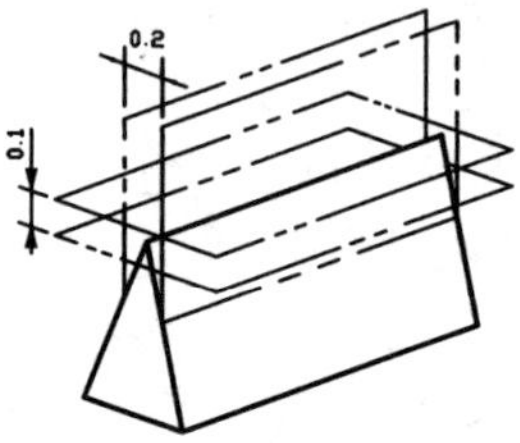 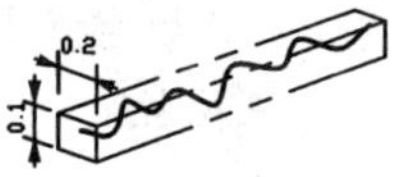 <br><br>实际棱线必须位于水平方向距离为公差值 0.2 mm、垂直方向距离为公差值 0.1 mm 的两对两平行平面之间的区域（即实际棱线必须位于横截面为 0.2 × 0.1 mm 的四棱柱面之内）。 |
| 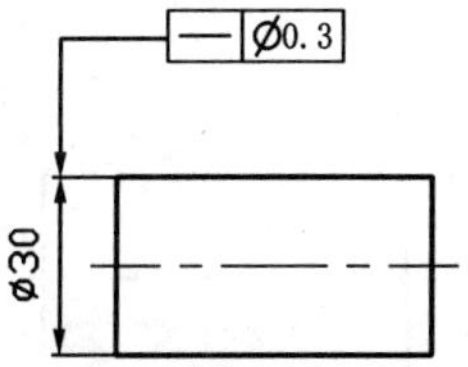 轴线的直线度 | 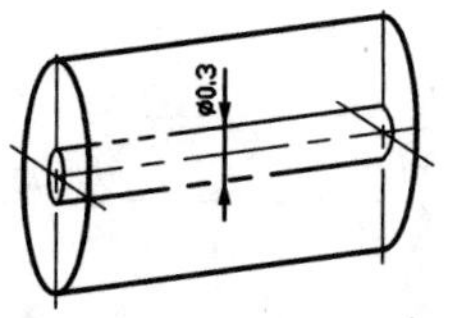 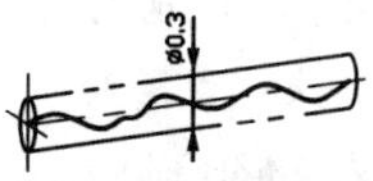 <br><br>$\phi$20 圆柱的轴线必须位于直径为公差值 0.3 mm 的圆柱面内。 |

### 2. 平面度公差

平面度是限制实际表面对其理想平面变动量的一项指标,用于对实际平面的形状精度提出要求。平面度的标注示例和公差带意义见表 3-8。

**表 3-8　平面度公差的标注示例和意义**

| 示　例 | 公差带及标注意义 |
| --- | --- |
|  上表面的平面度公差为 0.1 mm。 |  零件的上表面必须位于距离为公差值 0.1 mm 的两平行平面之间。 |

## 练　习

1. 参照题(1)的样例填空。

(1)根据图 3-29 填空。

①被测要素:长方体上表面的任一　__表面素线__　。

②公差带形状:相距为　__0.1__　mm 的两平行　__直线__　之间的区域。

③标注意义:长方体上表面的任一　__表面素线__　的　__直线__　度公差值为　__0.1__　mm。

(2)根据图 3-30 填空。

①被测要素:三棱柱的_____。

②公差带形状:水平方向距离为公差值_____ mm、垂直方向距离为公差值_____ mm 的两对两平行_____之间的区域。

③标注意义:三棱柱的_____水平方向的_____度公差值为_____mm、垂直方向的_____度公差值为____mm。

(3)根据图 3-31 填空。

①被测要素:$\phi30$ 轴的_____。

②公差带形状:直径为____ mm 的_____。

③标注意义:$\phi30$ 轴的_____的_____度公差值为_____mm。

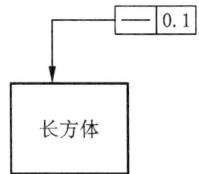

图 3-29　形位公差示例图

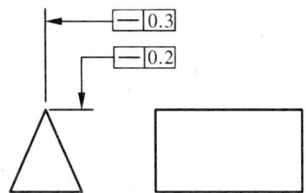

图 3-30　形位公差习题图

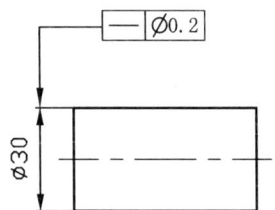

图 3-31　形位公差习题图

2. 根据下列要求在图 3 - 32 中标注形状和位置公差。

(1)φ30 轴表面的直线度公差为 0.01。

(2)φ30 轴的轴线的直线度公差为 0.03。

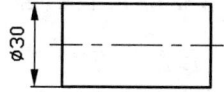

图 3 - 32　形位公差习题图

### 3. 圆度公差

限制实际圆相对于理想圆的变动。圆度公差用于对回转体表面(圆柱、圆锥和曲线回转体)任一正截面的圆轮廓提出形状精度要求。圆度公差的标注示例和公差带意义见表 3 - 9。

表 3 - 9　圆度公差的标注示例和意义

| 示　例 | 公差带及标注意义 |
|---|---|
| 圆柱面的圆度公差为 0.02 mm。 | 在垂直于轴线的任一正截面上,实际圆必须位于半径差为公差值 0.02 mm 的两同心圆之间。 |

### 4. 圆柱度公差

限制实际圆柱面相对于理想圆柱面的变动。圆柱度公差综合控制圆柱面的形状精度。圆柱度公差的标注示例和公差带意义见表 3 - 10。

表 3 - 10　圆柱度公差的标注示例和意义

| 示　例 | 公差带及标注意义 |
|---|---|
| 圆柱面的圆柱度公差为 0.04 mm。 | 被测圆柱面被控制在半径差为 0.04 mm 的两同轴圆柱面之间。 |

### 3.3.2　形状或位置公差及公差带

**1. 线轮廓度公差**

线轮廓度公差是限制实际曲线对其理想曲线变动量的指标。

线轮廓度的公差带是两等距曲线，即包络一系列直径为公差值 $t$ 的圆的两包络线之间的区域。诸圆的圆心应位于理想轮廓上，线轮廓度公差可以有基准要求。线轮廓度的示例和标注意义如表 3–11 所示。

表 3–11　线轮廓度公差的标注示例和意义

| 示　例 | 公差带及标注意义 |
| --- | --- |
| 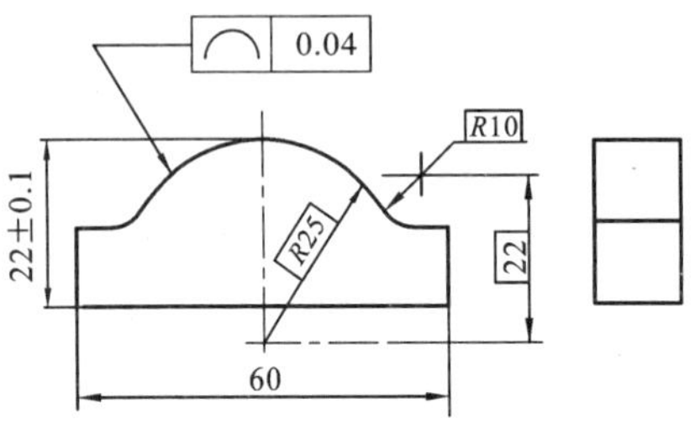 外形轮廓的线轮廓度公差为 0.04 mm。 | 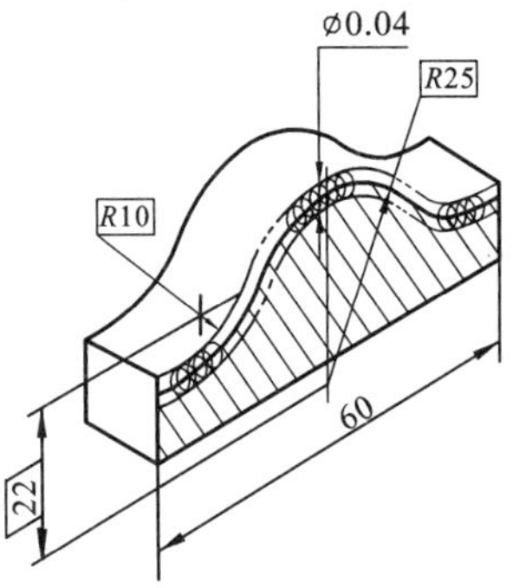 在平行于正投影面的任一截面上，实际轮廓线必须位于包络一系列直径为公差值 0.04 mm 的圆的两包络线之间，诸圆圆心位于理想轮廓线上。 |

**2. 面轮廓度公差**

面轮廓度公差是限制实际曲面对其理想曲面变动量的指标。

面轮廓度公差带是两等距曲面，即包络一系列直径为公差值 $t$ 的球的两包络面之间的区域。诸球的球心应位于理想轮廓面上，面轮廓度公差可以有基准要求。面轮廓度公差的标注示例和意义如表 3–12 所示。

表 3–12　面轮廓度公差的标注示例和意义

| 示　例 | 公差带及标注意义 |
| --- | --- |
| 形状公差 | 无基准的面轮廓度 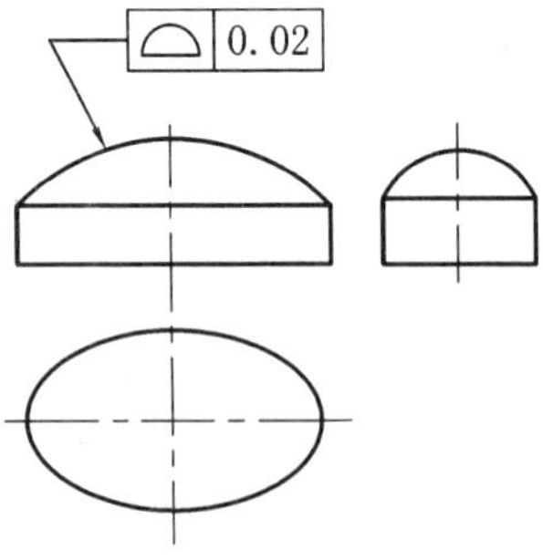 图(1) 上椭圆面的面轮廓度公差为 0.02 mm。 | 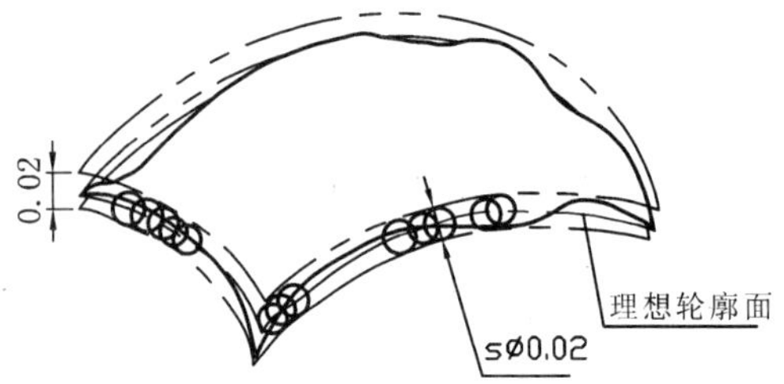 实际轮廓面必须位于距离为 0.02 mm 的两等距曲面之间(即包络一系列直径为 0.02 mm 的球的两包络面之间)。 |

**续表 3 – 12**

| 示　例 | 公差带及标注意义 |
|---|---|

位置公差

有基准的面轮廓度

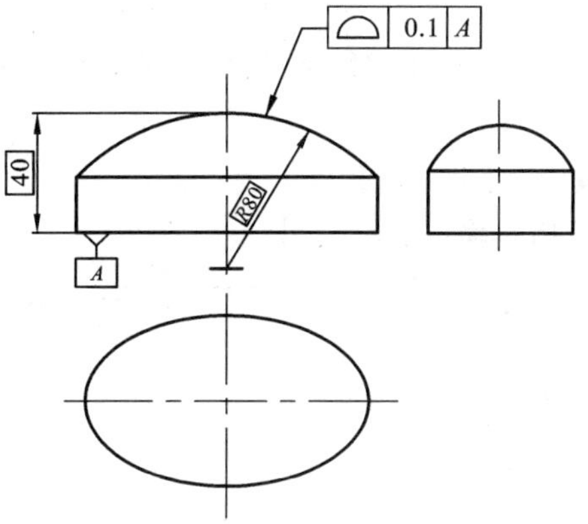

图(2)

被测轮廓面相对于基准平面 A 的面轮廓度公差为 0.1 mm

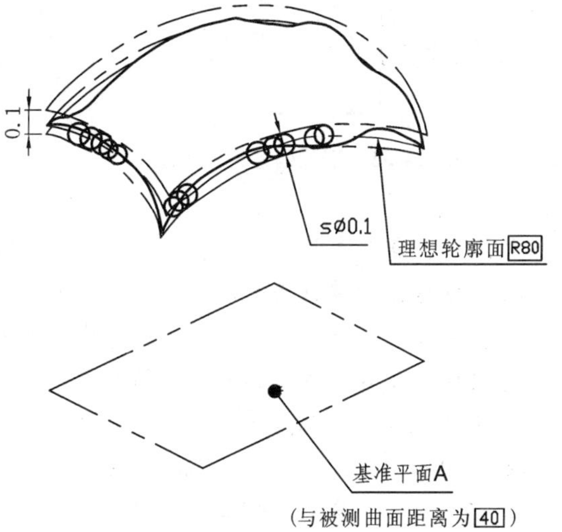

理想轮廓面 R80

基准平面A

(与被测曲面距离为 40 )

实际轮廓面必须位于距离为 0.1 mm 的两等距曲面之间(即包络一系列球的两包络面之间,诸球直径为 0.1 mm,球心在理想轮廓面上,理想轮廓面由理论正确尺寸确定)。

---

**知识要点提示:**

(1)当轮廓度公差没有基准时,仅限制被测表面的形状,表面位置由尺寸公差控制。这种轮廓度公差属于形状公差。表 3 – 12 中的图(1)为形状公差。

(2)当轮廓度公差有基准时,不仅限制被测表面的形状,还限制被测表面相对基准的位置。此时,该轮廓度公差属于位置公差。表 3 – 12 中的图(2)为位置公差。

# 练 习

1. 根据图 3 – 33 填空。

(1)被测要素:φ30 轴的＿＿＿＿＿＿＿。

(2)公差带形状:半径差为＿＿＿ mm 的两同＿＿＿圆之间的区域。

(3)标注意义:φ30 轴的＿＿＿＿＿＿的＿＿＿＿＿度公差值为＿＿＿＿＿mm。

2. 根据图 3 – 34 填空。

(1)被测要素:φ40 轴的＿＿＿＿＿＿＿。

(2)公差带形状:半径差为＿＿＿ mm 的两同轴＿＿＿＿＿＿＿之间的区域。

(3)标注意义:φ40 轴的＿＿＿＿＿的＿＿＿＿＿度公差值为＿＿＿＿＿mm。

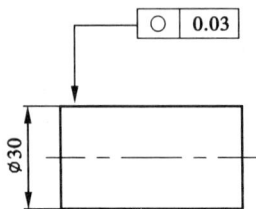

图 3-33　形位公差习题 1 图　　　　　　　图 3-34　形位公差习题 2 图

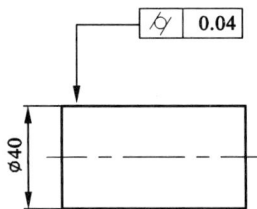

3. 圆度公差带是指半径为公差值 $t$ 的圆内的区域。【是、否】

4. 圆度公差的被测要素可以是圆柱面也可以是圆锥面。【是、否】

5. 和圆度公差一样,圆柱度公差的被测要素也可以是圆柱面或圆锥面。【是、否】

6. 圆度公差和圆柱度公差之间的关系是_____。

A. 两者均控制圆柱体类零件的轮廓形状,因而两者可以替代使用。

B. 两者公差带形状不同,因而两者相互独立,没有关系。

C. 圆度公差可以控制圆柱度误差。

D. 圆柱度公差可以控制圆度误差。

7. 关于线轮廓度、面轮廓度公差,下列说法中错误的是(　　)。

A. 线轮廓度公差只能用来控制曲线的形状精度,面轮廓度公差只能用来控制曲面的形状精度。

B. 线轮廓度公差带是两条等距曲线之间的区域。

C. 面轮廓度公差带是两等距曲面之间的区域。

D. 线轮廓度、面轮廓度公差带中的理论正确几何形状由理论正确尺寸确定。

## 3.3.3　位置公差及公差带

位置公差是限制被测要素对基准要素所要求的几何关系上的误差。根据两者的几何关系,位置公差又分为定向公差、定位公差和跳动公差三类。

### 1. 定向公差

定向公差是限制实际被测要素相对于基准要素在方向上的变动。

定向公差分为平行度公差、垂直度公差和倾斜度公差三种。

定向公差的被测要素和基准一般为平面或轴线,因此定向公差(平行、垂直或倾斜)分为线对线、线对面、面对线和面对面等几种情况,如图 3-55 所示。

(1)平行度公差

当被测要素与基准的理想方向成 0°角时,为平行度公差。平行度公差的标注示例和意义见表 3-13。

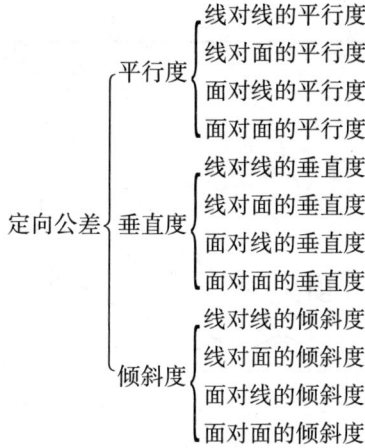

**图 3 – 35　定向公差的分类**

**表 3 – 13　平行度公差的标注示例和意义**

| 示　　例 | 公差带及标注意义 |
|---|---|
| 1. 面对面的平行度<br><br><br><br>上平面相对于底面 A 的平行度<br>公差为 0.05 mm。 | <br><br>上平面必须位于距离为公差值 0.05 mm 且平行于基准平面 A 的两平行平面之间。 |
| 2. 面对线的平行度<br><br><br><br>上平面相对于孔轴线 B 的平行度公差为 0.1 mm。 | <br><br>上平面必须位于距离为公差值 0.1 mm 且平行于基准轴线 B 的两平行平面之间。 |
| 3. 线对面的平行度<br><br><br><br>孔 $\phi6$ 的轴线相对于底平面 A 的平行度公差为 0.03 mm。 | <br><br>孔 $\phi6$ 的轴线必须位于距离为公差值 0.03 mm 且平行于基准平面 A 的两平行平面之间。 |

续表 3－13

| 示 例 | 公差带及标注意义 |
| --- | --- |
| 4. 线对线的平行度（给定一个方向） 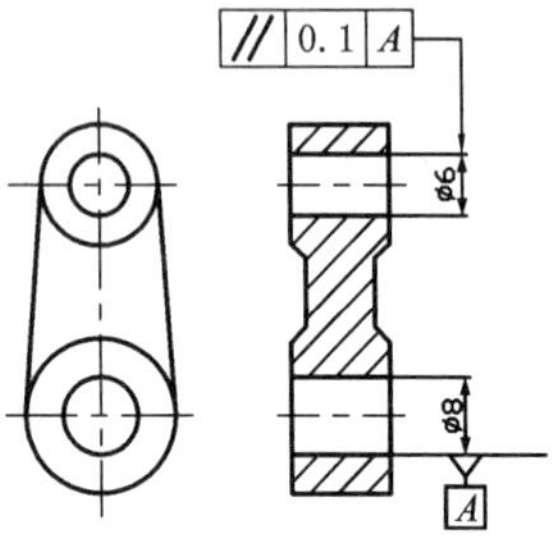 孔 $\phi6$ 的轴线相对于孔 $\phi8$ 的轴线 $A$ 在垂直方向上的平行度公差为 0.1 mm。 | 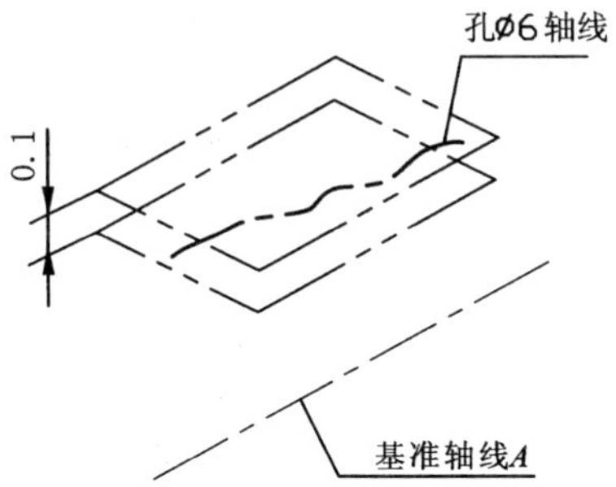 孔 $\phi6$ 的轴线必须位于距离为公差值 0.1 mm 且平行于基准轴线 $A$ 的两平行平面之间。 |
| 5. 线对线的平行度（给定两个互相垂直的方向） 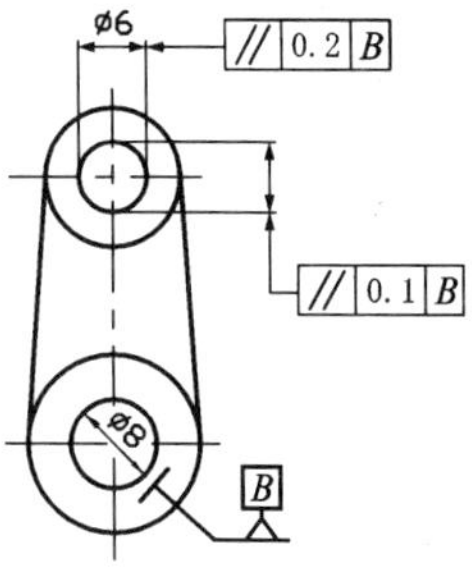 孔 $\phi6$ 的轴线相对于孔 $\phi8$ 的轴线 $B$ 在垂直方向上的平行度公差为 0.1 mm，在水平方向上的平行度公差为 0.2 mm。 | 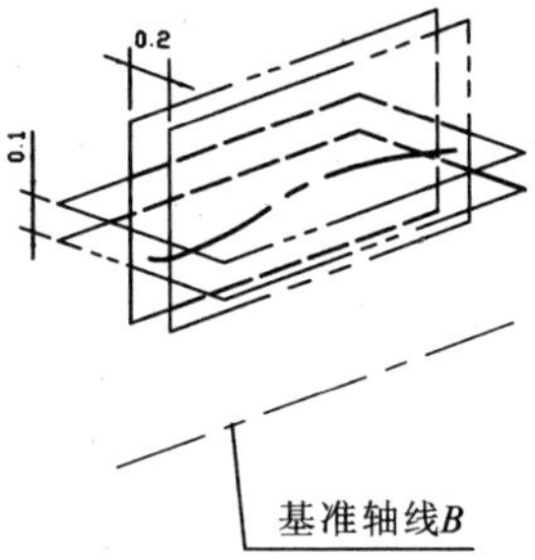  $\phi6$ 孔的轴线必须位于水平方向距离为公差值 0.2 mm、垂直方向距离为公差值 0.1 mm，且平行于基准孔 $\phi8$ 轴线 $B$ 的两组两平行平面之间（即 $\phi6$ 孔轴线必须位于横截面为 $0.2 \times 0.1$ mm 四棱柱面之内）。 |
| 6. 线对线的平行度（任意方向上） 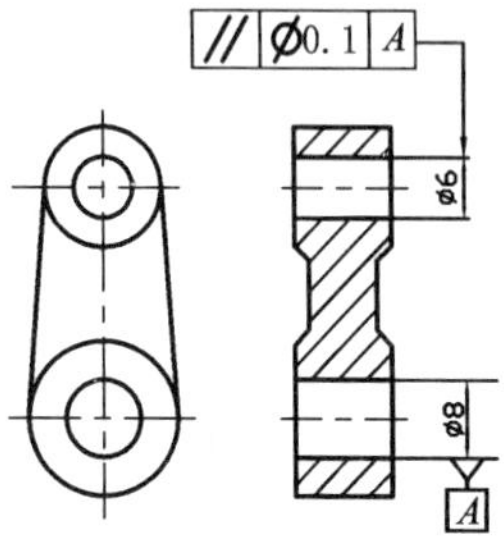 孔 $\phi6$ 的轴线相对于孔 $\phi8$ 的轴线 $A$ 在任意方向上的平行度公差为 $\phi0.1$ mm。 | 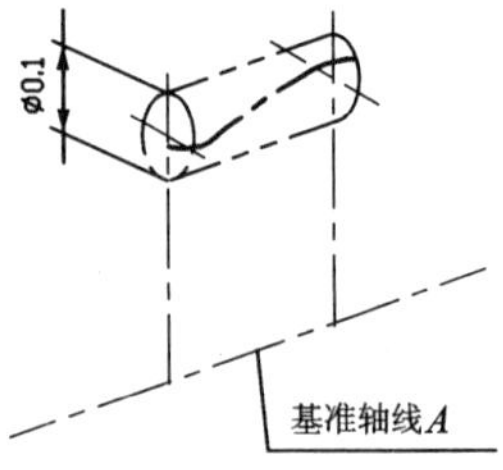 $\phi6$ 孔的轴线必须位于直径为公差值 0.1 mm 且该轴线平行于基准轴线 $A$ 的圆柱面内。 |

（2）垂直度公差

当被测要素与基准的理想方向成 90°角时，为垂直度公差。垂直度公差的标注示例和意义见表 3 - 14。

**表 3 - 14　垂直度公差的标注示例和意义**

| 示　　　例 | 公差带及标注意义 |
| --- | --- |
| 1. 面对面的垂直度 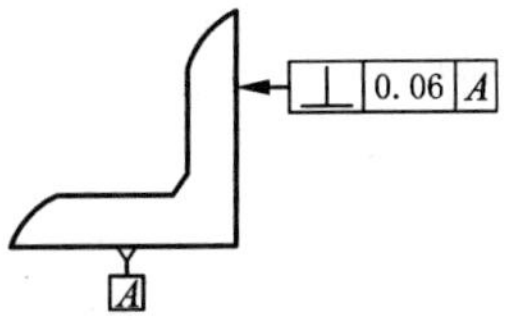<br><br>右侧面相对于底平面 A 的垂直度公差为 0.06 mm。 | 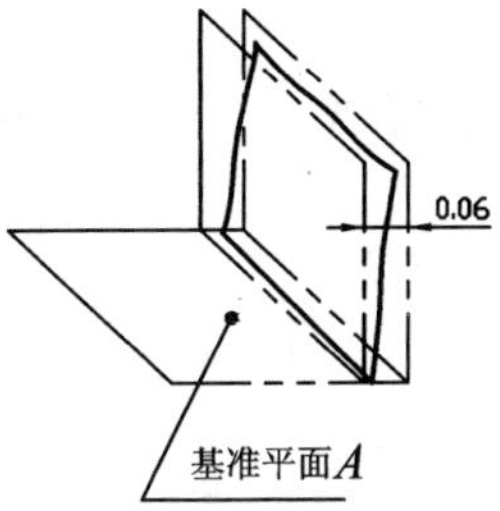 右侧面必须位于距离为公差值 0.06 mm 且垂直于基准平面 A 的两平行平面之间。 |
| 2. 面对线的垂直度 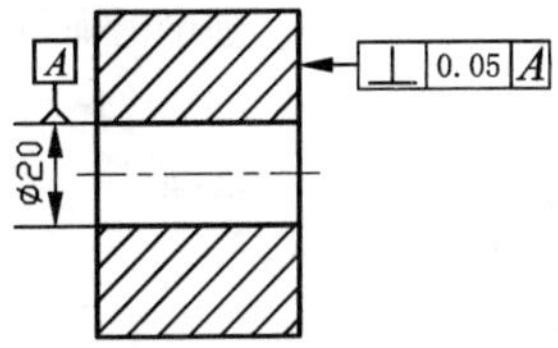<br><br>右侧面相对于 $\phi$20 孔的轴线的垂直度公差为 0.05 mm。 | 右侧面必须位于距离为公差值 0.05 mm 且垂直于基准轴线 A 的两平行平面之间。 |
| 3. 线对面的垂直度<br><br>$\phi$20 轴的轴线相对于底平面 A 的垂直度公差为 $\phi$0.05 mm。 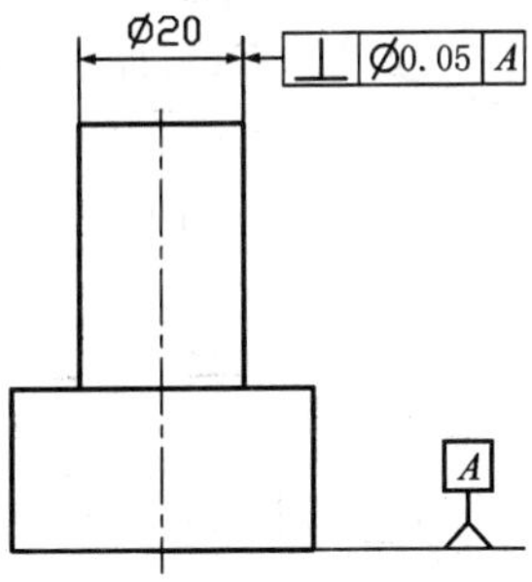 | 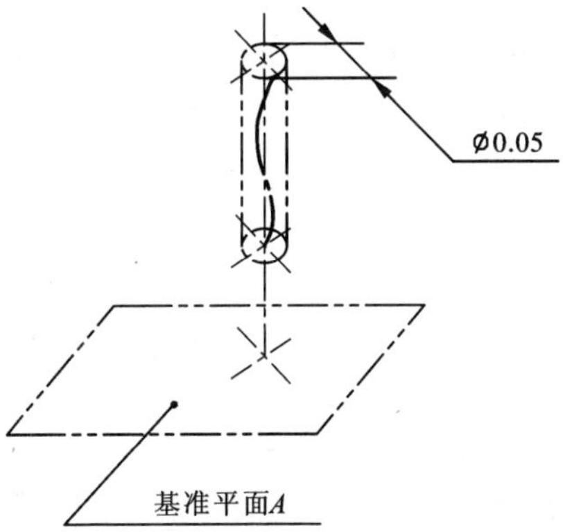 $\phi$20 外圆的轴线必须位于直径为公差值 0.05 mm 且垂直于基准平面 A 的圆柱面内。 |

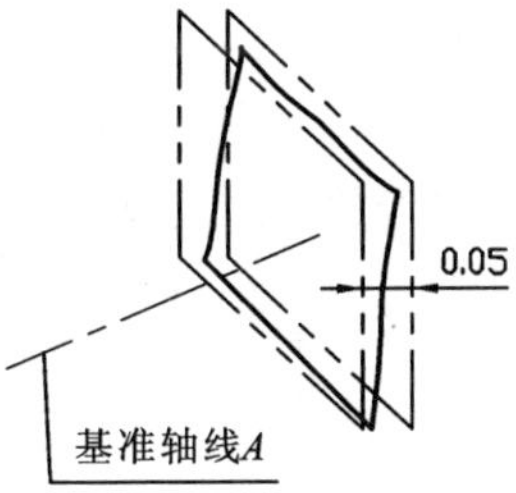

（3）倾斜度公差

当被测要素与基准的理想方向成其他任意角度时，为倾斜度公差。倾斜度公差的标注示例和意义见表 3 - 15。

**表 3 – 15　倾斜度公差的标注示例和意义**

| 示　例 | 公差带及标注意义 |
|---|---|
| **1. 面对面的倾斜度** 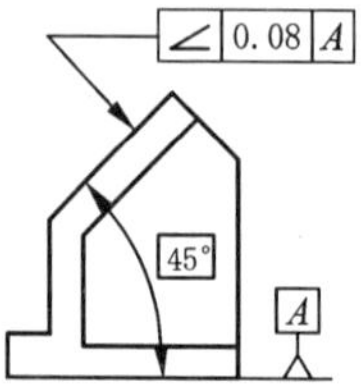<br><br>斜面对基准面 A 的倾斜度公差为 0.08 mm。 | 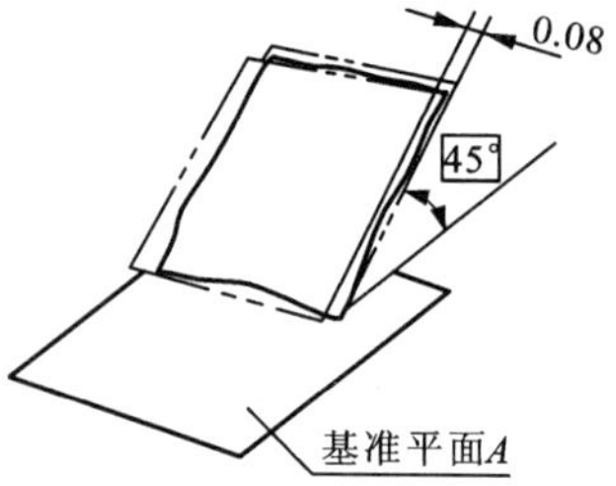 斜面必须位于距离为公差值 0.08 mm 且与基准平面 A 成 45°的两平行平面之间。 |
| **2. 面对线的倾斜度** 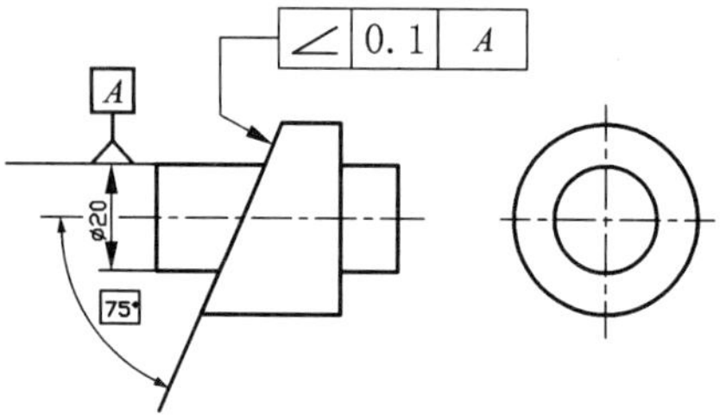<br><br>倾斜的台阶面相对于 $\phi20$ 的外圆轴线的倾斜度为 0.1 mm。 | 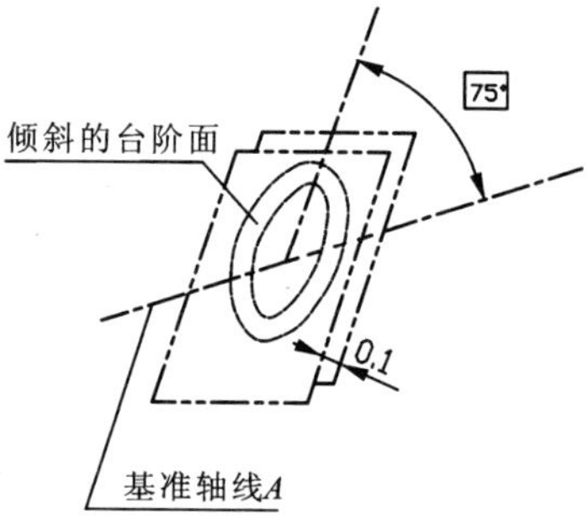 倾斜的台阶面必须位于距离为公差值 0.1 mm 且与基准轴线 A 成理论正确角度 75°的两平行平面之间。 |
| **3. 线对面的倾斜度** 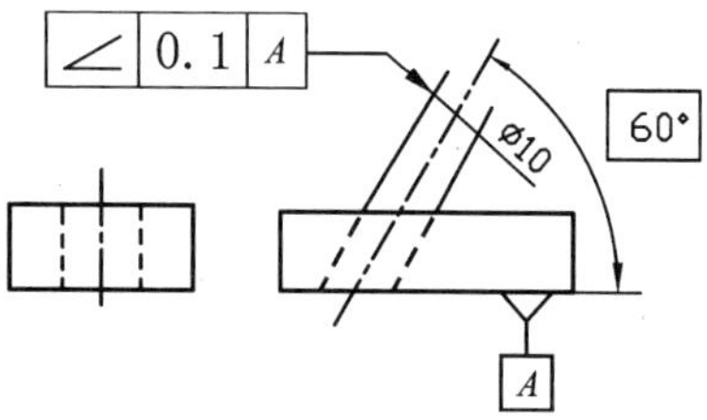<br><br>$\phi10$ 孔的轴线相对于底平面的倾斜度公差为 0.1 mm。 | 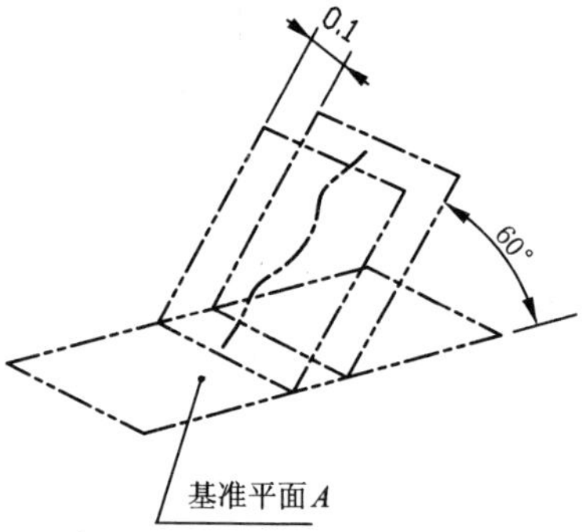 被测 $\phi10$ 孔的轴线必须位于距离为公差值 0.1 mm 且与基准平面 A 成理论正确角度 60°的两平行平面之间。 |
| **4. 线对线的倾斜度** 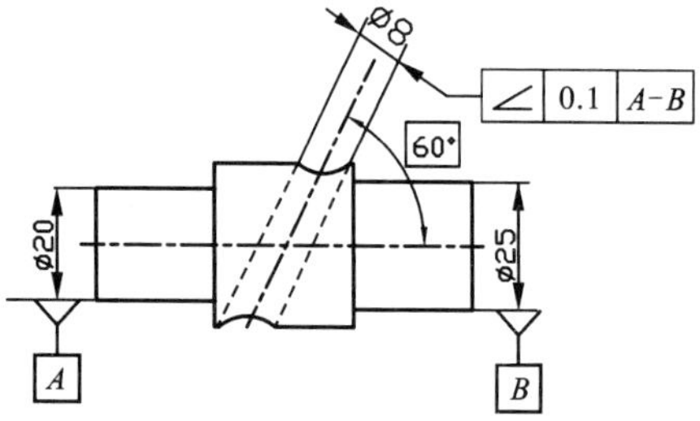<br><br>$\phi8$ 孔的轴线相对于外圆 $\phi20$ 和 $\phi25$ 的公共基准轴线 $A-B$ 的倾斜度为 0.1 mm。 | 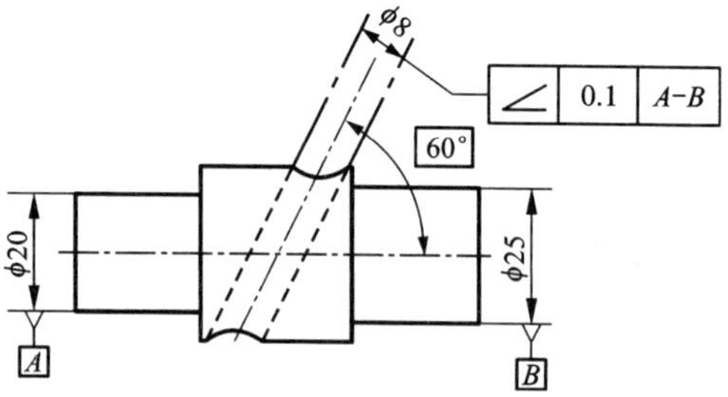 被测 $\phi8$ 孔的轴线必须位于距离为公差值 0.1 mm 且与公共基准轴线 $A-B$ 成理论正确角度 60°的两平行平面之间。 |

# 练 习

1.根据图 3－36 填空。

(1)被测要素：φ ＿＿＿ 轴的 ＿＿＿＿＿＿＿＿＿＿＿ 。

(2)基准要素：φ ＿＿＿ 轴的 ＿＿＿＿＿＿＿＿＿＿＿ 。

(3)公差带形状：直径为公差值＿＿＿ mm 且平行于基准轴线 A 的圆柱。

(4)标注意义：φ ＿＿＿ 轴的轴线相对于 φ ＿＿＿ 轴的轴线的＿＿＿＿＿度公差为＿＿＿＿＿mm。

2.根据图 3－37 填空。

(1)被测要素：倾斜的 ＿＿＿＿＿＿＿＿＿＿＿ 。

(2)基准要素：φ20 轴的 ＿＿＿＿＿＿＿＿＿ 。

(3)公差带形状：距离为公差值＿＿＿ mm 且与基准轴线 A 成＿＿＿＿＿＿角度75°的两平行平面。

(4)标注意义：倾斜的台阶面相对于 φ20 轴的 ＿＿＿＿＿＿＿＿ 的 ＿＿＿＿＿度公差为＿＿＿＿＿mm。

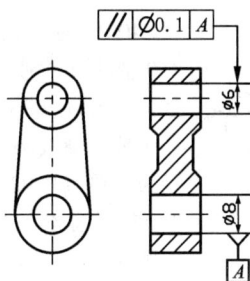

图 3－36 形位公差习题图

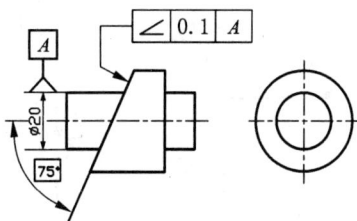

图 3－37 形位公差习题图

## 2.定位公差

定位公差限制实际被测要素对基准要素在位置上的变动。

定位公差分为同轴(心)度公差、对称度公差和位置度公差三个项目。

同轴度公差的被测要素和基准要素均为轴线，当被测轴线和基准轴线都很短时，就演变成同心度公差。

对称度公差的被测要素和基准要素为中心平面或轴线。

位置度公差要求被测要素对基准体系保持一定的位置关系。

由三个互相垂直的平面组成的三基面体系，一般以面积最大、定位稳定的平面为第一基准，依次为第二基准和第三基准，如图 3－38 所示。盘类零件常采用一个端面和中心轴线组成的基准体系，如图 3－39 所示。

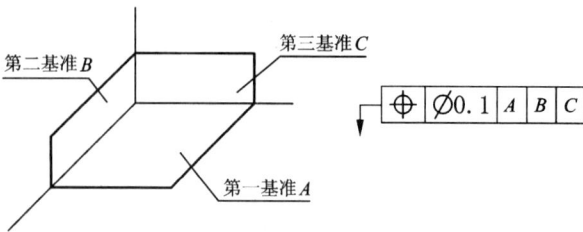

图 3 – 38　位置度公差的三基面体系　　　　　图 3 – 39　盘类零件位置度公差的基准体系

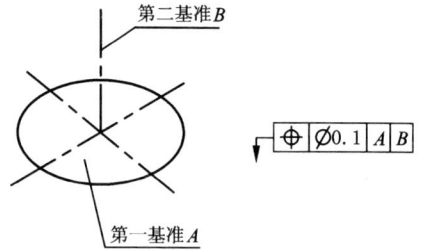

1) 同轴(心)度公差

同轴(心)度公差的标注示例和意义见表 3 – 16。

表 3 – 16　同轴(心)度公差的标注示例和意义

| 示　　例 | 公差带及标注意义 |
|---|---|
| 1. 轴线对轴线的同轴度<br> | <br>$\phi40$ 轴的轴线相对于 $\phi60$ 轴的基准轴线的同轴度公差为 $\phi0.02$ mm。<br>该被测轴线必须位于直径为公差值 $0.02$ mm 且与 $\phi60$ 轴的基准轴线 A 同轴的圆柱面内。 |
| 2. 圆心对圆心的同心度<br> | <br>$\phi80$ 圆的圆心相对于 $\phi50$ 圆的圆心的同心度公差为 $\phi0.1$ mm。<br>$\phi80$ 圆的圆心必须位于直径为公差值 $0.1$ mm 且与基准圆心 A 同心的圆内。 |

2) 对称度公差

对称度公差的标注示例和意义见表 3 – 17。

表 3 – 17　对称度公差的标注示例和意义

| 示　　　例 | 公差带及标注意义 |
|---|---|
| 1. 中心平面对中心平面的对称度  | 槽的中心平面相对于工件上、下面的基准中心平面 A 的对称度公差为 0.08 mm。<br><br>槽的中心平面必须位于距离为公差值 0.08 mm 且相对于基准中心平面 A 对称配置的两平行平面之间。 |
| 2. 中心平面对轴线的对称度  | 键槽两侧面的对称中心平面相对于轴的轴线 A 的对称度公差为 0.08 mm。<br><br>键槽两侧面的对称中心平面必须位于距离为公差值 0.08 mm 且相对于基准轴线 A 对称配置的两平行平面之间。 |

# 练　习

1. 例题（见图 3 – 40）。

1）⊚ Ø0.025 A 被测 __ φ85 __ 轴线，相对于 φ56 基准轴线 A 的 __ 同轴 __ 度公差为 φ0.025 mm。

2）⌀ 0.02 被测 φ56 圆柱面的 __ 圆柱 __ 度公差值为 0.02 mm。

2. 根据图 3 – 41 填空。

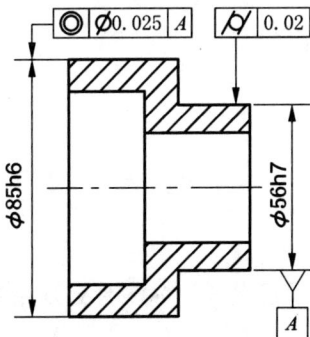

图 3 – 40　形位公差习题 1 图

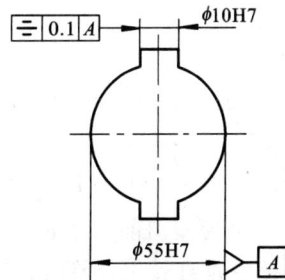

图 3 – 41　形位公差习题 2 图

被测键槽的 _____ 相对于 _____ 的基准中心平面的 _____ 的 _____ 度公差值为 _____。

3. 将下列各项形位公差要求标注在图 3 - 42 所示的图样上。

(1) $2 \times \phi d$ 轴线对其公共轴线的同轴度公差值均为 $\phi 0.02$ mm。

(2) $\phi D$ 轴线对 $2 \times \phi d$ 公共轴线的垂直度公差值为 $\phi 0.01$ mm。

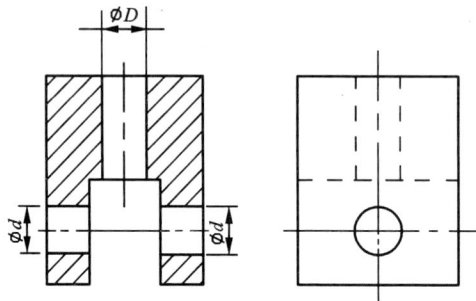

图 3 - 42    形位公差习题图

4. 按下列各项形位公差要求用框格法标注在图 3 - 43 上。

(1) $K$ 面对 $\phi 40h7$ 轴线的垂直度公差值为 0.025 mm;

(2) $M$、$N$ 面对 $\phi 35h7$ 轴线的垂直度公差值为 0.03 mm;

(3) $\phi 35h7$ 轴线对 $\phi 40h7$ 轴线的同轴度公差值为 $\phi 0.12$ mm。

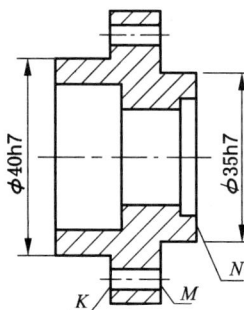

图 3 - 43    形位公差习题图

3) 位置度公差

位置度分为点的位置度、线的位置度和面的位置度。

(1) 点的位置度公差

点的位置度分平面上点的位置度和空间点的位置度。

如标注中在公差值前加注 $\phi$,则表示是平面上点的位置度公差,标注时必须给出两条基准线,其公差带是直径为公差值 $t$ 的圆内的区域。

如在标注的公差值前面加上 S$\phi$,则表示是空间点的位置度,标注时必须给出三个互相垂直的基准平面(或互相垂直的一条基准线和一个基准平面),此时公差带是直径为公差值 $t$ 的球内的区域。点的位置度公差的标注示例和意义见表 3－18。

表 3－18　点的位置度的标注示例和意义

| 示　　例 | 公差带及标注意义 |
|---|---|
| 1. 平面上点的位置度 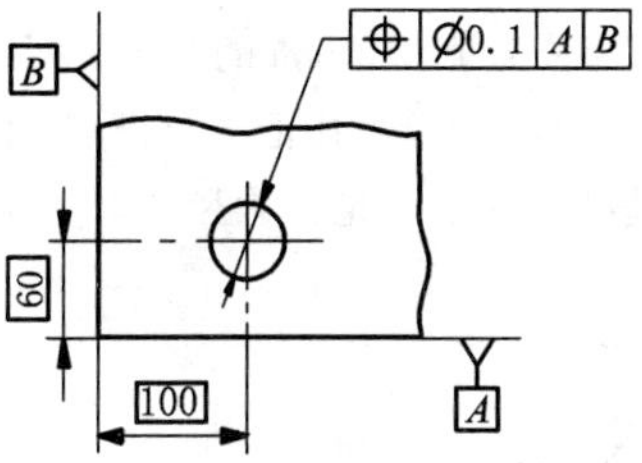<br> | 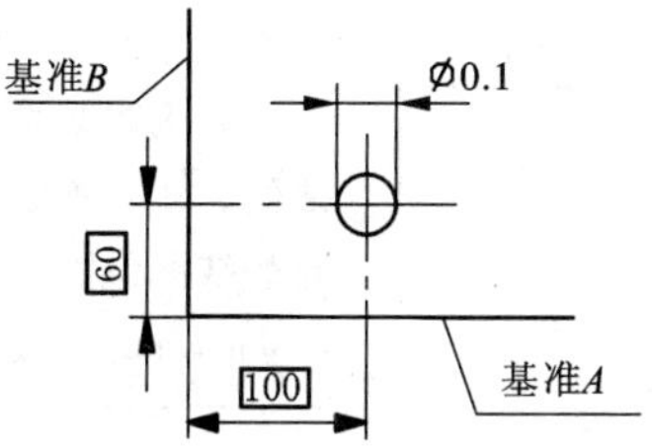 被测圆的圆心（即两条中心线的交点）相对于基准直线 $A$、$B$ 的位置度公差为 $\phi0.1$ mm。<br>　　该圆的圆心必须位于直径为公差值 0.1 mm 的圆内,该圆的圆心距离基准线 $A$ 为理论正确尺寸 60 mm,距离基准线 $B$ 为理论正确尺寸 100 mm。 |
| 2. 空间点的位置度 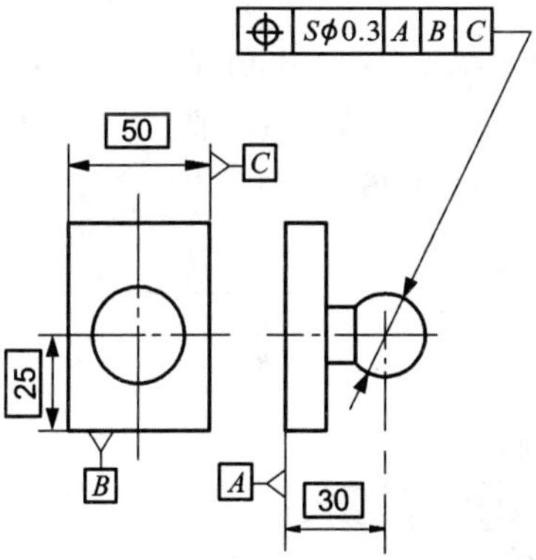<br> | 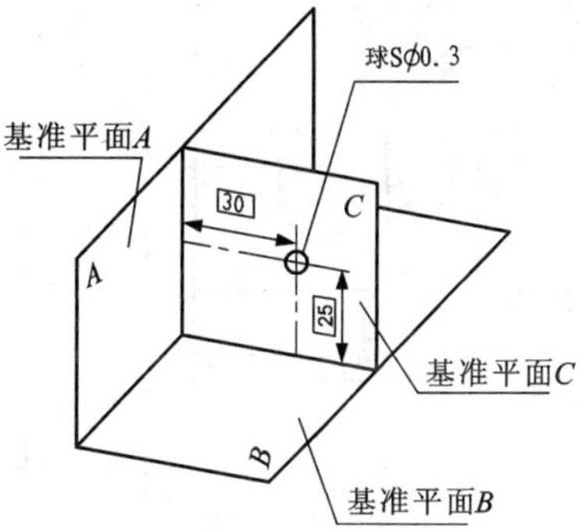 <br>球的球心相对于基准 $A$、$B$、$C$ 的位置度公差为 $S\phi0.3$mm。<br>　　被测球的球心必须位于直径为公差值 0.3 mm 的球内,该球的球心距离基准面 $A$ 为理论正确尺寸 30 mm,距离基准面 $B$ 为理论正确尺寸 25 mm,距离基准面 $C$ 为理论正确尺寸 0 mm（即球心在零件的左右对称中心平面上）。 |

（2）线的位置度公差

线的位置度也分为平面上线的位置度和空间线的位置度。

线的位置度公差的标注示例和意义见表 3－19。

表 3-19　线的位置度公差的标注示例和意义

| 示　　例 | 公差带及标注意义 |
|---|---|
| 1. 平面上线的位置度 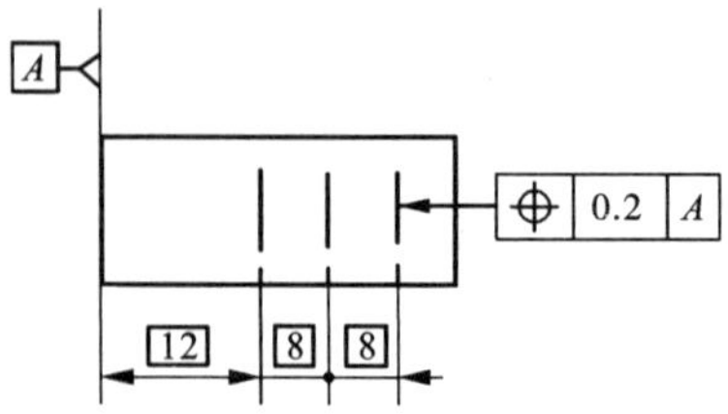 | 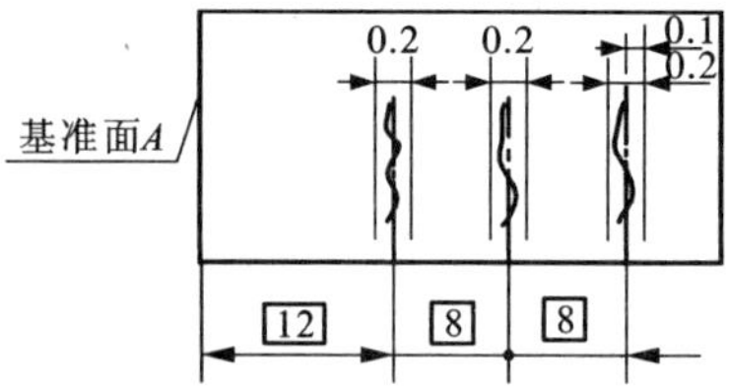 <br>平面上的线相对于基准面 A 的位置度公差为 0.2 mm。<br>每条刻线必须位于距离为公差值 0.2 mm 的各组平行线之间，每组平行线均以理想线的位置为中心对称配置，而理想线的位置由相对于基准面 A 的理论正确尺寸 12 mm、8 mm、8 mm 确定。 |
| 2. 空间线的位置度 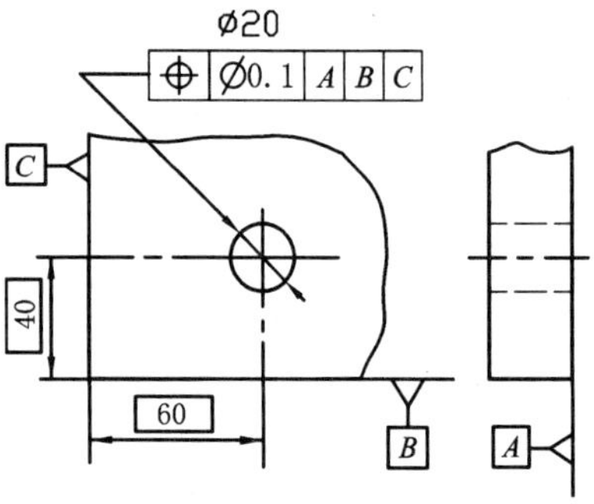 | 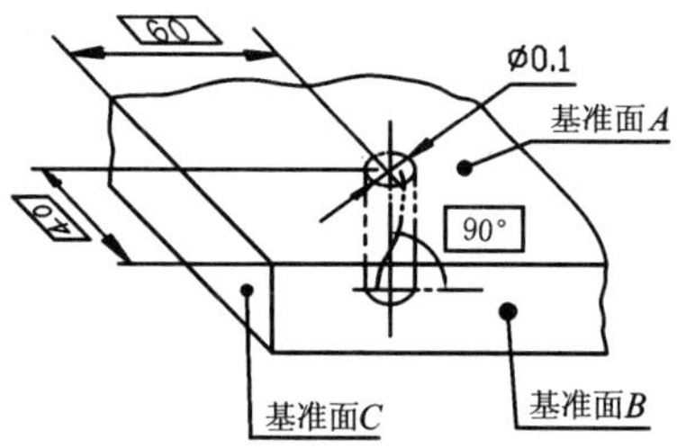 <br>φ20 孔的轴线相对于基准平面 A、B、C 的位置度公差为 φ0.1 mm。<br>φ20 孔的轴线必须位于直径为公差值 φ0.1 mm 的圆柱面内，且该轴线的理想位置为与基准面 A 垂直，距离基准面 B 为理论正确尺寸 40 mm，距离基准面 C 为理论正确尺寸 60 mm。 |
| 3. 空间线的位置度 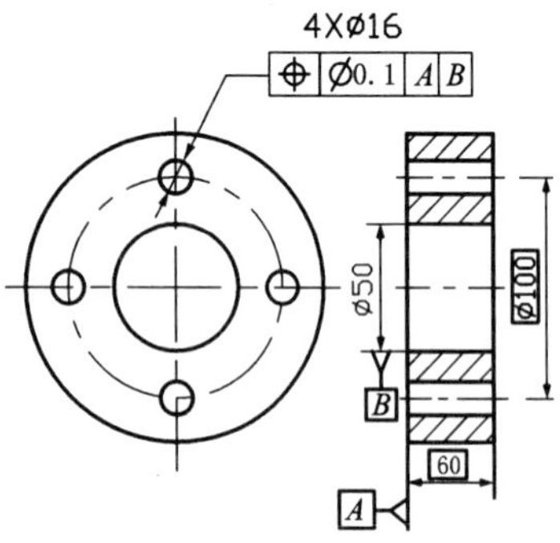 | 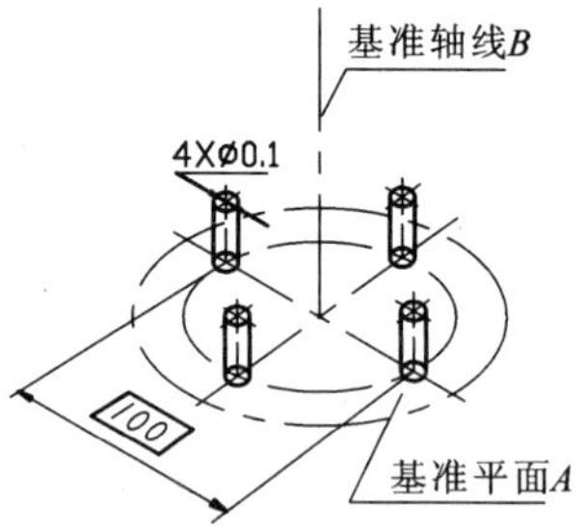 <br>4 个圆周均布的 φ16 孔的轴线相对于端面 A 及 φ50 孔的轴线 B 的位置度公差为 φ0.1 mm。<br>4 个 φ16 孔的轴线必须位于以直径为公差值 φ0.1 的圆柱面内，且该 φ0.1 圆柱应处于与基准面 A 垂直、与 φ50 孔的轴线 B 平行的理想位置。 |

（4）平面或中心平面的位置度公差

此时被测要素为平面，即轮廓平面或中心平面。公差带是距离为公差值 $t$ 且以面的理想位置为中心对称配置的两平行平面之间的区域。面的理想位置是由相对于三基面体系的理论正确尺寸确定的，如表 3 – 20 所示。

**表 3 – 20　平面的位置度公差的标注示例和意义**

| 示　　例 | 公差带及标注意义 |
|---|---|
| 平面的位置度  | 倾斜的平面相对于基准面 $A$ 和基准轴线 $B$ 的位置度公差为 0.05 mm。<br>被测面必须位于距离为公差值 0.05 mm 的两平行平面之间，两平行平面以被测面的理想平面为中心对称配置，理想平面与基准轴线 $B$ 成理论正确角度 105°，与基准面 $A$ 在轴线方向上的距离为理论正确尺寸 15 mm。 |

# 练　习

1. 根据图 3 – 44 填空。

被测 φ _____ 孔的 _____ 相对于 _____ 的基准轴线（第一基准）与 _____ 右端台阶面（第二基准）的 _____ 度公差值为 _____ 。

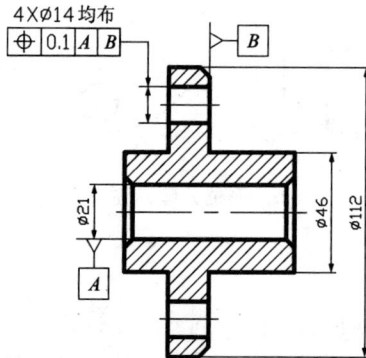

**图 3 – 44　形位公差习题图**

2. 将下列各项形位公差要求标注在图 3 – 45 中。

(1) 端面 $K$ 对 $\phi16H9$ 轴线的垂直度公差值为 0.025 mm；

(2) 端面 $K$ 对端面 $A$ 的平行度公差值为 0.025 mm；

(3) $\phi4H9$ 销孔轴线相对于 $\phi16H9$ 孔的轴线的位置度公差值为 0.1 mm。

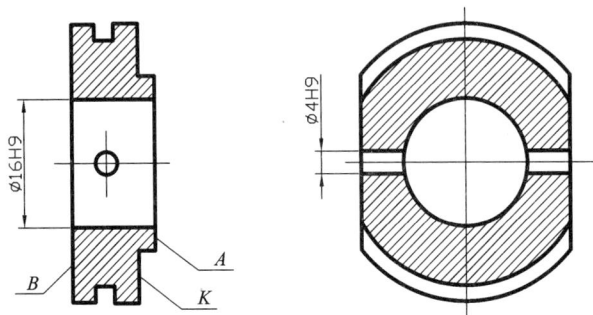

图 3 – 45　形位公差习题图

3. 将下列各项形位公差要求标注在图 3 – 46 所示图样上。

(1) 左端面的平面度公差值为 0.01 mm；

(2) 右端面对左端面的平行度公差值为 0.01 mm；

(3) $\phi70$ mm 孔的轴线对左端面的垂直度公差值为 $\phi0.02$ mm；

(4) $\phi210$ mm 外圆的轴线对 $\phi70$ mm 孔的轴线的同轴度公差值为 $\phi0.03$ mm；

(5) $4 \times \phi20H8$ 孔的轴线对左端面 (第一基准) 及 $\phi70$ mm 孔的轴线 (第二基准) 的位置度公差值为 $\phi0.15$ mm。

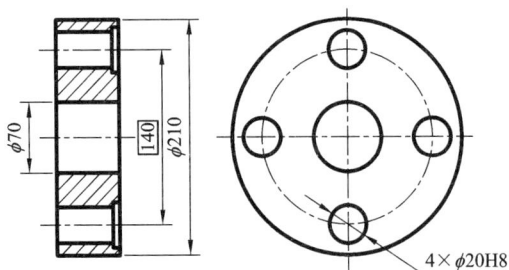

图 3 – 46　形位公差标注的习题图

### 3. 跳动公差

跳动公差是被测表面绕基准轴线旋转一周或若干次旋转时所允许的最大跳动量。

跳动公差按被测要素旋转的情况，分为圆跳动和全跳动两种。

1) 圆跳动公差

圆跳动公差是被测表面绕基准轴线旋转一周时，指示器示值所允许的最大变动量。圆跳动公差适用于被测要素任一不同的测量位置。

　　圆跳动公差根据给定测量方向可分为径向圆跳动、端面圆跳动和斜向圆跳动三种。圆跳动公差的标注示例和意义见表 3 – 21。

表 3 – 21　圆跳动公差的标注示例和意义

| 示　　例 | 公差带及标注意义 |
|---|---|
| 1. 径向圆跳动 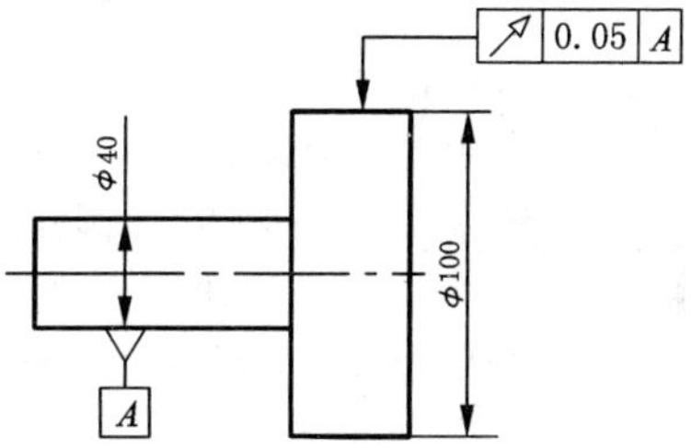<br><br> | 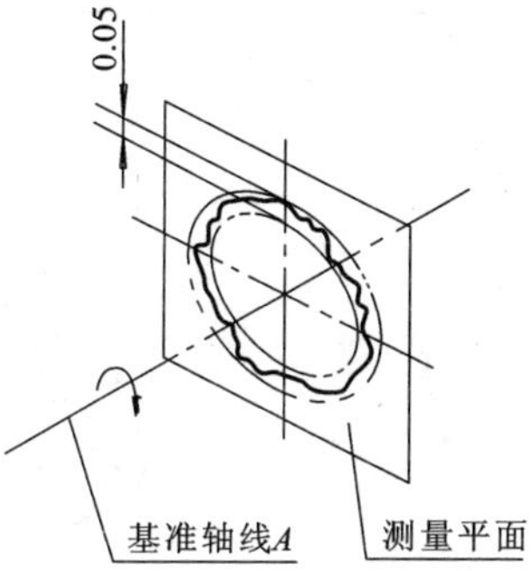 　　$\phi$100 圆柱面相对于基准轴线 $A$ 的径向圆跳动公差为 0.05 mm。<br>　　$\phi$100 圆柱面绕基准轴线 $A$ 回转一周时，在垂直于基准轴线的任一测量平面内的径向跳动控制在半径差为 0.05 mm 且圆心在基准轴线上的两个同心圆之间。 |
| 2. 端面圆跳动 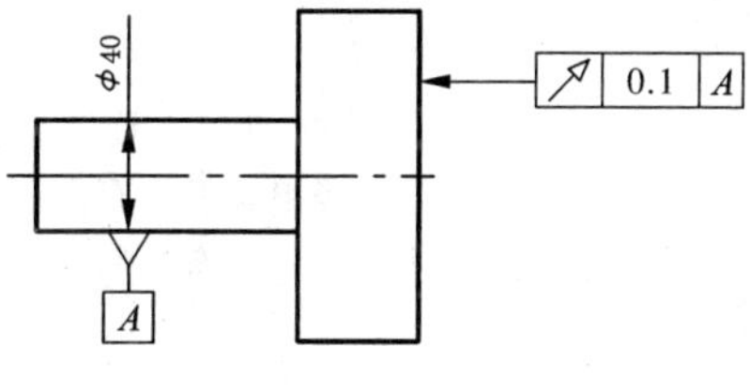<br><br> | 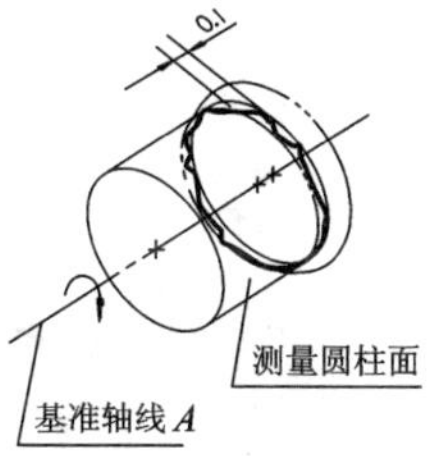 （1）测量方法：<br>　　右端面绕基准轴线回转一周时，在与基准轴线同轴的任一直径位置测量圆柱面上的轴线方向的跳动量。<br>（2）标注意义：<br>　　右端面相对于基准轴线 $A$ 的端面圆跳动公差为 0.1 mm。<br>　　右端面在轴线方向的跳动量被控制在与基准轴线 $A$ 同轴的宽度为 0.1 mm 的圆柱面内。 |
| 3. 斜向圆跳动 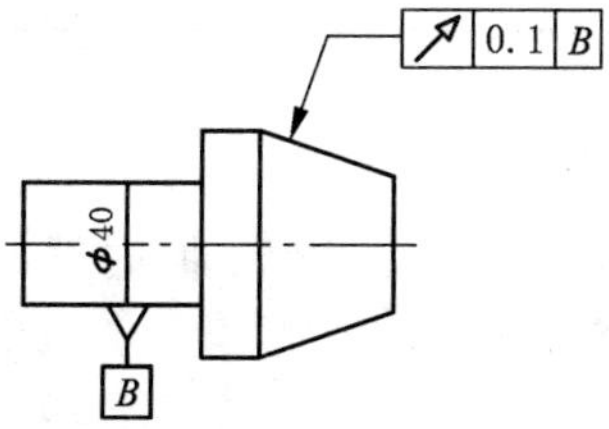<br><br> | 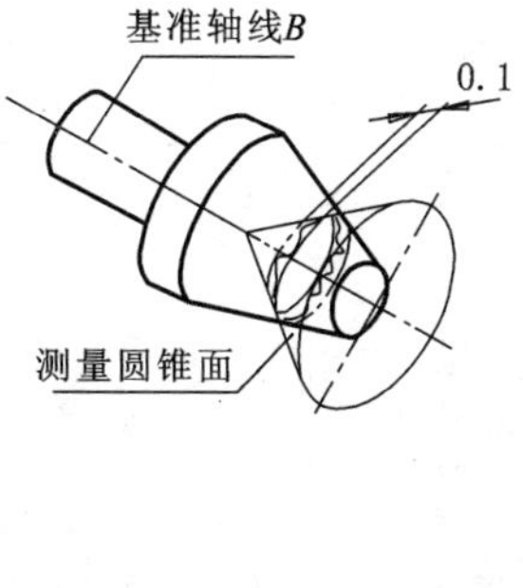 　　圆锥面相对于基准轴线 $B$ 的斜向圆跳动公差为 0.1 mm。<br>　　圆锥面绕基准轴线 $B$ 回转一周时，在与基准轴线同轴的任一测量圆锥面（素线与被测面垂直）上的跳动量被控制在沿素线方向宽度为 0.1 mm 的圆锥面内。（注：测量圆锥面的素线与被测圆锥面垂直。） |

2）全跳动公差

全跳动公差是被测要素绕基准轴线作连续旋转，测量仪器与工件间同时作轴向或径向的相对移动时，指示器示值所允许的最大变动量。

全跳动公差分为径向全跳动和端面全跳动两种。全跳动公差示例和标注意义见表 3 – 22。

表 3 – 22　全跳动公差的标注示例和意义

| 示　　　例 | 公差带及标注意义 |
|---|---|
| 1. 径向全跳动 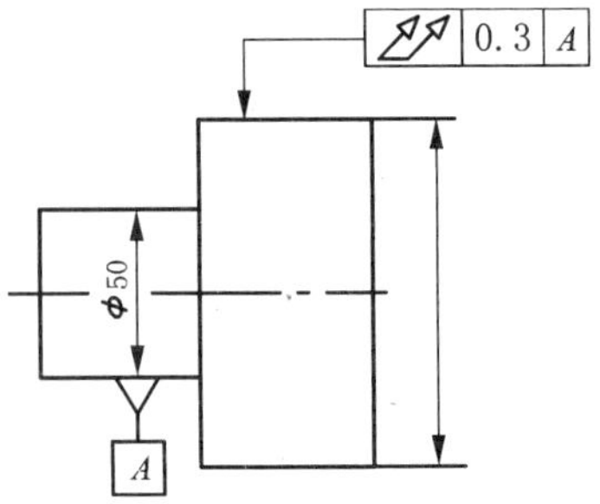<br> | 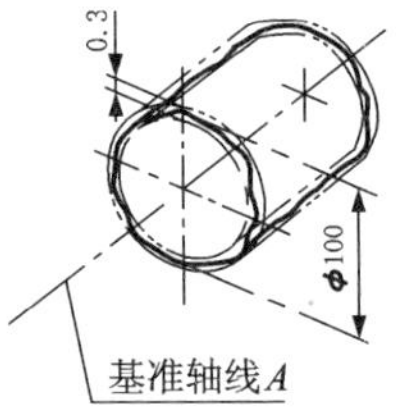 （1）测量方法：<br>$\phi100$ 圆柱面绕基准轴线连续回转，同时指示器相对于圆柱面作轴向移动测量 $\phi100$ 整个圆柱表面的径向跳动量。<br>（2）标注意义：<br>$\phi100$ 圆柱面相对于基准轴线 $A$ 的径向全跳动公差为 0.3 mm。<br>$\phi100$ 整个圆柱表面应控制在半径差为 0.3 mm 且与基准轴线 $A$ 同轴的两圆柱面之间。 |
| 2. 端面全跳动 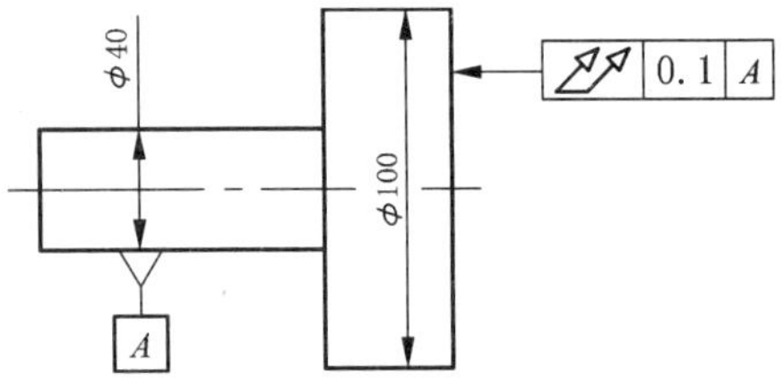<br> | 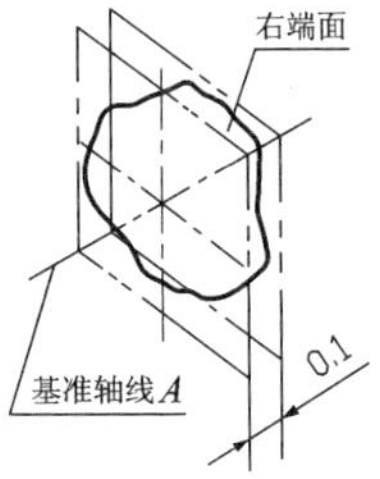 （1）测量方法：<br>右端面绕基准轴线 $A$ 连续回转，同时指示器相对于端面作径向移动，测量整个端面上的轴向跳动量。<br>（2）标注意义：<br>右端面相对于基准轴线 $A$ 的端面全跳动公差为 0.1 mm。<br>右端面被控制在距离为公差值 0.1 mm 且与基准轴线垂直的两平行平面之间。 |

（1）径向全跳动公差

被测表面和测量方向与径向圆跳动相同，不同的是被测要素作连续旋转，同时仪器和工件间沿轴向有相对移动。

（2）端面全跳动公差

被测表面和测量方向与端面圆跳动相同，不同的是被测要素要作连续旋转，同时测量仪器与工件间有径向相对移动。

跳动是一项综合性的误差项目，它综合反映了被测要素的形状误差和位置误差，因而跳动公差可以综合控制被测要素的位置、方向和形状误差。

> **知识要点提示：**
> 　　(1)利用径向圆跳动公差可以控制圆度误差，只要跳动量小于圆度公差值，则能保证圆度误差小于圆度公差。
> 　　(2)端面圆跳动在一定情况下也能反映端面对于基准轴线的垂直度误差。
> 　　(3)径向全跳动公差带与圆柱度公差带形状相同，因而利用径向全跳动公差可以控制圆柱度误差，只要跳动量小于圆柱度公差值，就能保证圆柱度误差小于圆柱度公差。径向全跳动公差还可以控制同轴度误差。
> 　　(4)端面全跳动公差带与平面对轴线的垂直度公差形状相同，因而可以利用端面全跳动公差控制平面对轴线的垂直度误差。

由于跳动公差具有以上所述的综合控制作用，并且检测方法简便易行，因而对轴类零件，在满足功能要求的前提下应优先采用跳动公差。

# 练　习

1. 跳动公差分为 _____ 公差和 _____ 公差两大类。
2. 径向全跳动公差带形状与 _____ 度公差的公差带形状完全相同。
3. 跳动公差可以综合控制被测要素的位置、方向和形状误差。如径向圆跳动公差可控制 _____ 误差，径向全跳动公差可控制 _____ 误差，端面全跳动公差可控制 _____ 对 _____ 的误差。
4. 圆跳动公差与全跳动公差的根本区别在于( 　　　 )。
A. 圆跳动公差可用于圆锥面，而全跳动公差只能用于圆柱面；
B. 圆跳动公差带为平面上的区域，全跳动公差带为空间的区域；
C. 被测要素是否绕基准连续旋转且零件和测量仪器间是否有轴向或径向的相对位移；
D. 圆跳动的公差数值比全跳动的公差数值小。
5. 关于跳动公差的控制功能，下列说法中错误的是( 　　　 )。
A. 径向圆跳动公差可控制圆度误差；
B. 端面圆跳动公差可控制端面对基准轴线的垂直度误差；
C. 径向全跳动公差可控制被测要素的圆柱度误差；
D. 端面全跳动公差可控制端面对基准轴线的垂直度误差。
6. 圆柱度公差带与径向全跳动公差带形状相同，均为两同轴圆柱面之间的区域，因此二者( 　　　 )。
A. 可以相互替换；
B. 不可以相互替换，因为圆柱度无基准要求，属于形状公差，径向全跳动有基准要求，属于位置公差，比圆柱度控制要求高；
C. 不可以相互替换，因为圆柱度有基准要求，属于位置公差，径向全跳动无基准要求，

属于形状公差,比圆柱度控制要求高;

D.不可以相互替换,因为圆柱度无基准要求,属于位置公差,径向全跳动有基准要求,属于形状公差。

7.根据图3-47填空。

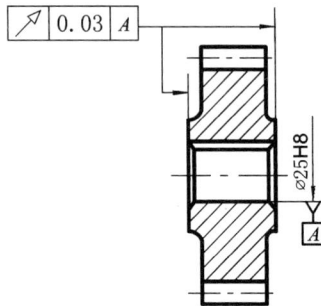

**图3-47　形位公差习题图**

被测齿轮轮毂两_____相对于_____的基准轴线_____的_____公差值为_____。

8.根据图3-48填空。

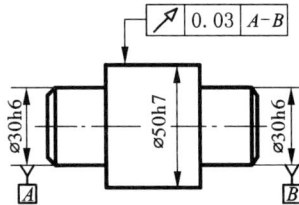

**图3-48　形位公差习题图**

被测_____圆柱面相对于两个_____公共_____轴线_____的_____
____公差值为_____。

9.根据图3-49填空。

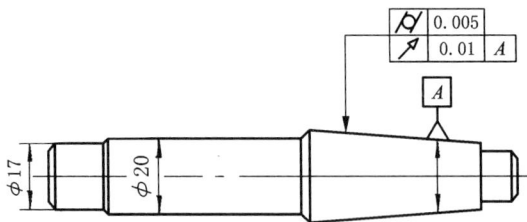

**图3-49　形位公差习题图**

(1)被测圆锥面的_____公差值为_____。

(2)圆锥面对该圆锥轴段的轴线的_____公差值为_____。

10. 根据下列各项几何公差要求，在图 3 – 50 的几何公差框格中填上正确的几何公差项目符号、数值及基准字母。

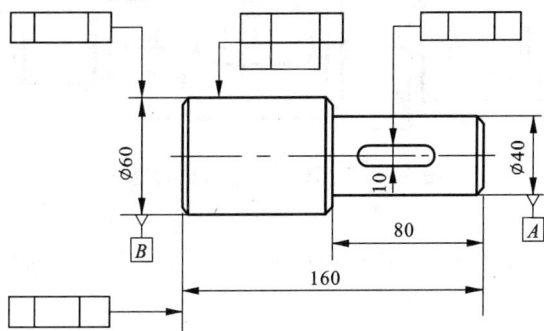

图 3 – 50　形位公差习题图

A. ϕ60 圆柱面的轴线对 ϕ40 圆柱面的轴线的同轴度为 ϕ0.05 mm，且如有同轴度误差，则只允许从右向左逐渐减小。

B. ϕ60 圆柱面的圆度为 0.03 mm，ϕ60 圆柱面对 ϕ40 圆柱面的轴线的径向全跳动为 0.06 mm。

C. 键槽两工作平面的中心平面对通过 ϕ40 轴线的中心平面的对称度为 0.04 mm。

D. 零件的左端面对 ϕ60 圆柱轴线的垂直度为 0.05 mm，且如有垂直度误差，则只允许中间向材料内凹下。

11. 将下列各项几何公差要求标注在图 3 – 51 所示的图样上。

（1）ϕ100h8 圆柱面对 ϕ40H7 孔的轴线的径向圆跳动为 0.018 mm。

（2）左、右两凸台端面对 ϕ40H7 孔轴线的圆跳动为 0.012 mm。

（3）轮毂键槽中心平面对过 ϕ40H7 孔轴线的中心平面的对称度公差为 0.02 mm。

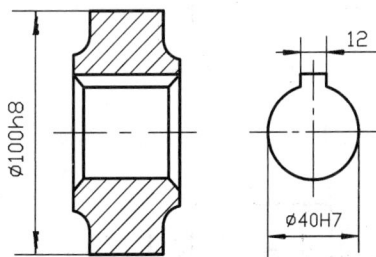

图 3 – 51　形位公差习题图

12. 将下列用文字说明的形状和位置公差标注在图 3 – 52 中。

（1）ϕ25k6 的轴线对 ϕ20k6 和 ϕ15k6 公共轴线的同轴度公差为 0.025 mm；

（2）A 面对 ϕ25k6 轴线垂直度公差为 0.05 mm；

（3）B 面对 ϕ20k6 轴线的端面圆跳动公差为 0.05 mm；

（4）键槽对 ϕ25k6 轴线的对称度公差为 0.01 mm。

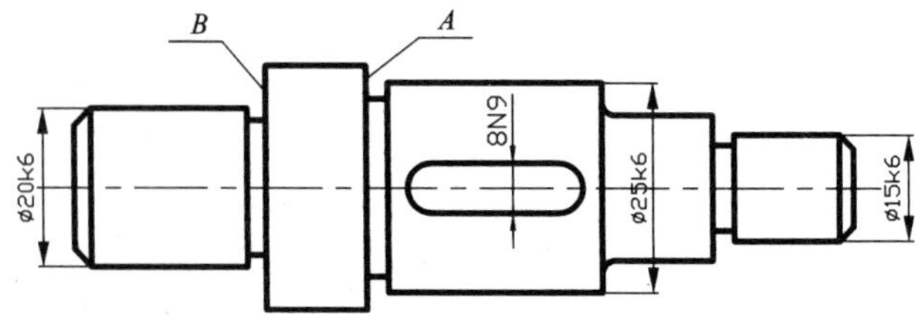

**图 3-52　形位公差标注的习题图**

13. 在下图 3-53(a)、(b)中的错误标注上打"×",并进行正确标注。(注:不得改变公差项目及被测要素)

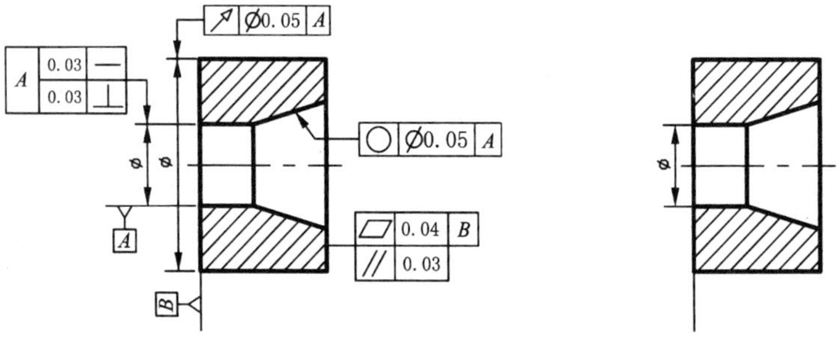

(a)

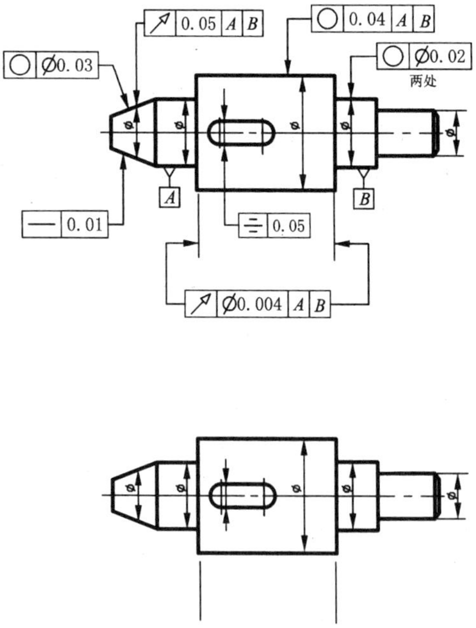

(b)

**图 3-53　形位公差标注的习题图**

# 3.4　形位误差的检测

## 3.4.1　形状误差的检测

形状误差是指被测实际要素的形状对其理想要素的变动量。

**1. 直线度误差的检测**

直线度误差的检测仪器有刀口尺、水平仪、自准直仪等。

1）用刀口形直尺检测

对较短的被测直线，可用刀口形直尺检测，对于较长的被测直线，可用光轴、拉紧的优质钢丝等作标准件。

用刀口形直尺检测短小工件时，将刀口尺刃口放在被测工件表面上（见图 3 - 54），刀口形直尺与实际线贴紧时，便符合最小条件。此时刀口形直尺与实际线之间所产生的最大间隙，就是被测实际线的直线度误差。

（1）当间隙较大时，可用塞尺直接测出最大间隙值，即被测件的直线度误差。

（2）当间隙较小时，可按标准光隙估计其间隙大小。标准光隙由刀口形直尺、量块和平面平晶（平板）组合而成，如图 3 - 55 所示，将刀口形直尺放在两块 1.005 mm 的量块上，中间分别放进 1.004 mm、1.003 mm、1.002 mm 等小数量块，从而形成 1 μm、2 μm、3 μm 等不同光隙。将被测工件所看到的光隙与标准光隙相比较，判断出直线度误差的具体数值，光隙较小时，将呈现不同的颜色，根据颜色可判断光隙大小的数值。一般当光隙大于 2.53 μm 时呈白光，光隙为 1.25 ~ 1.75 μm 时呈蓝光，光隙小于 0.5 μm 时不透光。

图 3 - 54　用刀口形直尺测量
表面轮廓线的直线度误差

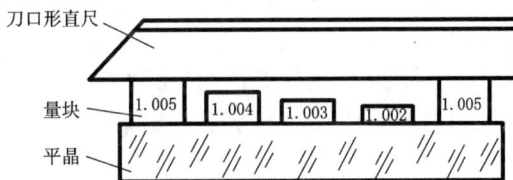

图 3 - 55　标准光隙

2）用水平仪、自准直仪检测

对精度要求较高而待测直线尺寸又较长的工件，常用水平仪、合像水平仪、自准直仪和电子水平仪等进行分段测量。

给定平面内的直线度误差是指被测实际直线对其理想直线的变动量。常用的测量直线度误差的方法是按最小区域法评定，按最小区域法是以符合最小条件的理想直线作为评定基准来评定直线度误差。但由于理想直线的位置在测量前无法确定，要根据被测直线的实际形状按最小区域判别法来确定，因此一般情况下测量基准和评定基准不一致，测得的读数值要进行数据处理。

下面以计算法为例进行说明。

**例**：机床导轨长 1600 mm，全长直线度误差允许≤0.02 mm，用精度为 0.02/1000 的框式水平仪测量导轨在铅垂平面内直线度误差，水平仪使用的桥板的跨距为 200 mm，分 8 段测量在垂直平面内的直线度误差，测量结果如下：

$$+1、+1、+2、0、-1、-1、0、-0.5$$

（1）作出直线度误差曲线图。

（2）计算直线度线性误差值。

（3）判断该直线度误差是否合格。

**分析**：图 3-56 所示为用水平仪测量导轨在给定平面内的直线度误差的情况。将桥板置于被测导轨面上，沿测量长度方向按 8 段布点一次移动，并使前一次测量的板桥的末点与后一次测量的板桥的始点重合，即使后一点读数是相对于前一点读数的相对测量值。

测量时，从水平仪中读到的是气泡移动的格数，按下式将其换算为桥板两端的高度差，即

$$高度差 = 水平仪的精度值 × 桥板长度 × 气泡移动格数$$

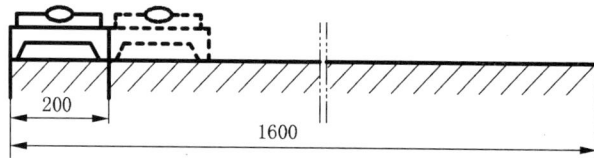

**图 3-56 用水平仪测量直线度误差示例**

一般规定，气泡向右移动读数为正，即桥板左低右高；气泡向左移动读数为负，即桥板左高右低。

各测量段中水平仪的读数（格数）、换算后的相对高度值（即桥板两端高度差）及累积高度值（即各点相对第一点的高度）如表 3-23 所示。

**表 3-23 直线度误差测量数据**

| 测点序号 | 0 | 1 | 2 | 3 | 4 | 5 | 6 | 7 | 8 |
|---|---|---|---|---|---|---|---|---|---|
| 水平仪读数/格（气泡相对移动格数） | 0 | +1 | +1 | +2 | 0 | -1 | -1 | 0 | -0.5 |
| 气泡累积移动格数 | 0 | +1 | +2 | +4 | 0 | +3 | +2 | 0 | +1.5 |
| 相对高度/μm | 0 | +4 | +4 | +8 | 0 | -4 | -4 | 0 | -2 |
| 累积高度/μm | 0 | +4 | +8 | +16 | +16 | +12 | +8 | +8 | +6 |

根据以上数据在直角坐标系上作出误差曲线图，横坐标是被测长度，按缩小的比例进行分段；纵坐标表示被测直线上各点的高度值，采用放大的比例。该例题的解题过程见表 3-24。

表 3 - 24　直线度误差例题解题步骤

| 例　　图 | 解题步骤 |
|---|---|
| 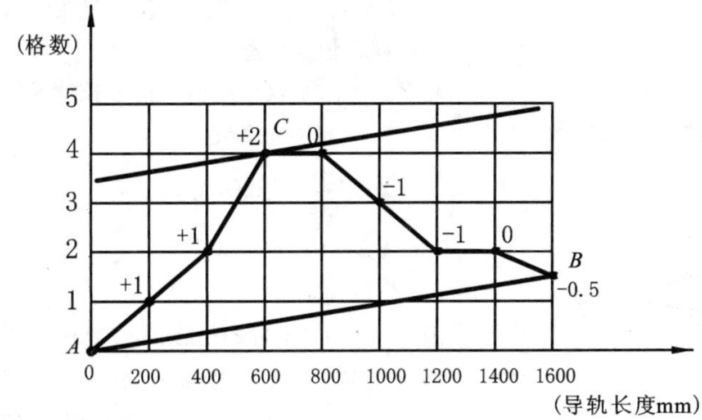 | （1）按水平仪的测量结果作出直线度误差曲线图。 |
| 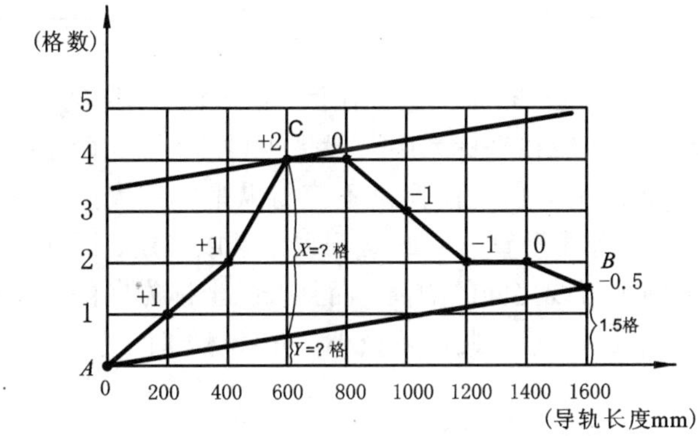 | （2）用直线连接首末 $A$、$B$ 两点，再通过 $C$ 点作直线平行于直线 $AB$。<br>（分析：从图中可以看出，$A$ 点和 $B$ 点为该误差曲线的两个低点，$C$ 点为一个高点，且 $C$ 点在 $A$，$B$ 点中间，符合相间准则。过 $A$，$B$ 两点作一直线，过 $C$ 点作 $AB$ 线的平行线，则此两平行线间的区域为最小区域。） |
| 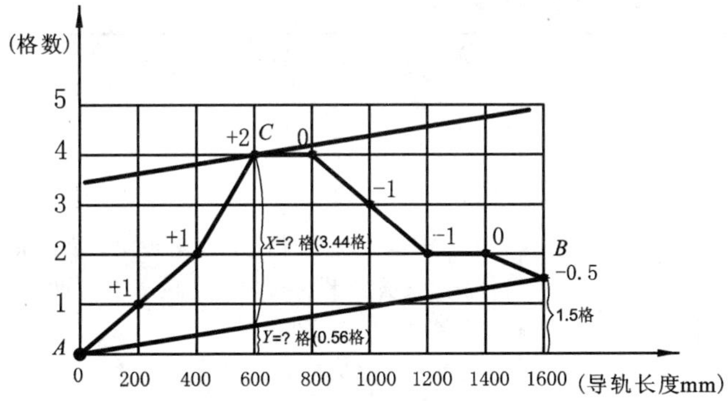 | （3）根据相似三角形原理，先计算 $Y$ 的格数。<br><br>$$\frac{Y}{1.5} = \frac{600}{1600}$$<br>$$Y = 0.56（格）$$ |
| 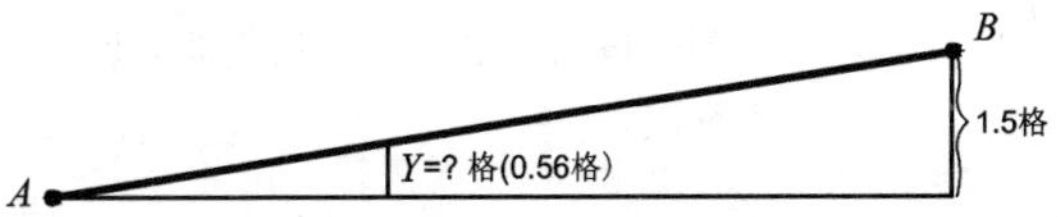 | （4）再计算两平行直线之间的格数，即 $X$ 的格数。<br>$$X = 4 - 0.56 = 3.44（格）$$ |

续表 3 – 24

| 例　图 | 解题步骤 |
|---|---|
| 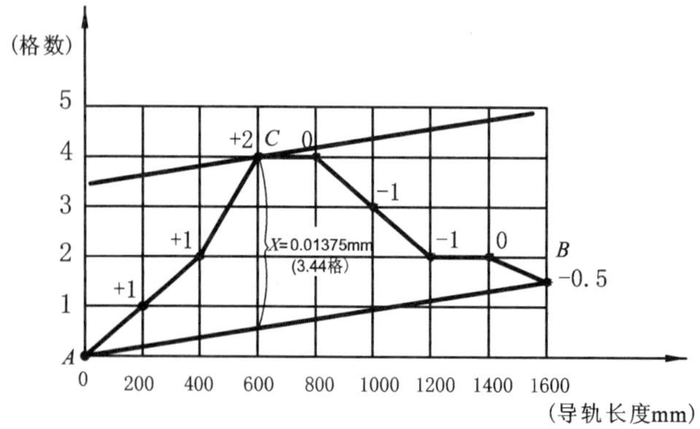 | （5）然后将 $X$ 的格数换算成该曲线的直线度误差值，套公式：<br>高度差 = 水平仪精度值×桥板长度×气泡移动格数<br>$$X = \frac{0.02}{1000} \times 200 \times 3.44$$<br>$$X = 0.01375 \text{ mm}$$<br>（6）分析判断。<br>因为 0.01375 mm ＜ 0.02 mm，直线度误差值在直线度公差之内，且导轨的线形呈中凸形式，所以该直线度误差值合格。 |

必须指出，在绘直线度误差曲线图时，由于纵坐标采用放大比例，横坐标采用缩小比例，两者比例相差很多倍，由两平行线形成的包容区域在坐标系中一般是倾斜的，因而两平行线之间的距离方向相对坐标系也是倾斜的。此倾斜方向上的比例不仅与纵坐标放大的比例有关，而且与横坐标缩小的比例有关，使得两平行线垂直方向的比例大小难以确定，因而在直线度误差曲线图中规定沿纵坐标方向量取两平行线之间的距离，而且按纵坐标方向的比例确定直线度误差值。虽然这种方法会产生一定的误差，但此误差极小，可忽略不计。

**2. 平面度误差的检测**

用指示表测量平面度误差的例图及操作步骤见表 3 – 25。

表 3 – 25　平面度误差的检测

| 示　例 | 操作步骤 |
|---|---|
| | （1）测量时将工件支承在平板上，借助指示表调整被测平面对角线上的 $a$ 与 $c$ 两点，使之等高。<br>（2）再调整另一对角线上的 $b$ 与 $d$ 两点，使之等高。<br>（3）然后移动指示表测量平面上各点，指示表的最大与最小读数之差即为该平面的平面度误差。 |

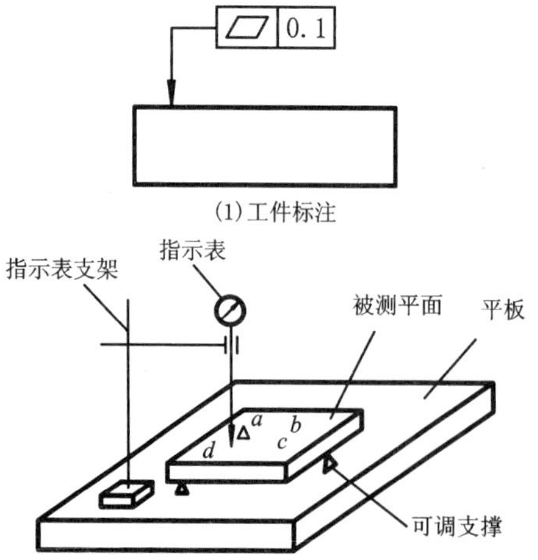

### 3. 圆度误差的检测

检测外圆表面的圆度误差时，可用千分尺测出同一正截面的最大直径差，此差值的一半即为该截面的圆度误差。测量若干个正截面，取其中最大的误差值作为该外圆表面的圆度误差。

用指示表测量圆锥面圆度误差的例图及操作步骤见表 3 – 26。

表 3 – 26　圆锥面圆度误差的检测

| 示　例 | 操作步骤 |
| --- | --- |
| 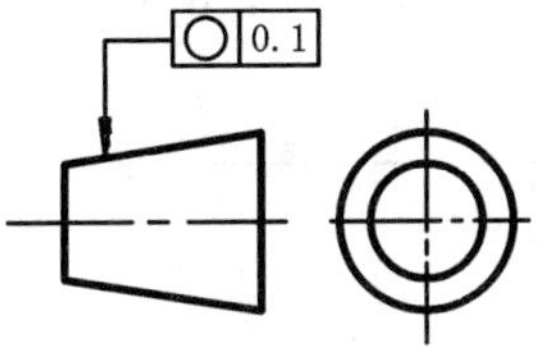 (1)工件标注 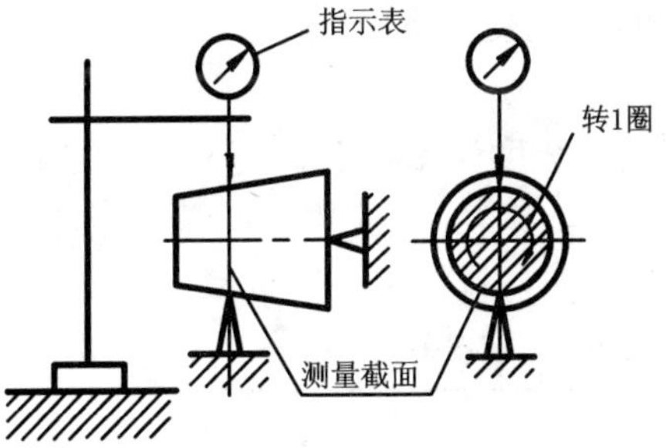<br><br>(2)圆度测量 | (1)测量时应使圆锥面的轴线垂直于测量截面，同时固定轴向位置。<br>(2)在工件回转一周过程中，指示表读数的最大差值的一半即为该截面的圆度误差。<br>(3)按上述方法测量若干截面，取其中最大的误差值作为该圆锥面的圆度误差。 |

### 4. 圆柱度误差的检测

圆柱度误差的检测可以用两点法或用三点法测量，测量示例图及操作步骤见表 3 – 27 所示。

表 3 – 27　圆柱度误差的检测

| 示　例 | 操作步骤 |
| --- | --- |
| 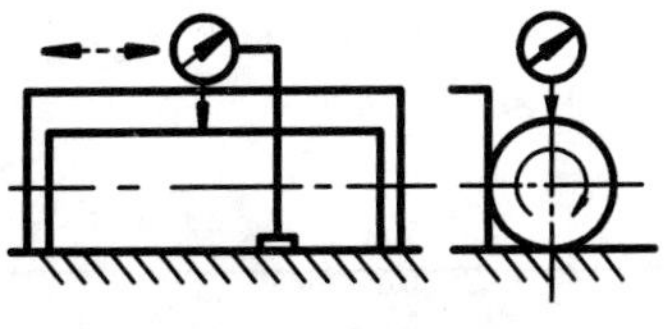 (1)两点法测量圆柱度误差 | (1)测量时，将工件放在平板上并贴紧直角座。<br>(2)在工件回转一周过程中，测出一个正截面上的最大与最小读数。<br>(3)按上述方法，连续测量若干正截面，取各截面内所测得的所有读数最大与最小读数的差值的一半作为该圆柱面的圆柱度误差。 |

续表 3 - 27

| 示 例 | 操 作 步 骤 |
|---|---|
| 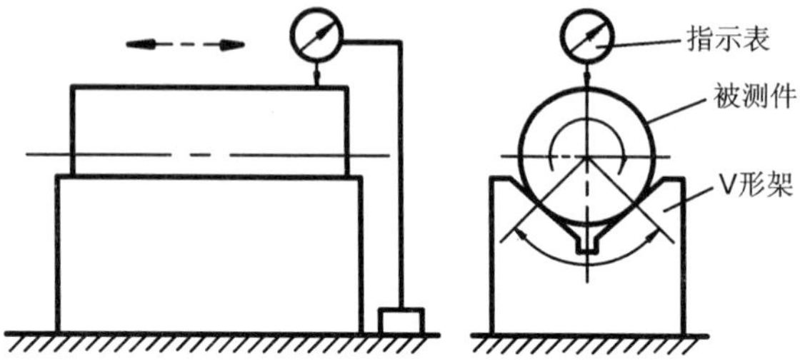 <br>(2)三点法测量圆柱度误差 | (1)测量时,将工件放在平板上的 V 形架内(V 形架的长度大于被测圆柱面长度)。<br>(2)在工件回转一周过程中,测出一个正截面上的最大与最小读数。<br>(3)按上述方法,连续测量若干正截面,取各截面内所测得的所有读数最大与最小读数的差值的一半,作为该圆柱面的圆柱度误差。 |

### 3.4.2 位置误差的检测

形状误差是指被测实际要素的形状对其理想要素的变动量。

**1. 平行度误差的检测**

用水平仪可以测量面对面、面对线和线对线的平行度误差。表 3 - 28 所示为测量阶梯平行导轨上表面对基准平面 A 的平行度误差。

表 3 - 28　用水平仪检测平行度误差

| 示 例 | 操 作 步 骤 |
|---|---|
| 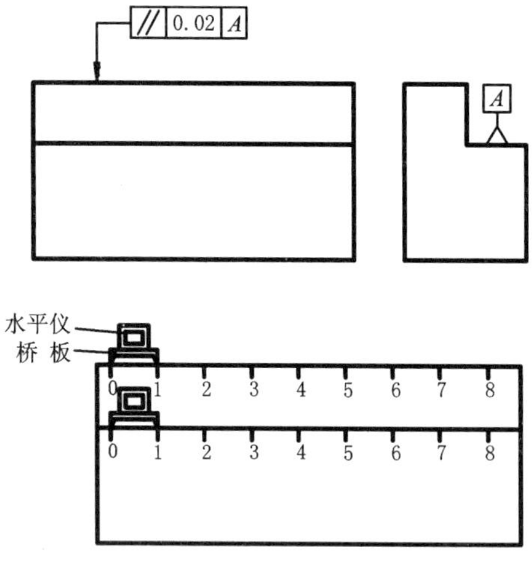 | (1)测量时,如同测量直线度误差那样,用水平仪按步距法分别沿基准实际平面和被测实际平面的全长进行测量,并记录每步的水平仪读数。<br>(2)根据测得基准实际平面各测点的示值和相应示值的累加值,按最小条件确定基准直线。<br>(3)再根据测得被测实际平面各测点的示值和相应示值的累加值,求出高极点和低极点至基准直线的距离,两者之差即为平行度误差值。 |

也可以用百分表检测平行度误差,表 3 - 29 所示为测量某工件孔的轴线对底平面的平行度误差。

表 3 – 29  用百分表检测平行度误差

| 示　　例 | 操　作　步　骤 |
|---|---|
| 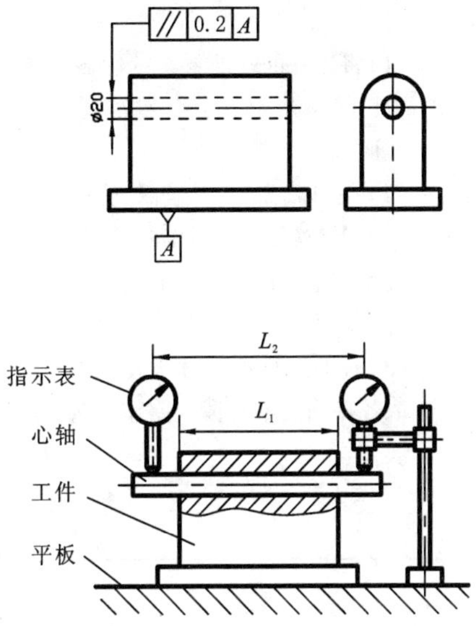 | (1)测量时,将工件直接放置在平板上,被测孔的轴线由心轴模拟。<br><br>(2)在测量距离为 $L_2$ 的两个位置上测得的读数分别为 $M_1$ 和 $M_2$。则平行度误差为 $L_2/L_1|M_1 - M_2|$。其中 $L_1$ 为被测孔轴线的长度。 |

## 2. 垂直度误差的检测

用精密直角尺检测面对面的垂直度误差见表 3 – 30 所示。

表 3 – 30　面对面垂直度误差的检测

| 示　　例 | 操　作　步　骤 |
|---|---|
| 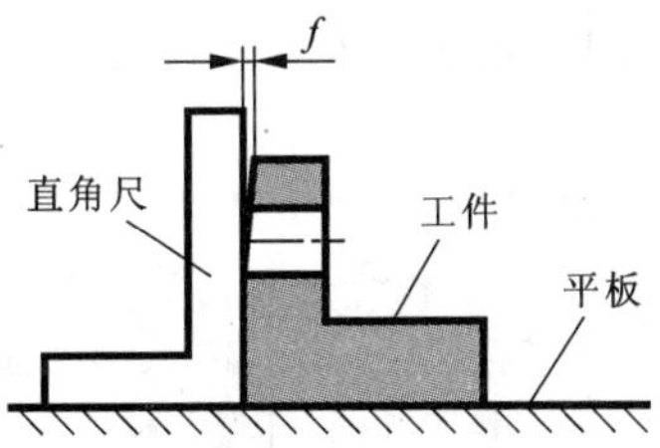 <br>面对面垂直度误差的检测 | (1)检测时将工件放置在平板上,精密直角尺的短边置于平板上,长边靠在被测平面上。<br><br>(2)用塞尺测量直角尺长边与被测平面之间的最大间隙 $f$。<br><br>(3)移动直角尺,在不同位置上重复上述测量,取测得的 $f$ 的最大值 $f_{max}$ 作为该平面的垂直度误差。 |

## 3. 同轴度误差的检测

同轴度误差的检测操作步骤见表 3 – 31 所示。

表 3 – 31　同轴度误差的检测

| 示　例 | 操　作　步　骤 |
| --- | --- |
| 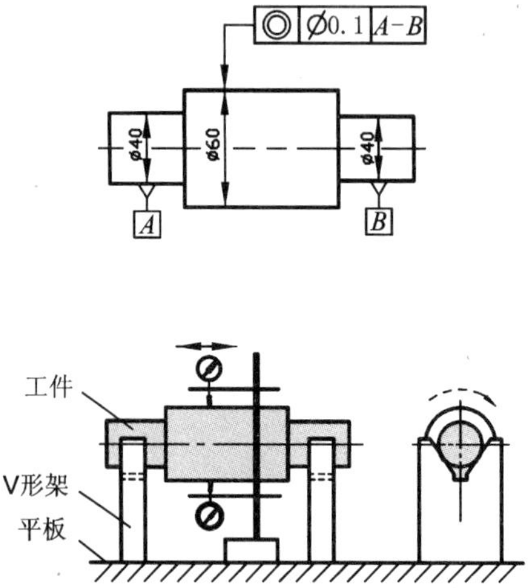 | (1)将工件的基准要素的中截面置于等高的刃口状 V 形架上,将两指示表分别在铅垂轴截面调零。<br>(2)在中截面内,沿轴线方向移动指示表,在若干位置上进行测量,取其中两指示表对应点的最大读数差值的绝对值作为该截面上的同轴度误差。<br>(3)转动工件按上述方法测量若干个位置,取各截面的最大读数差作为该测件的同轴度误差。 |

### 4. 对称度误差的检测

表 3 – 32 所示为测量 $\phi20$ 轴上键槽中心平面对 $\phi20$ 轴线的对称度误差,测量步骤见表内叙述。

表 3 – 32　对称度误差的检测

| 示　例 | 操　作　步　骤 |
| --- | --- |
| 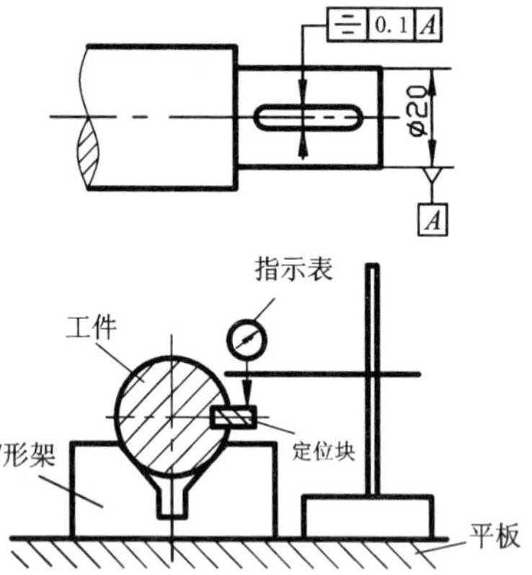 | (1)基准轴线由 V 形架模拟,键槽中心平面由定位块模拟。<br>(2)测量时用指示表调整工件,使定位块沿径向与平板平行并读数,然后将工件旋转 $180°$ 后重复上述测量,取两次读数的差值作为该测量截面的对称度误差。<br>(3)按上述方法测量若干个轴截面,取其中最大的误差值作为该工件的对称度误差。 |

### 5. 跳动误差的检测

跳动误差检测仅用于被测件上的回转表面和回转端面,如圆柱面、圆锥面、回转曲面和回转轴线垂直的端面等。测量跳动所用的设备比较简单,可在一些通用检测仪器上测量,操作简便，测量效率高，还可在一定条件下替代其他一些难测的形位公差项目，如圆度、圆柱度、同轴度等，故在生产中被广泛应用。

（1）径向圆跳动误差的检测

表 3-33 所示为测量某台阶轴 $\phi d$ 圆柱面对两端中心孔轴线组成的公共轴线的径向圆跳动误差。

表 3-33　径向圆跳动误差的检测

| 示　　例 | 操　作　步　骤 |
|---|---|
| 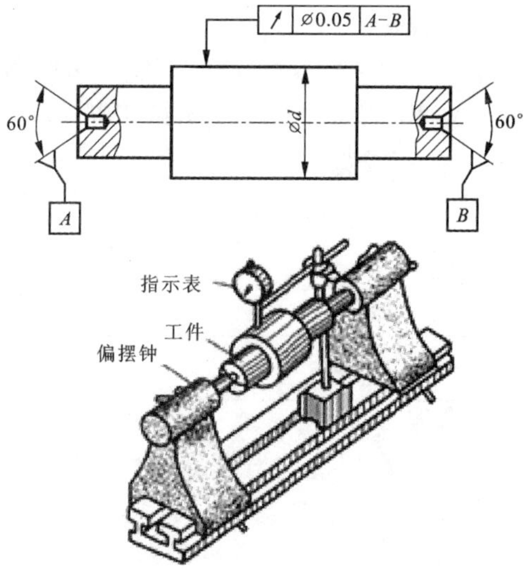 <br>径向圆跳动误差的检测 | （1）测量时工件安装在两同轴顶尖之间，在工件回转一周过程中，指示表读数的最大差值即为该测量截面的径向圆跳动误差。<br>（2）按上述方法测量若干正截面，取各截面测得的跳动量的最大值作为该工件的径向圆跳动误差。 |

**知识要点提示：**

径向圆跳动与同轴度、圆度的关系：

（1）径向圆跳动综合反映了同轴度误差和同一断面的同一形状误差，如圆度。可以说径向圆跳动等于同轴度加圆度。

（2）由于径向圆跳动测量方法简便，在车间常用径向圆跳动的检测方法来检测同轴度。

（3）同轴度是轴线之间的位置关系，跳动是同一横截面内被测表面上各点到基准轴线间距离的最大变动量。

（2）端面圆跳动误差的检测

表 3-34 所示为测量某工件端面对 $\phi 20$ 外圆轴线的端面圆跳动误差。

表 3－34　端面圆跳动误差的检测

| 示　例 | 操　作　步　骤 |
| --- | --- |
| 　端面圆跳动误差的检测 | （1）测量时将工件支承在 V 形架上，并轴向固定。<br>（2）在工件回转一周过程中，指示表读数的最大差值即为该测量圆柱面上的轴向圆跳动误差。<br>（3）将指示表沿被测端面径向移动，按上述方法测量若干个位置的端面圆跳动，取其中的最大值作为该工件的端面圆跳动误差。 |

**知识要点提示：**

　　端面圆跳动与垂直度的关系：

　　（1）不能用检测端面圆跳动的方法来替代垂直度检测。因为端面圆跳动反映被测端面在某一直径圆周上的形状、位置误差，垂直度则反映整个被测端面的形状和位置误差。

　　（2）端面圆跳动为零，垂直度误差却不一定为零；若垂直度误差为零，则端面圆跳动必为零（见图 3－57）。

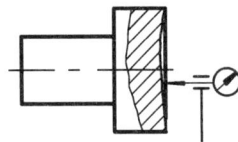

图 3－57　端面圆跳动为零，垂直度不为零

（3）斜向圆跳动误差的检测

表 3－35 所示为测量某工件圆锥面对 $\phi d$ 外圆轴线的斜向圆跳动误差。

**表 3 - 35　斜向圆跳动误差的检测**

| 示　　例 | 操　作　步　骤 |
|---|---|
| 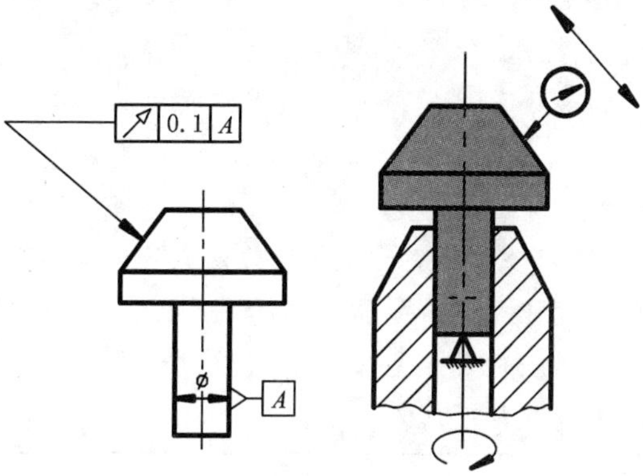 斜向圆跳动误差的检测 | （1）测量时将被测工件固定在导向套筒内，并轴向固定。<br>（2）指示表测头的测量方向要垂直于被测圆锥面。<br>（3）在工件回转一周过程中，指示表读数的最大差值即为该测量圆锥面上的斜向圆跳动误差。<br>（4）将指示表沿被测圆锥面素线移动，按上述方法测量若干个位置的斜向圆跳动，取其中的最大值作为该圆锥面的斜向圆跳动误差。 |

（4）径向全跳动误差的检测

径向全跳动误差检测的操作步骤见表 3 - 36 所示。

**表 3 - 36　径向全跳动误差的检测**

| 示　　例 | 操　作　步　骤 |
|---|---|
| 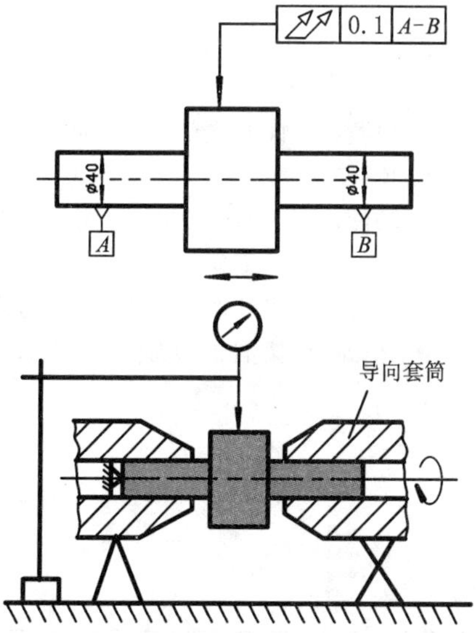 径向全跳动误差的检测 | （1）将被测零件固定在两同轴导向套筒内，同时在轴向固定零件，调整两套筒，使其公共轴线与平板平行。<br>（2）使被测零件连续回转，同时使指示表沿基准轴线的方向作直线运动。<br>（3）在整个测量过程中，指示表读数的最大差值即为该零件的径向全跳动误差。 |

**知识要点提示：**

径向全跳动公差与圆柱度公差的相同点及区别：

（1）两者公差带形状相同，都是两同轴圆柱面。圆柱度公差带的轴线应符合最小条件，此轴线随实际被测表面的误差特征而变化，而径向全跳动公差带的轴线是与基准轴线同轴的，当回转轴线与圆柱度误差的定位的最小区域的轴线重合时，该被测要素的径向全跳动误差等于圆柱度误差。

对同一被测要素，一般径向全跳动误差大于圆柱度误差。

（2）由于径向全跳动测量方便，在车间常用测径向全跳动误差的方法来检测圆柱度误差，测出的全跳动误差只要不大于图样上给定的圆柱度公差，即能满足圆柱度公差要求。

但圆柱面的径向全跳动的概念不同，不能用全跳动误差来代替圆柱度误差。从某种意义上可以说径向全跳动误差等于圆柱度误差加同轴度误差。

（5）端面全跳动误差的检测

表 3-37 所示为测量某工件端面对 φ20 外圆轴线的端面全跳动误差。

**表 3-37 端面全跳动误差的检测**

| 示　例 | 操　作　步　骤 |
|---|---|
| 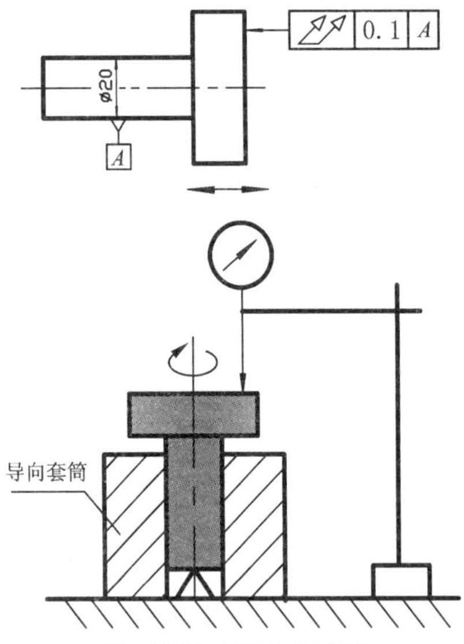 端面全跳动误差的检测 | （1）测量时将工件支承在导向套筒内，并轴向固定。<br>（2）使被测工件连续回转，同时使指示表沿被测端面径向移动。<br>（3）在整个测量过程中，指示表读数的最大差值即为该零件的端面全跳动误差。 |

端面全跳动的公差带与平面及轴线的垂直度公差带相同，都是两平行平面，因此，可以用测量端面全跳动误差的方法来测得平面对轴线的垂直度误差。

# 练　习

1. 机床导轨长 1600 mm，全长直线度误差允许≤0.02 mm，用精度为 0.02/1000 的水平仪，分 8 段测量在垂直平面内的直线度误差，测量结果如下：

+2、+1、+2、0、-1、+1、0、-1

(1) 作出直线度误差曲线图。

(2) 计算直线度线性误差值。

(3) 判断该直线度误差是否合格。

2. 读图 3-58，完成表 3-38 曲轴形位公差的解释。

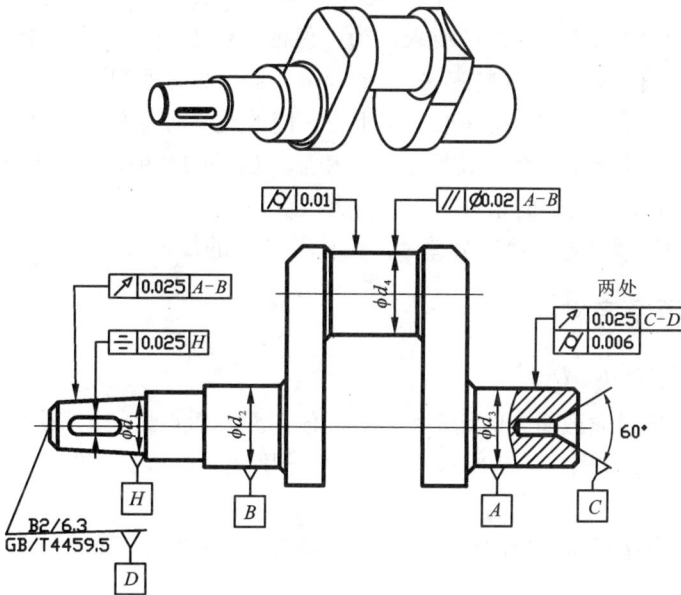

图 3-58　形位公差习题图

表 3-38　曲轴的形位公差的含义

| 代　号 | 解　　释 |
|---|---|
| 两处<br>◯ 0.025 $C-D$<br>◯ 0.006 | 两轴的两个支承轴颈 $\phi d_2$ 和 $\phi d_3$ 外圆有两项形位公差要求：<br>(1) 被测____和____两圆柱面的____度公差值为_____。<br>(2) 被测____和____两圆柱面对两端中心孔的_____（$C-D$）的径向圆跳动公差值为_____。 |
| // ⌀0.02 $A-B$ | 被测____的轴线对两支承轴颈____和____的公共轴线（$A-B$）的____度公差值为_____。 |
| ◯ 0.01 | 被测____圆柱面的____度公差值为_____。 |

续表 3 – 38

| 代　号 | 解　　释 |
|--------|---------|
| ⌀ 0.025 A–B | 被测_____对两支承轴颈____和____的公共基准轴线($A－B$)的斜向圆跳动公差值为_____。 |
| ≡ 0.025 H | 被测键槽的_____对_____轴线的_____度公差值为_____。 |

## 3.5　公差原则

机械零件上的几何要素,特别是对零件的使用功能有直接关系的几何要素往往既有尺寸公差的要求,又有形状和位置公差的要求。为了保证零件的使用功能要求,需要将几何要素的尺寸误差和形状、位置误差控制在其公差范围内。形位公差和尺寸公差是控制零件几何参数精度的两类不同性质的公差,在一般情况下,它们彼此是独立的,应该分别满足。但是零件上被测要素的实际状态是综合了其尺寸误差和形位误差的结果,因而尺寸公差和形位公差之间又有一定的关系,在一定的条件下,它们能相互补偿。

所谓"公差原则"就是处理尺寸公差和形位公差关系的规定。

### 3.5.1　有关术语及定义

#### 1. 局部实际尺寸($d_a$、$D_a$)

一个孔或轴的任意横截面中的任一距离,即任何两相对点之间测得的尺寸称为局部实际尺寸,简称实际尺寸,如图 3 – 59 所示。$d_a$ 和 $D_a$ 分别表示外表面(轴)、内表面(孔)的实际尺寸。

显然,同一要素在不同部位测量,测得的局部实际尺寸是不同的。

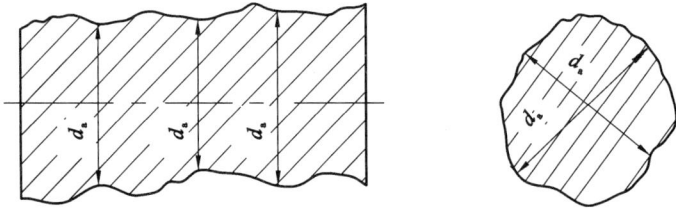

图 3 – 59　轴的局部实际尺寸

#### 2. 作用尺寸

(1)体外作用尺寸($d_{fe}$、$D_{fe}$)

轴的体外作用尺寸是指在被测要素的给定长度上,与实际外表面(轴)体外相接的最小理想面的直径或宽度。外表面(轴)的体外作用尺寸用 $d_{fe}$ 表示,如图 3 – 60 所示。

孔的体外作用尺寸是指在被测要素的给定长度上,与实际内表面(孔)体外相接的最大理想面的直径或宽度。内表面(孔)的体外作用尺寸用 $D_{fe}$ 表示,如图 3 – 61 所示。

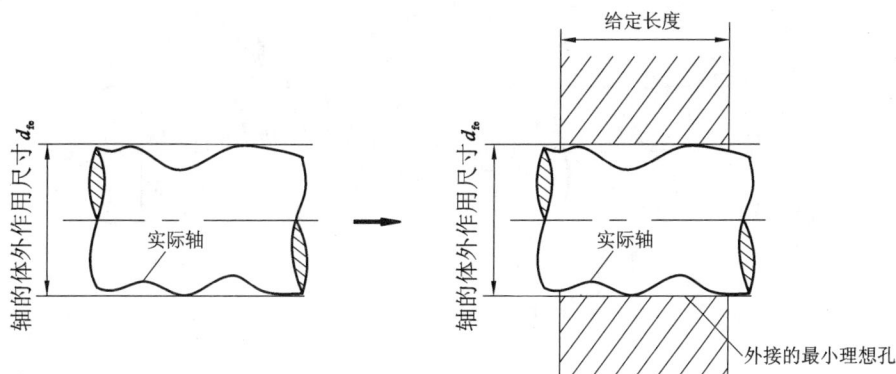

图 3 - 60 轴的体外作用尺寸

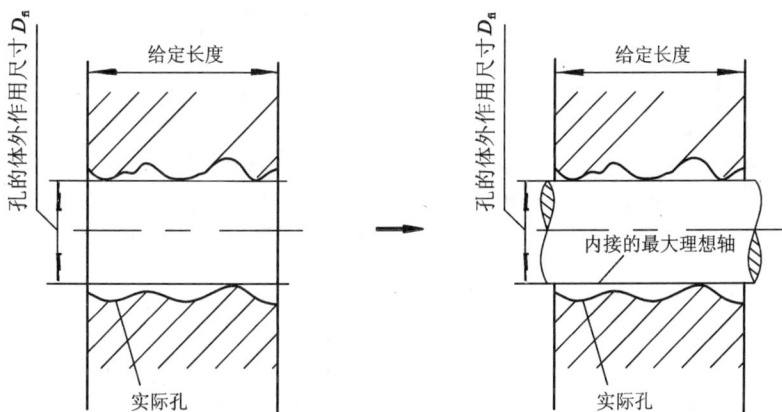

图 3 - 61 孔的体外作用尺寸

---

**知识要点提示：**

　　体外作用尺寸是表示该尺寸的理想面处于零件的实体之外。因此，轴和孔的体外作用尺寸具有如下特点：

　　(1)轴的体外作用尺寸大于或等于轴的实际尺寸。

　　(2)孔的体外作用尺寸小于或等于孔的实际尺寸。

---

　　(2)体内作用尺寸($d_{fi}$、$D_{fi}$)

　　轴的体内作用尺寸是指在被测要素的给定长度上，与实际外表面(轴)体内相接的最大理想面的直径或宽度。外表面(轴)的体内作用尺寸用 $d_{fi}$ 表示，如图 3 - 62 所示。

　　孔的体内作用尺寸是指在被测要素的给定长度上，与实际内表面(孔)体内相接的最小理想面的直径或宽度。内表面(孔)的体内作用尺寸用 $D_{fi}$ 表示，如图 3 - 63 所示。

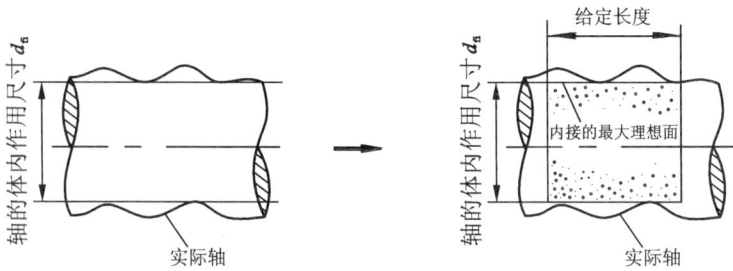

图 3 – 62　轴的体内作用尺寸

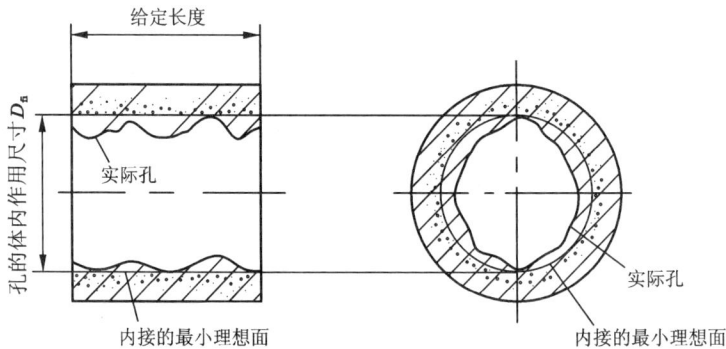

图 3 – 63　孔的体内作用尺寸

---

**知识要点提示：**

　　体内作用尺寸是表示该尺寸的理想面处于零件的实体之内。因此，轴和孔的体内作用尺寸具有如下特点：

　　(1)轴的体内作用尺寸小于或等于轴的实际尺寸。

　　(2)孔的体内作用尺寸大于或等于孔的实际尺寸。

---

**知识要点提示：**

　　体外作用尺寸与体内作用尺寸相比较，对装配真正起作用的是体外作用尺寸，而体内作用尺寸是决定零件本身的质量。

　　(1)轴的体内作用尺寸不能太小，否则会造成零件刚性不足，如图 3 – 64 所示。

　　(2)孔的体内作用尺寸不能太大，否则会造成零件壁厚太薄，如图 3 – 65 所示。

---

　　对于被测实际轴，其体外作用尺寸大于体内作用尺寸，如图 3 – 66(a)所示，对于被测实际孔，其体外作用尺寸小于体内作用尺寸，如图 3 – 66(b)所示。

　　实际要素的体外作用尺寸直接影响到孔、轴的配合性质。

　　如图 3 – 67(a)所示，设孔为 $\phi20.01$ mm，具有理想形状，若轴 $\phi20$ mm 也具有理想形状

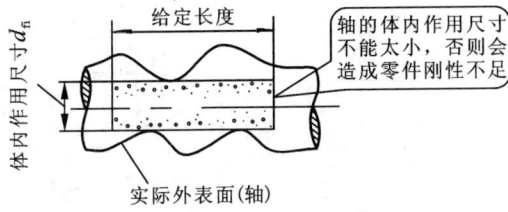

**图 3 - 64　轴的体内作用尺寸不能太小**

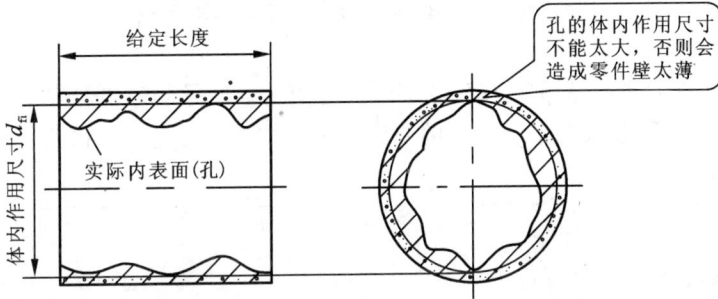

**图 3 - 65　孔的体内作用尺寸不能太大**

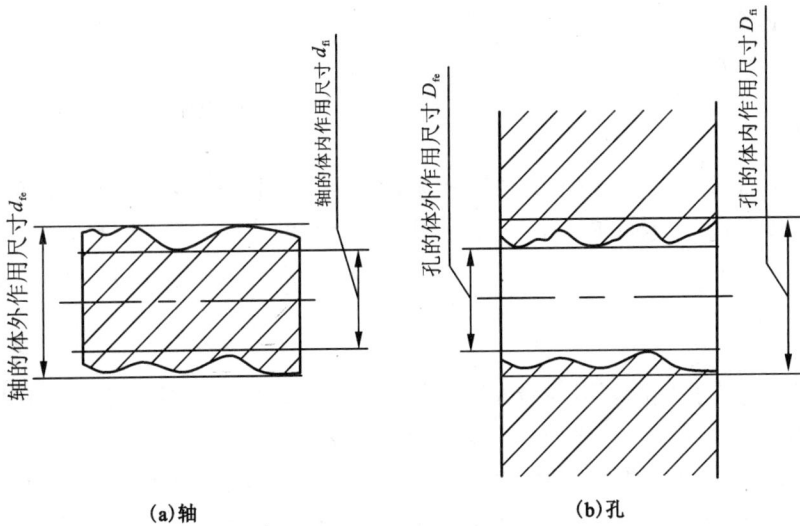

**图 3 - 66　轴、孔的作用尺寸相比较**

时，因孔比轴大 0.01 mm，所以轴能装入孔内，配合间隙为 0.01 mm。

如图 3 - 67(b)所示，若设孔仍然为 $\phi 20.01$ mm，具有理想形状，而实际轴的轴线存在直线度误差为 0.02 mm（即轴弯曲），尽管轴的局部实际尺寸处处为 $\phi 20$ mm，但因该轴的体外作用尺寸为 $\phi 20.02$ mm，大于孔的尺寸 $\phi 20.01$ mm，所以轴不能装入孔内。

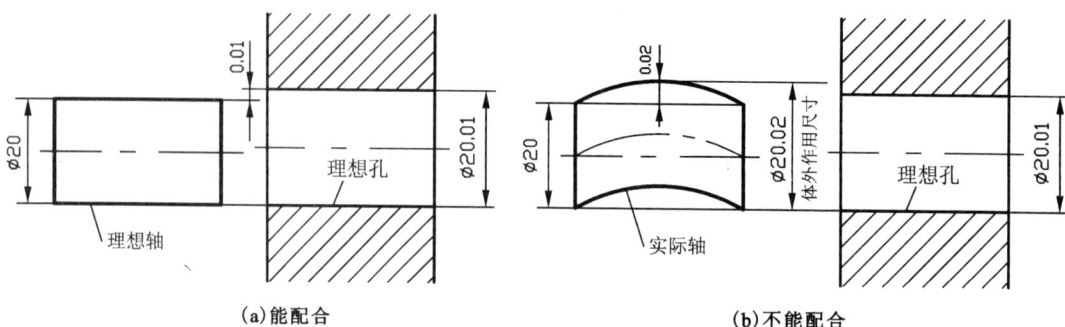

图 3 - 67    孔、轴的体外作用尺寸对配合的影响

显然, 要满足配合的要求不仅与轴的实际尺寸有关, 而且与轴的形状误差有关, 也就是说要考虑由尺寸误差和形状误差所形成的要素的综合状态, 而此综合状态正是由要素的体外作用尺寸来表达的。

> **知识要点提示:**
>
> 　为了满足配合要求, 保证配合时的最小间隙或最大过盈, 在加工中必须对要素的体外作用尺寸进行控制。从此点上来讲, 体外作用尺寸是实际要素在配合中真正起作用的尺寸。

### 3. 实体状态和实体尺寸

(1)最大实体状态(MMC)

最大实体状态是指实际要素在给定长度上处处位于尺寸极限之内并具有实体最大时的状态。

我们知道孔或轴的实际尺寸可以在上极限尺寸和下极限尺寸之间变动, 因而零件所具有的材料量也是变化的。当轴的实际尺寸大或孔的实际尺寸小时, 零件所具有的材料量多。当孔为下极限尺寸、轴为上极限尺寸时, 零件所具有的材料量多。因而可以说, 最大实体状态是实际要素在极限尺寸范围内具有材料量最多的状态。

(2)最大实体尺寸(MMS)

最大实体尺寸是指实际要素在最大实体状态下的极限尺寸。对于外表面为上极限尺寸; 对于内表面为下极限尺寸。其代号分别用 $d_M$ 和 $D_M$ 表示。

例如轴 $\phi20^{+0.02}_{0}$ mm 的最大实体尺寸(即上极限尺寸)是 $\phi20.02$ mm。孔 $\phi20^{+0.02}_{0}$ mm 的最大实体尺寸(即下极限尺寸)是 $\phi20$ mm, 如图 3 -68(a)所示。

(3)最小实体状态(LMC)

最小实体状态是指实际要素在给定长度上处处位于尺寸极限之内并具有实体最小时的状态。同样也可以说, 最小实体状态是实际要素在极限尺寸范围内具有材料量最少的状态。

(4)最小实体尺寸(LMS)

最小实体尺寸是指实际要素在最小实体状态下的极限尺寸。对于外表面为下极限尺寸; 对于内表面为上极限尺寸。其代号分别用 $d_L$ 和 $D_L$ 表示。

例如轴 $\phi20^{+0.02}_{\phantom{+}0}$ mm 的最小实体尺寸(即下极限尺寸)是 $\phi20$ mm。孔 $\phi20^{+0.02}_{\phantom{+}0}$ mm 的最小实体尺寸(即上极限尺寸)是 $\phi20.02$ mm，如图 3 - 68(b)所示。

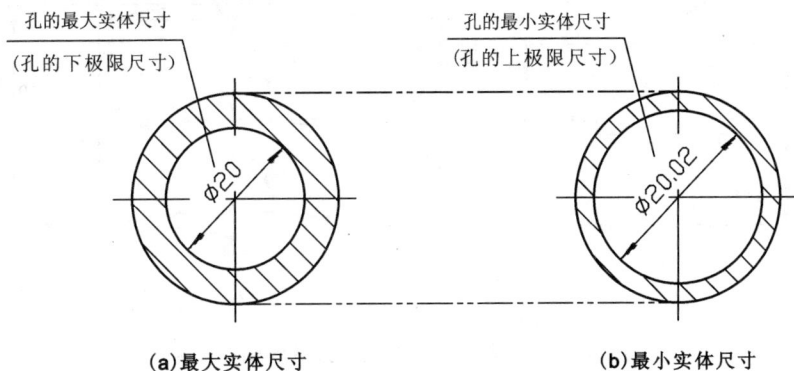

**图 3 - 68　孔 $\phi20^{+0.02}_{\phantom{+}0}$ 的实体尺寸**

### 4. 实效状态和实效尺寸

(1)最大实体实效状态(MMVC)

最大实体实效状态是指在给定的长度上，实际要素处于最大实体状态且其中心要素的形状或位置误差等于给出公差值时的综合极限状态。

(2)最大实体实效尺寸(MMVS)

最大实体实效尺寸是指要素在最大实体实效状态下的体外作用尺寸。其代号分别用 $d_{MV}$ 和 $D_{MV}$ 表示。

> **知识要点提示：**
> 　(1)轴的最大实体实效尺寸的计算公式如下：
> 　　　*轴的最大实体实效尺寸 $d_{MV}$ = 轴的最大实体尺寸 $d_M$ + 形位公差值 t*
> 　(2)孔的最大实体实效尺寸的计算公式如下：
> 　　　*孔的最大实体实效尺寸 $D_{MV}$ = 孔的最大实体尺寸 $D_M$ - 形位公差值 t*

以轴为例，如图 3 - 69(a)所示，轴 $\phi20^{+0.02}_{\phantom{+}0}$ mm 的直线度公差值为 $\phi0.01$ mm，当该轴为最大实体尺寸(即轴的上极限尺寸) $\phi20.02$ mm，且产生最大的形位误差 0.01 mm(即轴弯曲)，此时该轴的体外作用尺寸为 $\phi20.03$ mm，也就是该轴的最大实体实效尺寸 $\phi20.03$ mm，如图 3 - 69(b)所示。

该轴的最大实体实效尺寸计算过程如下：

$$轴的最大实体实效尺寸 \; d_{MV} = 轴的最大实体尺寸 \; d_M + 形位公差值 \; t$$
$$= 20.02 + 0.01$$
$$= 20.03 \text{ mm}$$

以孔为例，如图 3 - 70(a)所示，孔 $\phi20^{+0.02}_{\phantom{+}0}$ mm 的直线度公差值为 $\phi0.01$ mm，当该孔为最大实体尺寸(即孔的下极限尺寸) $\phi20$ mm，且产生最大的形位误差 0.01 mm(即孔弯曲)，

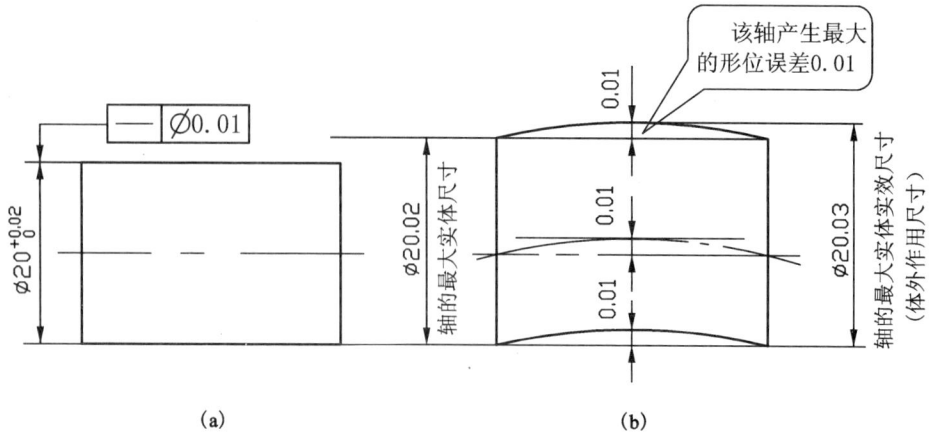

图 3 - 69　轴的最大实体实效尺寸的图样解释

此时该孔的体外作用尺寸为 φ19.99 mm，也就是该孔的最大实体实效尺寸为 φ19.99 mm，如图 3 - 70(b)所示。

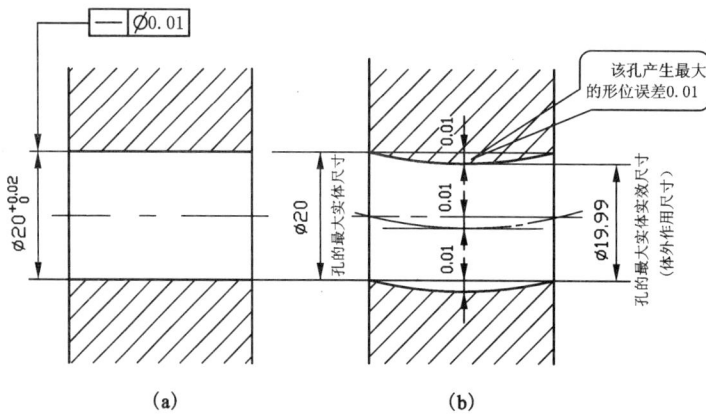

图 3 - 70　孔的最大实体实效尺寸的图样解释

该孔的最大实体实效尺寸计算过程如下：

孔的最大实体实效尺寸 $D_{MV}$ = 孔的最大实体尺寸 $D_M$ - 形位公差值 $t$

$$= 20 - 0.01$$

$$= 19.99 \text{ mm}$$

（3）最小实体实效状态（LMVC）

最小实体实效状态是指在给定的长度上，实际要素处于最小实体状态且其中心要素的形状或位置误差等于给出公差值时的综合极限状态。

（4）最小实体实效尺寸（LMVS）

最小实体实效尺寸是指在给定长度上，实际要素在最小实体实效状态下的体内作用尺寸。其代号分别用 $d_{LV}$ 和 $D_{LV}$ 表示。

> **知识要点提示：**
>
> (1)轴的最小实体实效尺寸的计算公式如下：
>
> 　　　轴的最小实体实效尺寸 $d_{LV}$ = 轴的最小实体尺寸 $d_L$ − 形位公差值 $t$
>
> (2)孔的最小实体实效尺寸的计算公式如下：
>
> 　　　孔的最小实体实效尺寸 $D_{LV}$ = 孔的最小实体尺寸 $D_L$ + 形位公差值 $t$

以轴为例，如图 3 – 71(a)所示，轴 $\phi 20\,^{+0.02}_{\ \ 0}$ mm 的直线度公差值为 $\phi 0.01$ mm，当该轴为最小实体尺寸(即轴的下极限尺寸) $\phi 20$ mm，且产生最大的形位误差 0.01 mm(即轴弯曲)，此时该轴的体内作用尺寸为 $\phi 19.99$ mm，也就是该轴的最小实体实效尺寸为 $\phi 19.99$ mm，如图 3 – 71 (b)所示。

该轴的最小实体实效尺寸计算过程如下：

$$\text{轴的最小实体实效尺寸 } d_{LV} = \text{轴的最小实体尺寸 } d_L - \text{形位公差值 } t$$
$$= 20 - 0.01$$
$$= 19.99 \text{ mm}$$

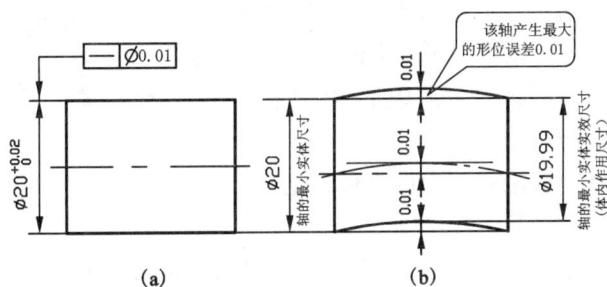

**图 3 – 71　轴的最小实体实效尺寸的图样解释**

以孔为例，如图 3 – 72(a)所示，孔 $\phi 20\,^{+0.02}_{\ \ 0}$ mm 的直线度公差值为 $\phi 0.01$ mm，当该孔为最小实体尺寸(即孔的上极限尺寸) $\phi 20.02$ mm，且产生最大的形位误差 0.01 mm(即孔弯曲)，此时该孔的体内作用尺寸为 $\phi 20.03$ mm，也就是该孔的最小实体实效尺寸 $\phi 20.03$ mm，如图 3 – 72 (b)所示。

该孔的最小实体实效尺寸计算过程如下：

$$\text{孔的最小实体实效尺寸 } D_{LV} = \text{孔的最小实体尺寸 } D_L + \text{形位公差值 } t$$
$$= 20.02 + 0.01$$
$$= 20.03 \text{ mm}$$

> **知识要点提示：**
>
> (1)在一般情况下，对于轴类零件，合格要素的体外作用尺寸小于最大实体实效尺寸，体内作用尺寸大于最小实体实效尺寸。
>
> (2)对于孔类零件，合格要素的体外作用尺寸大于最大实体实效尺寸，体内作用尺寸小于最小实体实效尺寸。

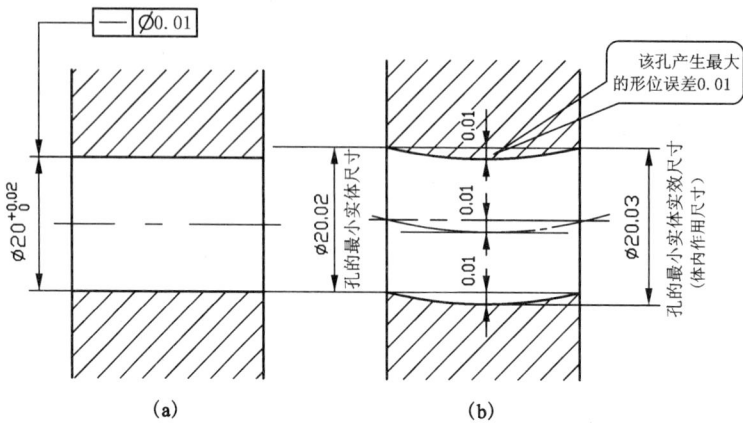

图 3-72　孔的最小实体实效尺寸的图样解释

### 5. 边界

边界是设计给定的具有理想形状的极限包容面。

由于边界是一个包容面,因而对于孔和其他内表面,其边界相当于一个外表面(即轴);对于轴和其他外表面,其边界相当于一个内表面(即孔)。

边界是具有理想形状的包容面,因而边界具有理想的特性,即没有任何误差,实际要素不应超越该理想形状的包容面。

标准规定边界尺寸为极限包容面的直径或宽度。

(1)最大实体边界(MMB)

最大实体边界是指要素处于最大实体状态时的边界。显然,边界的尺寸为最大实体尺寸。

(2)最小实体边界(LMB)

最小实体边界是指要素处于最小实体状态时的边界。显然,边界的尺寸为最小实体尺寸。

(3)最大实体实效边界(MMVB)

最大实体实效边界是指要素处于最大实体实效状态时的边界。显然,边界的尺寸为最大实体实效尺寸。

(4)最小实体实效边界(LMVB)

最小实体实效边界是指要素处于最小实体实效状态时的边界。显然,边界的尺寸为最小实体实效尺寸。

# 练　习

1. 轴的体外作用尺寸_____轴的实际尺寸,孔的体外作用_____孔的实际尺寸。【小于或等于、大于或等于】

2. 最大实体状态是实际要素在极限尺寸范围内具有材料量_____的状态,最小实体状态是实际要素在极限尺寸范围内具有材料量_____的状态。对于轴的最大实体尺寸是指轴的_____尺寸，而对于孔的最大实体尺寸是指孔的_____尺寸。【最多、最少、上极限、下极限】

3. _____是实际要素在配合中真正起作用的尺寸。【体外作用尺寸、体内作用尺寸】

4. 计算轴的最大实体实效尺寸为轴的最大实体尺寸_____形位公差值，计算孔的最大实体实效尺寸为孔的最大实体尺寸_____形位公差值。【加、减】

5. 孔、轴最大实体实效尺寸是针对_____而言，而轴的最小实体实效尺寸是讨论轴的_____是否合格，孔的最小实体实效尺寸是讨论孔的_____是否合格。【刚性、壁厚、配合】

6. 根据图 3-73 填空。

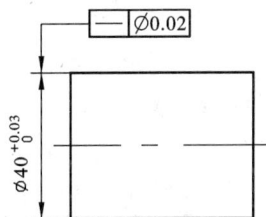

图 3-73　习题图

1) 该轴的最大实体尺寸为_____，最小实体尺寸为_____。

2) 该轴的最大实体实效尺寸为_____，即当该轴为最大实体尺寸_____时，且产生最大的直线度误差值_____，此时该轴的体外作用尺寸为_____，此体外作用尺寸就是该轴的最大实体实效尺寸。

3) 如果该轴的实际尺寸为 $\phi 40.02$，直线度误差值为 0.01，此时该轴的体外作用尺寸为_____。

7. 根据图 3-74 填空。

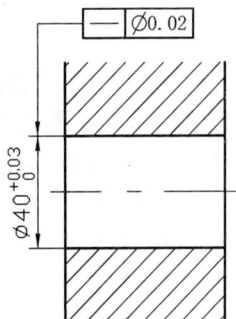

图 3-74　习题图

1) 该孔的最大实体尺寸为_____，最小实体尺寸为_____。

2) 该孔的最大实体实效尺寸为_____，即当该孔为最大实体尺寸_____时，且产生最大的直线度误差值_____，此时该孔的体外作用尺寸为_____，此体外作用尺寸就是该孔的最大实体实效尺寸。

### 3.5.2 独立原则和相关要求

公差原则就是确定尺寸公差和形位公差之间相互关系的原则，即图样上标注的尺寸公差和形位公差是如何控制被测要素的尺寸误差和形位误差的。

公差原则分为独立原则和相关要求两大类，相关要求又分为包容要求、最大实体要求、最小实体要求和可逆要求等。

**1. 独立原则**

独立原则是指图样上给定的每一个尺寸和形状、位置公差均是独立的，应分别满足要求，即尺寸误差由尺寸公差确定，形位误差由形位公差控制，彼此无关，互不联系。

独立原则是尺寸公差和形位公差相互关系遵循的基本原则。

采用独立原则时，在图样上对形位公差与尺寸公差应采取分别标注的形式，不附加任何标记。以轴为例，独立原则的示例及解析见表 3-39。

表 3-39 独立原则的示例解析

| 示 例 | 解 析 |
|---|---|
| $\boxed{-\ \varnothing 0.01}$  $\varnothing 20^{+0.02}_{0}$  $60$  独立原则的标注 | (1) 公差原则：独立原则<br>(2) 尺寸加工范围：$\phi 20 \sim \phi 20.02$ mm<br>(3) 形位误差范围：$0 \sim 0.01$ mm<br>分析：<br>该轴加工后，其尺寸和轴线直线度误差应分别进行检验。要求轴的实际尺寸在 $\phi 20 \sim \phi 20.02$ 的范围内，轴线的直线度误差允许在 $0 \sim 0.01$ mm 范围内。 |

采用独立原则时，零件的实际尺寸和形位误差的检验要分开进行。

独立原则一般用于非配合零件，对形状和位置精度要求严格，而对尺寸精度要求相对较低的场合，例如印刷机的滚筒，尺寸精度要求不高，但为了保证印刷清晰，而对圆柱度要求较高，因而按独立原则给出了圆柱度公差，而尺寸公差按未注公差处理。又如液压缸的内孔，为了防止泄漏对形状精度(圆柱度、轴线直线度)提出了较严格的要求，而对尺寸精度的要求不高，故尺寸公差和形位公差按独立原则给出。

**2. 相关要求**

相关要求是指尺寸公差与形位公差相互有关的公差要求。相关要求分为包容要求、最大实体要求、最小实体要求和可逆要求等。

1) 包容要求Ⓔ

包容要求表示实际要素应遵守其最大实体边界，其局部实际尺寸不得超出最小实体尺寸。

包容要求适用于单一要素,如圆柱面或两平行表面。常用于机器零件上配合性质要求较严格的配合表面,如回转轴的轴颈和滑动轴承、滑动套筒和孔、滑块和滑块槽等。

采用包容要求的单一要素,应在其尺寸极限偏差或公差带代号之后加注符号Ⓔ,如图 3 – 75(a)所示。

如图 3 – 75 所示,对轴 $\phi20^{+0.02}_{0}$ mm 的包容要求分析如下:

①该轴必须处于尺寸为最大实体尺寸 $\phi20.02$ mm 的边界尺寸内,该轴的局部实际尺寸应在上、下极限尺寸(即 $\phi20 \sim \phi20.02$ mm)之内,但其体外作用尺寸不能超出边界尺寸 $\phi20.02$ mm,如图 3 – 75(b)所示。

②当轴的局部实际尺寸处处为最大实体尺寸 $\phi20.02$ mm 时,轴的形状误差为 0 mm,如图 3 – 75(b)所示。

③当轴的局部实际尺寸处处为最小实体尺寸 $\phi20$ mm 时,轴线的直线度误差允许达到最大值 0.02 mm,如图 3 – 75(c)所示。

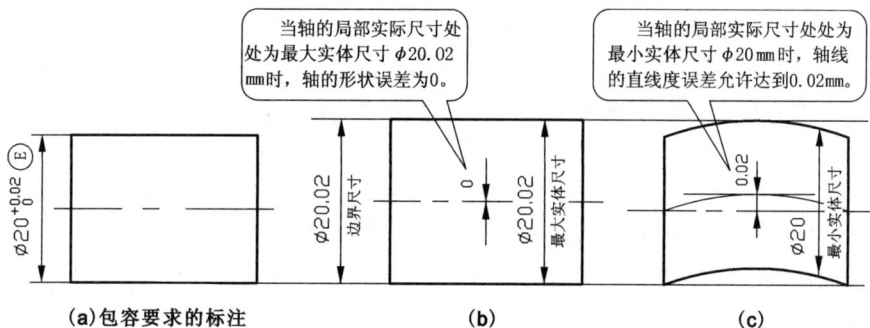

图 3 – 75　轴的包容要求的图样解释

通过上述分析,对轴 $\phi20^{+0.02}_{0}$ mm 的包容要求的简要概括见表 3 – 40。

表 3 – 40　包容要求的示例解析

| 示　例 | 解　析 |
|---|---|
| <br>包容要求的标注 | (1)公差原则:包容要求<br>(2)边界名称及尺寸:最大实体尺寸;$\phi20.02$ mm<br>(3)尺寸加工范围:$\phi20 \sim \phi20.02$ mm<br>(4)形位误差范围:0 ~ 0.02 mm |

2)最大实体要求Ⓜ

最大实体要求是控制被测要素的实际轮廓处于其最大实体实效边界之内的一种公差

要求。

被测要素的实际轮廓在给定的长度上处处不得超出最大实体实效边界，即其体外作用尺寸不能超出最大实体实效尺寸且局部实际尺寸不能超出最小实体尺寸。

当其实际尺寸偏离最大实体尺寸时，允许其形位误差值超出在最大实体状态下给出的公差值。

最大实体要求适用于中心要素，如轴线、中心平面等，最大实体要求多用于只要求可装配性的零件、保证装配互换的场合。例如：螺栓和螺钉连接中孔的位置度公差、阶梯孔和阶梯轴的同轴度公差。采用最大实体要求遵守最大实体实效边界，在一定条件下扩大了形位公差，提高了零件合格率，有良好的经济性。

最大实体要求可以应用于被测要素，也可以应用于基准要素，本节只讲述应用于被测要素。最大实体要求的符号为Ⓜ，在被测要素形位公差框格中的公差值后标注符号Ⓜ，如图 3 - 76( a) 所示。

如图 3 - 76 标注表示，对轴 $\phi 20^{+0.02}_{0}$ mm 的最大实体要求分析如下：

①该轴实际尺寸应在 $\phi 20 \sim \phi 20.02$ mm 之内。

②该轴实际尺寸不能超出最大实体实效边界，即其体外作用尺寸不大于最大实体实效尺寸，该轴的最大实体实效尺寸(边界尺寸)计算如下：

$$轴的最大实体实效尺寸\ d_{MV} = 轴的最大实体尺寸\ d_M + 形位公差值\ t$$
$$= 20.02 + 0.01$$
$$= 20.03\ mm$$

即该轴的边界尺寸为 $\phi 20.03$ mm，如图 3 - 76( b) 所示。

③当轴的局部实际尺寸处处为最大实体尺寸 $\phi 20.02$ mm 时，轴线的直线度误差允许达到 0.01 mm，如图 3 - 76( b) 所示。

④当轴的局部实际尺寸处处为最小实体尺寸 $\phi 20$ mm 时，轴线的直线度误差允许达到最大值 0.03 mm，如图 3 - 76( c) 所示。此时，该直线度误差 0.03 mm 比图样标注给定的直线度公差值 0.01 mm 超出了 0.02 mm，也就是说最大实体要求的形状误差可超差 0.02 mm。

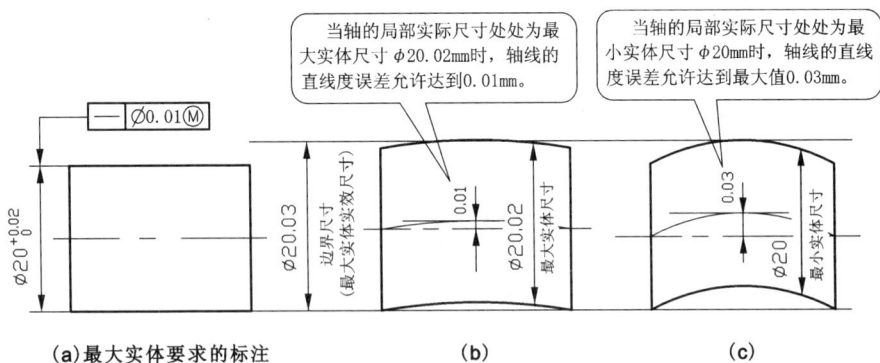

**(a)最大实体要求的标注**　　　　　**(b)**　　　　　**(c)**

**图 3 - 76　轴的最大实体要求的图样解释**

通过上述分析，对轴 $\phi 20^{+0.02}_{0}$ mm 的最大实体要求的简要概括见表 3 - 41。

表 3 – 41 最大实体要求的示例及解析

| 示　　例 | 解　　析 |
|---|---|
| 最大实体要求的标注 | (1)公差原则: 最大实体要求<br>(2)边界名称及尺寸: 最大实体实效尺寸; $\phi20.03$ mm<br>(3)尺寸加工范围: $\phi20 \sim \phi20.02$ mm<br>(4)给定的形位公差值: $\phi0.01$ mm<br>(5)允许的形位误差范围: $0 \sim \phi0.03$ mm |

**知识要点提示:**

　　最大实体要求应用于被测要素时,被测要素的实际尺寸偏离最大实体尺寸多少,其形位误差的允许值就增加多少。也就是说,最大实体要求在一定条件下,尺寸公差可以补偿形位公差。

3)最小实体要求 Ⓛ

最小实体要求是控制被测要素的实际轮廓处于其最小实体实效边界之内的一种公差要求。

最小实体要求适用于中心要素,如轴线、中心平面等。

最小实体要求可以应用于被测要素,也可以应用于基准要素,本节只讲述应用于被测要素。当最小实体要求应用于被测要素时,应具有以下特点。

①被测要素的实际轮廓在给定的长度上处处不得超出最小实体实效边界,即其体内作用尺寸不能超出最小实体实效尺寸且局部实际尺寸不能超出最大实体尺寸。

②在一定条件下,允许尺寸公差补偿形位公差。即当实际要素处于最小实体状态时,它的形位误差不得大于图样上标注的形位公差值,当实际尺寸由最小实体尺寸向最大实体尺寸偏离时,它的形位误差允许大于图样上标注的形位公差值,也就是允许用尺寸公差补偿形位公差;当实际要素处于最大实体状态时,所允许的形位误差可以达到最大,为图样上标注的形位公差和尺寸公差的数值之和。

最小实体要求的符号为Ⓛ,在被测要素形位公差框格中的公差值后标注符号Ⓛ,如图 3 – 77所示。

4)可逆要求 Ⓡ

可逆要求是指中心要素的形位误差值小于给出的形位公差值时,允许在满足零件功能要求的前提下扩大尺寸公差的一种要求。

可逆要求用于被测要素时,通常与最大实体要求或最小实体要求一起应用。

(1)最大实体可逆要求ⓂⓇ

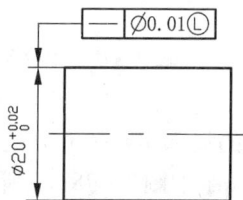

图 3 – 77 最小实体要求的标注

可逆要求用于最大实体要求时，应在图样上将表示可逆要求的符号Ⓡ置于符号Ⓜ的后面，如图 3 - 78(a)所示。

---

**知识要点提示：**

　　可逆要求用于最大实体要求时，在被测要素的实际轮廓不超出其最大实体实效边界的条件下，允许被测要素的尺寸公差补偿其形位公差，同时也允许被测要素的形位公差补偿其尺寸公差。

---

当被测要素的形位误差值小于图样上标注的形位公差值时，允许被测要素的实际尺寸超出其最大实体尺寸，甚至可以等于其最大实体实效尺寸，即允许被测要素的尺寸误差值大于图样上标注的尺寸公差值。

如图 3 - 78 所示，如果是尺寸公差补偿给形位公差，轴 $\phi 20^{+0.02}_{0}$ mm 的最大实体可逆要求分析如下：

①该轴实际尺寸应在 $\phi 20 \sim \phi 20.02$ mm 之内。

②该轴实际尺寸不能超出最大实体实效边界 $\phi 20.05$ mm，该轴的边界尺寸(即最大实体实效尺寸)计算如下：

$$\text{轴的最大实体实效尺寸 } d_{MV} = \text{轴的最大实体尺寸 } d_M + \text{形位公差值 } t$$
$$= 20.02 + 0.03$$
$$= 20.05 \text{ mm}$$

即该轴的边界尺寸为 $\phi 20.05$ mm，如图 3 - 78(b)所示。

③当轴的局部实际尺寸处处为最大实体尺寸 $\phi 20.02$ mm 时，轴线的直线度误差允许在 $0 \sim 0.03$ mm范围内，如图 3 - 78(b)所示。

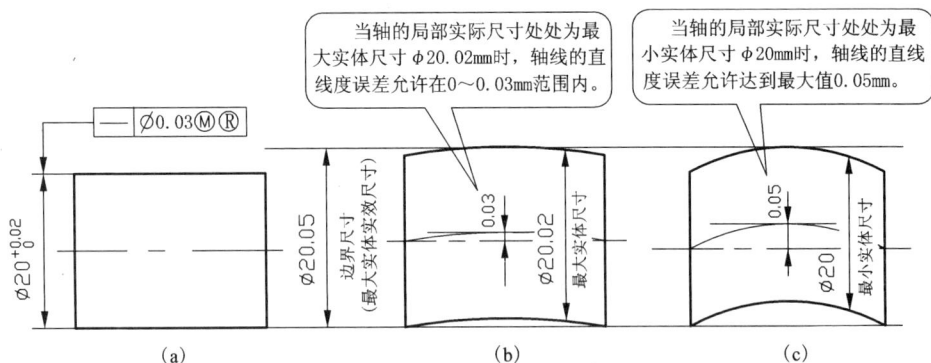

图 3 - 78　最大实体可逆要求的图样解释(尺寸公差补偿形位公差)

④当轴的局部实际尺寸处处为最小实体尺寸 $\phi 20$ mm 时，轴线的直线度误差允许达到最大值 0.05 mm，如图 3 - 78(c)所示。此时，该直线度误差 0.05 mm 比图样标注给定的直线度公差值 0.03 mm 超出了 0.02 mm，也就是说该轴的尺寸公差值 0.02 mm 补偿给了形位公差，使得形位误差在原来给定的 0.03 mm(形位公差)的基础上增加了 0.02 mm(尺寸公差)，形位误差可达到 0.05 mm。

如果是形位公差补偿给尺寸公差，如图 3 - 79 所示，轴 $\phi 20^{+0.02}_{0}$ mm 的最大实体可逆要求应作另一种分析，简述如下：

①该轴实际尺寸不能超出最大实体实效边界 $\phi 20.05$ mm，如图 3 - 79(b)所示。

②假设轴的形位误差为零，当轴的局部实际尺寸处处为最大实体尺寸 $\phi 20.02$ mm 时，该轴尺寸最大可以增加 0.03 mm，达到 $\phi 20.05$ mm，如图 3 - 79(b)所示。此时，该轴在给定的最大尺寸值 $\phi 20.02$ mm 的基础上增加了 0.03 mm，这个 0.03 mm 正是形位公差值补偿给尺寸公差的值。

③假设轴的形位误差为零，当轴的局部实际尺寸处处为最小实体尺寸 $\phi 20$ mm 时，该轴尺寸最大可以增加 0.05 mm，达到 $\phi 20.05$ mm，如图 3 - 79(c)所示。

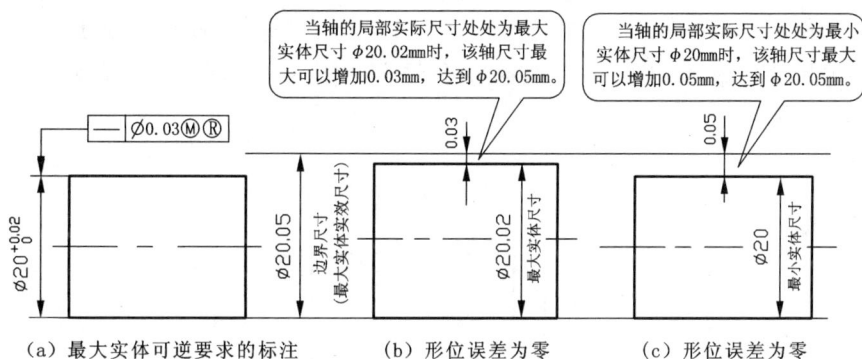

图 3 - 79　最大实体可逆要求的图样解释(形位公差补偿尺寸公差)

因此，在轴的形位误差为零的前提下，该轴实际尺寸可在 $\phi 20 \sim \phi 20.05$ mm 之内，比图样上给定的尺寸范围($\phi 20 \sim \phi 20.02$ mm)扩大了。

通过上述分析，对轴 $\phi 20^{+0.02}_{0}$ mm 的最大实体可逆要求的简要概括见表 3 - 42。

表 3 - 42　最大实体可逆要求的示例及解析

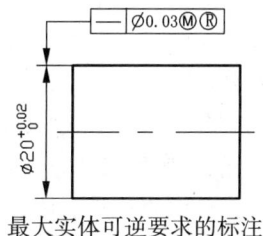

最大实体可逆要求的标注

| 解析项目 | 尺寸公差<br>补偿形位公差 | 形位公差<br>补偿尺寸公差 |
| --- | --- | --- |
| 1)边界名称及尺寸 | 最大实体实效尺寸；$\phi 20.05$ mm | |
| 2)实际尺寸加工范围 | $\phi 20 \sim \phi 20.02$ mm | $\phi 20 \sim \phi 20.05$ mm |
| 3)给定的形位公差值 | $\phi 0.03$ mm | $\phi 0.03$ mm |
| 4)实际形位误差范围 | $0 \sim \phi 0.05$ mm | $0 \sim \phi 0.03$ mm |

（2）最小实体可逆要求Ⓛ Ⓡ

可逆要求应用于最小实体要求时，应在图样上将表示可逆要求的符号Ⓡ置于符号Ⓛ的后面，如图3－80所示。

> **知识要点提示：**
>
> 　可逆要求用于最小实体要求时，在被测要素的实际轮廓不超出其最小实体实效边界条件下，允许被测要素的尺寸公差补偿其形位公差，同时也允许被测要素的形位公差补偿其尺寸公差。

当被测要素的形位误差值小于图样上标注的形位公差值时，允许被测要素的实际尺寸超出其最小实体尺寸，甚至可以等于其最小实体实效尺寸，即允许被测要素的尺寸误差值大于图样上标注的尺寸公差值。图3－80所示为可逆要求应用于最小实体要求的示例，其含义可按最大实体可逆要求的示例进行分析。

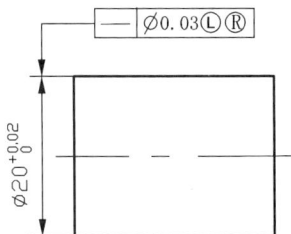

图3－80　最小实体可逆要求的标注

# 练　习

1. 公差原则是处理形位公差和_____公差之间关系的规定。公差原则分为_____、_____和_____两种。

2. 独立原则就是确定_____和_____之间相互关系的原则，两者的关系是相互_____的，加工时，应各自满足要求。

3. 包容要求表示实际要素应遵守其_____边界，其局部实际尺寸不得超出_____尺寸。【最大实体实效、最小实体实效、最大实体、最小实体】

4. 最大实体要求是以_____尺寸为边界，该原则的特点是尺寸不可超差，而形位误差可以超差，所允许的最大形位误差值为_____公差和_____公差之和。

5. 包容原则的符号为_____，最大实体要求的符号为_____，最小实体要求的符号为_____，最大实体可逆要求的符号为_____，最小实体可逆要求的符号为_____。【Ⓜ、Ⓛ、Ⓔ、Ⓡ、ⓁⓇ、ⓂⓇ】

6. 根据图 3－81 中的四个图样的公差原则标注，完成表 3－43 的要求。

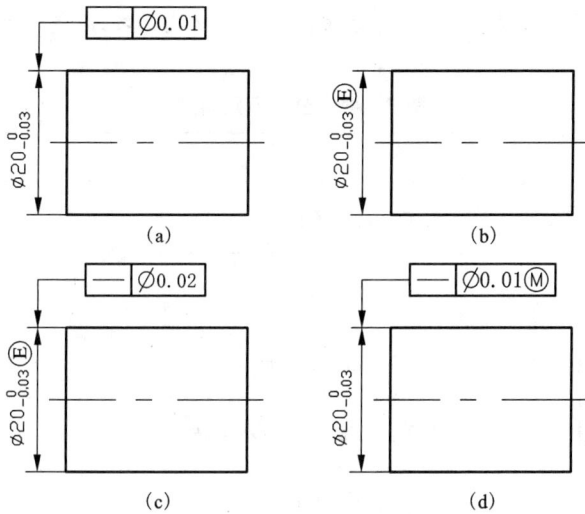

图 3－81　公差原则习题图

表 3－43　公差原则习题

| 图样序号 | 采用的公差原则 | 理想边界名称及边界尺寸 | 给定的形状公差值 | 允许的最大形状误差值 | 实际尺寸合格范围 |
|---|---|---|---|---|---|
| (a) | | | | | |
| (b) | | | | | |
| (c) | | | | | |
| (d) | | | | | |

7. 根据图 3－82 中轴套孔的公差原则标注，完成下列要求。

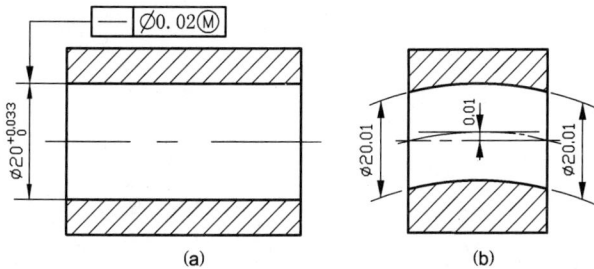

图 3－82　轴套孔公差原则习题图

1) 见图 3－82(a)，轴套孔的最大实体尺寸是＿＿＿＿＿＿，最小实体尺寸是＿＿＿＿＿＿，最大实体实效尺寸是＿＿＿＿＿＿，最小实体实效尺寸是＿＿＿＿＿＿。

2) 若实际零件如图 3 - 82( b) 所示, 该零件局部实际尺寸处处都为 $\phi20.01$ mm, 轴线的直线度误差为 $\phi0.025$ mm, 试判断该零件是否合格。

8. 根据表 3 - 44 中的孔的公差原则标注, 完成表格内的要求。

**表 3 - 44　公差原则习题**

| 习题图 | 解 | 释 |
|---|---|---|
| 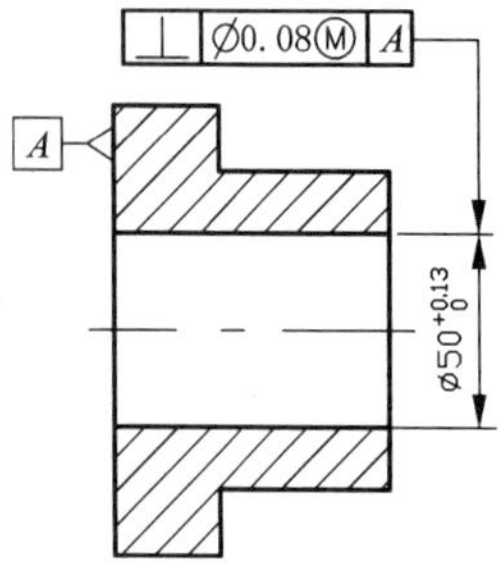 　孔的公差原则 | (1) 公差原则 | |
| | (2) 边界名称及尺寸 | |
| | (3) 实际尺寸加工范围 | |
| | (4) 给定的形位公差值 | |
| | (5) 实际形位误差范围 | |

9. 可逆要求用于最大实体要求时, 在被测要素的实际轮廓不超出其_____边界的条件下, _____被测要素的尺寸公差补偿其形位公差, 同时_____被测要素的形位公差补偿其尺寸公差。【最大实体实效、最小实体实效、允许、不允许】

10. 可逆要求用于最小实体要求时, 在被测要素的实际轮廓不超出其_____边界的条件下, _____被测要素的尺寸公差补偿其形位公差, 同时_____被测要素的形位公差补偿其尺寸公差。【最大实体实效、最小实体实效、允许、不允许】

# 第 4 章　表面粗糙度

## 【知识目标】

(1)理解表面粗糙度的概念,了解表面粗糙度对零件使用性能的影响。

(2)了解表面粗糙度的评定标准。

(3)掌握表面粗糙度符号、代号的标注与识读。

(4)了解表面粗糙度的选用原则和检测方法。

## 【技能目标】

(1)能理解表面粗糙度的概念及其对零件使用性能的影响。

(2)能正确识读表面粗糙度的符号、代号,并能掌握其标注方法。

(3)能正确选择表面粗糙度,并能对零件的表面粗糙度进行检测。

## 4.1　概　述

### 4.1.1　表面粗糙度的概念

无论是机械加工后的零件表面,或者是用其他方法获得的零件表面,总会存在着由较小间距的峰、谷组成的微量高低不平的痕迹,如图 4 - 1 所示。表述零件表面峰谷的高低程度和间距状况的微观几何形状特性的术语称为表面粗糙度。

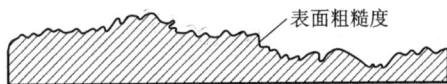

图 4 - 1　表面粗糙度概念

表面粗糙度是反映零件表面微观几何形状误差的一个重要指标,它主要是由加工过程中刀具和零件表面间的摩擦、切屑分离时表面金属层的塑性变形及工艺系统的高频振动等原因形成的。

### 4.1.2　表面粗糙度对零件使用性能的影响

**1. 对摩擦、磨损的影响**

当两个表面作相对运动时,一般情况下表面越粗糙,其摩擦系数、摩擦阻力越大,磨损也越快。

但是，在某些场合（如滑动轴承及液压导轨面的配合处），如表面过于光滑，则不利于润滑油的储存，易使工作面间形成半干摩擦甚至干摩擦，有时还会增加零件接触面的吸附力，反而使摩擦系数增大，磨损加剧。

综上所述可知，只有选取合适的表面粗糙度，才能有效地减小零件的摩擦和磨损。

**2. 对配合性质的影响**

对间隙配合，粗糙表面会因峰尖很快磨损而使间隙很快增大；对过盈配合，粗糙表面的峰顶被挤平，使实际过盈减小，影响连接强度。

**3. 对疲劳强度的影响**

表面越粗糙，微观不平的凹痕就越深，在交变应力的作用下易产生应力集中，使表面出现疲劳裂纹，从而降低零件的疲劳强度。

**4. 对接触刚度的影响**

表面越粗糙，表面间的实际接触面积就越小，单位面积受力就越大，使峰顶处的局部塑性变形增大，接触刚度降低，从而影响机器的工作精度和抗振性能。

**5. 对抗腐蚀性的影响**

零件的表面越粗糙，则其凹谷处越容易积聚腐蚀性的物质，然后逐渐渗透到金属材料的表层，形成表面锈蚀。

**6. 对结合密封性的影响**

当两个表面接触时，由于微观不平的存在，使得两个表面只在局部接触，形成中间缝隙，影响密封性，因此降低表面粗糙度值，可提高零件的密封性能。

总之，表面粗糙度直接影响零件的使用性能和寿命。因此，应对零件的表面粗糙度加以合理规定。

# 4.2 表面粗糙度的评定

## 4.2.1 基本术语

**1. 实际轮廓**

实际轮廓是指平面与实际表面相交所得的轮廓线，如图 4 – 2 所示。在评定表面粗糙度时，除非特别说明，通常指垂直于表面加工纹理方向的轮廓线。

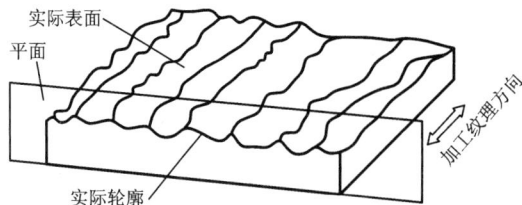

图 4 – 2 实际轮廓

**2. 取样长度(l)**

取样长度是指用于判别具有表面粗糙度特征的一段基准线长度,如图 4 – 3 所示。标准规定取样长度按表面粗糙程度选取相应的数值,在取样长度范围内,一般应不少于 5 个以上的轮廓峰和轮廓谷。

**3. 评定长度($l_n$)**

评定长度是指在评定表面粗糙度时所必须选取的一段长度,它可以包括一个或几个取样长度,如图 4 – 3 所示。

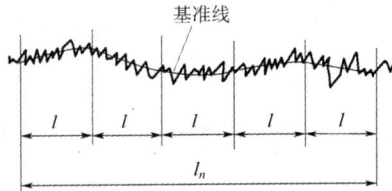

**图 4 – 3　取样长度、评定长度和基准线**

**4. 基准线**

基准线是指在评定表面粗糙度参数时,沿实际轮廓走向规定的一条划分轮廓的参考线,亦称轮廓中线。

**5. 轮廓峰与轮廓谷**

轮廓峰是指在取样长度内轮廓与中线相交,两相邻交点向外(从材料向周围介质)的轮廓部分,如图 4 – 4 所示。

轮廓谷是指在取样长度内轮廓与中线相交,两相邻交点向内(从周围介质到材料)的轮廓部分,如图 4 – 4 所示。

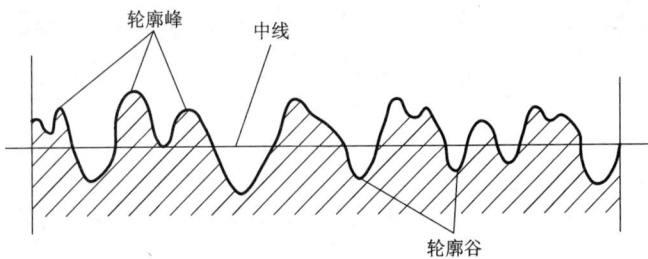

**图 4 – 4　轮廓峰和轮廓谷**

### 4.2.2　表面粗糙度的评定参数

标准规定,表面粗糙度的评定参数包括两项高度参数和三项附加参数。其中高度参数为主要参数,包括轮廓算术平均偏差 $Ra$ 和轮廓最大高度 $Rz$。本书仅介绍高度参数。

**1. 轮廓算术平均偏差 $Ra$**

轮廓算术平均偏差 $Ra$ 是指在取样长度内轮廓上各点至轮廓中线距离的算术平均值,如

图 4 -5 所示。其表达式为：

$$Ra = \frac{1}{n}(Y_1 + Y_2 + \cdots + Y_n)$$

式中，$Y_1$，$Y_2$，$\cdots$，$Y_n$ 分别为轮廓上各点至轮廓中线的距离。

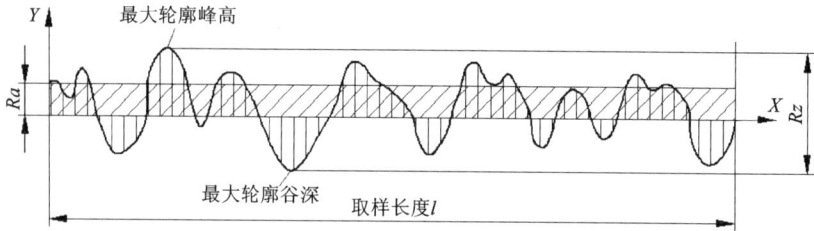

**图 4 -5 轮廓算术平均偏差 Ra 和轮廓最大高度 Rz**

$Ra$ 参数能充分反映零件表面微观几何形状高度方面的特性，且测量方便，因此标准推荐优先选用 $Ra$。国标规定的 $Ra$ 数值系列值见表 4 -1。

**表 4 -1 轮廓算术平均偏差 Ra 的标准数值** μm

| | | | | |
|---|---|---|---|---|
| | 0.012 | 0.2 | 3.2 | 50 |
| $Ra$ | 0.025 | 0.4 | 6.3 | 100 |
| | 0.05 | 0.8 | 12.5 | |
| | 0.1 | 1.6 | 25 | |

**知识要点提示：**

国标优先推荐选用 $Ra$。$Ra$ 参数值越大，表面质量要求越低，加工成本也越低，反之，$Ra$ 参数值越小，表面质量要求越高，但加工成本也越高。

### 2. 轮廓最大高度 Rz

轮廓最大高度 $Rz$ 是指在一个取样长度内，最大轮廓峰高与最大轮廓谷深之和的高度，如图 4 -5 所示。

轮廓最大高度 $Rz$ 一般与轮廓算术平均偏差 $Ra$ 值联用，以控制微观不平度的谷深，从而控制表面微观裂纹的深度，常用于交变应力作用的工作表面（如齿廓表面）及被测面积很小的表面。

## 练 习

1. 实际轮廓通常指平行于表面加工纹理方向的轮廓线。【是、否】

2. 在取样长度范围内，一般不少于 5 个以上的轮廓峰和轮廓谷。【是、否】

3. $Ra$ 参数能充分反映零件表面微观几何形状高度方面的特性，且测量方便，因此标准推荐优先选用 $Ra$ 。【是、否】

4. 为了减少相对运动时的摩擦与磨损，表面粗糙度的值越小越好。【是、否】

5. $Ra$ 参数值越大，表面质量要求越高，加工成本也越高。【是、否】

6. 表面粗糙度反映的是零件被加工表面上的(　　)。

A. 宏观几何形状误差　　　　　　　　B. 微观几何形状误差

C. 宏观相对位置误差　　　　　　　　D. 微观相对位置误差

## 4.3　表面粗糙度的标注

### 4.3.1　表面粗糙度的符号及代号

#### 1. 表面粗糙度的符号

表面粗糙度符号的含义见表 4 - 2。

表 4 - 2　表面粗糙度符号的含义

| 符号名称 | 符　号 | 含　义 |
| --- | --- | --- |
| 基本图形符号 |  $\sqrt{}$ | 基本符号，表示表面可用任何方法获得。 |
| 扩展图形符号 |  $\sqrt{}$ | 基本符号加一短划，表示表面是用去除材料的方法获得。例如：车、铣、钻、磨、剪切、抛光、腐蚀、电火花加工、气割等。 |
| |  $\sqrt{}$ | 基本符号加一小圆，表示表面是用不去除材料的方法获得。例如：铸、锻、冲压变形、热轧、冷轧、粉末冶金等。 |
| 完整图形符号 | 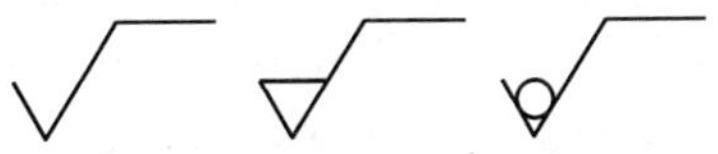 $\sqrt{}$　$\sqrt{}$　$\sqrt{}$ | 在上述三个符号的长边上加一横线，用于标注有关参数和说明。 |

#### 2. 表面粗糙度的代号

在表面粗糙度符号的基础上，注出表面粗糙度参数数值和其他有关的规定项目后就形成了表面粗糙度的代号。代号注写位置如图 4 - 6 所示。

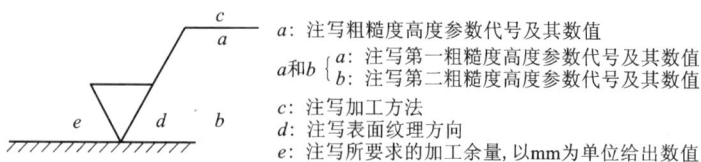

a: 注写粗糙度高度参数代号及其数值
a和b { a: 注写第一粗糙度高度参数代号及其数值
       b: 注写第二粗糙度高度参数代号及其数值 }
c: 注写加工方法
d: 注写表面纹理方向
e: 注写所要求的加工余量, 以mm为单位给出数值

图 4 – 6    表面粗糙度代号注写位置

表面粗糙度代号标注示例及含义如表 4 – 3 所示。

表 4 – 3    表面粗糙度代号的含义

| 代　号 | 含　义 |
|---|---|
| $\sqrt{}$ Ra 0.8 | 表示表面用不去除材料的方法获得, Ra 的上限值为 0.8 μm。 |
| $\sqrt{}$ Rzmax 0.2 | 表示表面用去除材料的方法获得, Rz 的最大值为 0.2 μm。 |
| $\sqrt{}$ U Rz 3.2 L Ra 0.8 | 表示表面用不去除材料的方法获得, Rz 的上限值为 3.2 μm, Ra 的下限值为 0.8 μm。 |

**知识要点提示：**

识读表面粗糙度代号的注意事项：

（1）表面粗糙度代号中表示单向极限值时，只标注参数代号、参数值，默认为参数的上限值。

（2）在表示双向极限值时应标注极限代号，上限值在参数代号前用 U 表示，下限值在参数代号前用 L 表示。如果同一参数具有双向极限要求，在不引起歧义的情况下，可以不加 U、L，如 $\sqrt{}$ Ra 3.2 Ra 0.8。

（3）当图样上标注的参数后有 max（最大值）或 min（最小值）时，表示参数中所有的实测值均不得超过规定值；当图样上采用参数的上限值或下限值时（参数后未标注 max 或 min），表示参数的实测值中允许少于总数 16% 的实测值超过规定值。

## 4.3.2　表面粗糙度在图样中的标注

**1. 表面粗糙度在图样上的标注应注意以下几点：**

（1）对每一表面的表面粗糙度要求一般只注一次，并尽可能注在相应尺寸及其公差的同一视图上。除非另有说明，所标注的表面粗糙度要求是对完工零件表面的要求。

（2）表面粗糙度代号的注写和识读方向与尺寸的注写和识读方向一致。表面粗糙度代号可标注在轮廓线及其延长线上，其代号应从材料外指向零件表面，并与被测表面接触，如图 4-7（a）所示。必要时，表面粗糙度代号也可用带箭头或黑点的指引线引出标注，如图 4-7（b）和（c）所示。

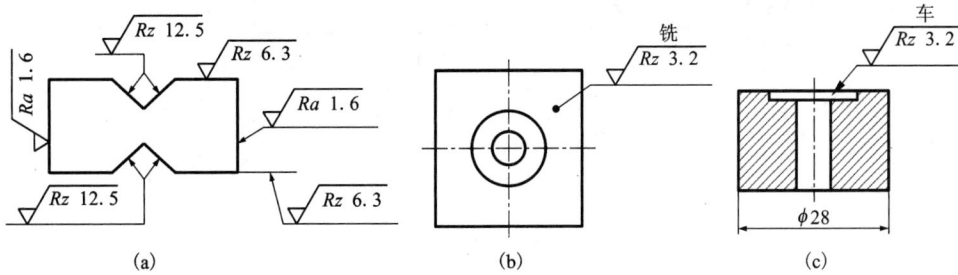

图 4-7　表面粗糙度代号的标注

（3）在不致引起误解时，表面粗糙度代号可以标注在给定的尺寸线上，如图 4-8 所示。

（4）表面粗糙度代号可标注在形位公差框格的上方，如图 4-9 所示。

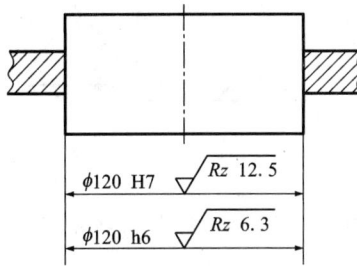

图 4-8　表面粗糙度代号标注在尺寸线上

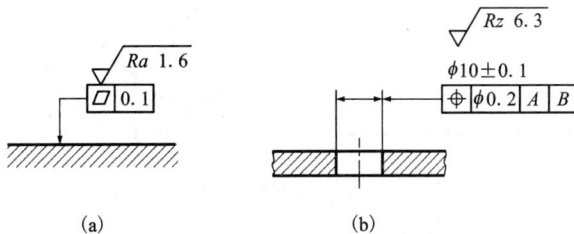

图 4-9　表面粗糙度代号标注在几何公差框格的上方

（5）圆柱和棱柱的表面粗糙度要求只标注一次，如图 4-10（a）所示。如果每个棱柱表面有不同的表面粗糙度要求，则应分别单独标注，如图 4-10（b）所示。

（6）当图样中某个视图上构成封闭轮廓的各表面有相同的表面粗糙度要求时，在完整图形符号上加一圆圈，标注在封闭轮廓线上，如图 4-11 所示。

(a)

(b)

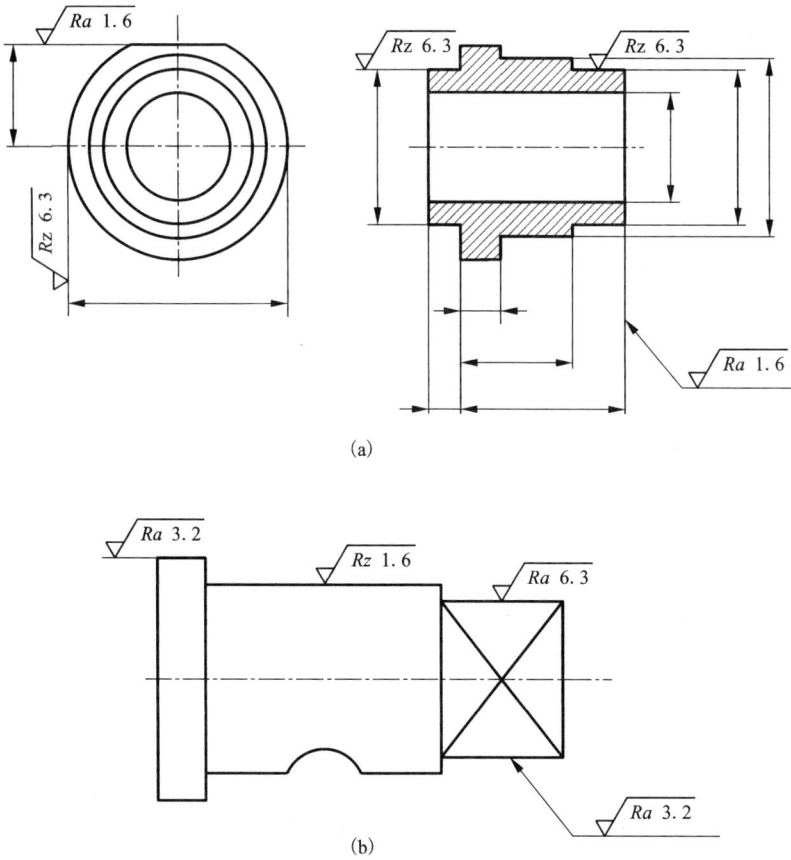

图 4 – 10　　圆柱和棱柱的表面粗糙度代号的注法

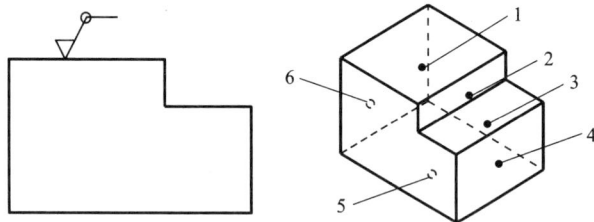

图 4 – 11　　对周边各面有相同的表面粗糙度要求的注法

## 2. 表面粗糙度要求在图样中的简化注法

（1）有相同表面粗糙度要求的简化注法

如果工件的多数（包括全部）表面有相同的表面粗糙度要求，则其表面粗糙度要求可统一标注在图样的标题栏附近（不同的表面粗糙度要求应直接标注在图形中）。此时，表面粗糙度要求的代号后面应有：

①在括号内给出无任何其他标注的基本符号，如图 4 – 12（a）所示。

②在括号内给出不同的表面粗糙度要求，如图 4 - 12(b)所示。

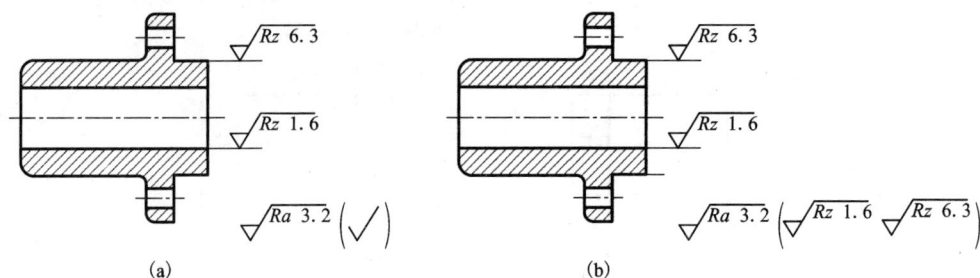

图 4 - 12　大多数表面有相同表面粗糙度要求的简化注法

（2）多个表面有共同表面粗糙度要求的注法

①用带字母的完整符号的简化注法

如图 4 - 13 所示，用带字母的完整符号以等式的形式，在图形或标题栏附近对有相同表面粗糙度要求的表面进行简化标注。

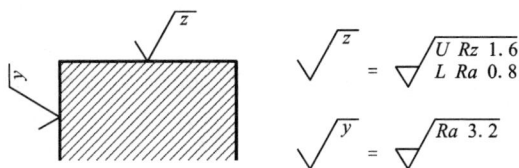

图 4 - 13　在图纸空间有限时的简化注法

②只用表面粗糙度符号的简化注法

如图 4 - 14 所示，用表面粗糙度符号以等式的形式给出多个表面共同的表面粗糙度要求。

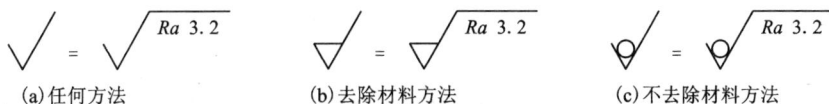

(a)任何方法　　　　(b)去除材料方法　　　　(c)不去除材料方法

图 4 - 14　多个表面粗糙度要求的简化注法

**例 4 - 1**　根据图 4 - 15(a)识读并标注表面粗糙度代号。

（1）根据图 4 - 15 实例解释下列表面粗糙度代号的含义。

$\sqrt{}^{Ra6.3}$ 含义：_____是用_____的方法获得的表面，$Ra$ 的_____值为____ 。

（2）标注：$\phi24$ 左端面是用去除材料的方法获得的表面，$Ra$ 的上限值为 $6.3\ \mu m$。

**解：**

由图 4 - 15(a)可知：被测要素为 $\phi24$ 圆柱右端台阶面，$\sqrt{}$ 表示被测表面是用去除材料的方法获得的，$\sqrt{}^{Ra6.3}$ 表示 $Ra$ 的上限值为 $6.3\ \mu m$，从而得出以下结论：

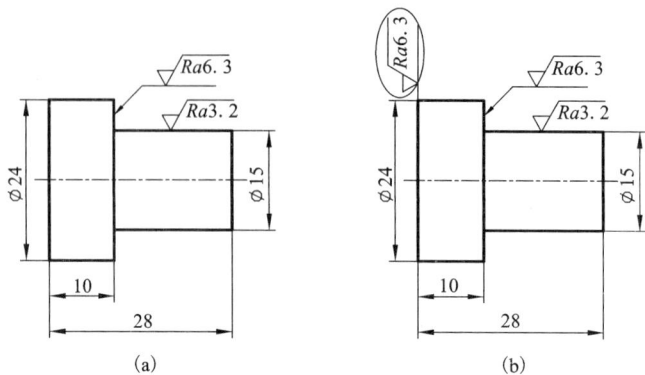

$\sqrt{Ra3.2}$ 含义：∅15圆柱面是用去除材料的方法获得的表面，$Ra$ 的上限值为3.2 μm。

被测要素　　　加工方法　　　极限值或最大、最小值　表面粗糙度数值

**图 4 – 15　表面粗糙度示例**

（1）$\sqrt{Ra6.3}$含义：$\phi24$ 圆柱右端台阶面是用去除材料的方法获得的表面，Ra 的 上限 值为 6.3 $\mu m$。

（2）由表面粗糙度代号的含义可知：被测要素为 $\phi24$ 左端面，表面粗糙度代号为$\sqrt{Ra6.3}$，标注结果见图 4 – 15($b$)中用圆圈标出的表面粗糙度代号。

# 练　习

1. 在表面粗糙度代号中，某高度参数只注写一个数值时，则此数值表示该高度参数的上限值。【是、否】

2. 当图样上标注的表面粗糙度参数后有 $max$（最大值）或 $min$（最小值）时，表示参数的实测值中允许少于总数 16% 的实测值超过规定值。【是、否】

3. 由于表面粗糙度高度参数不止一种，因而标注时在数值前必须注明相应的符号 Ra、Rz。【是、否】

4. 当零件表面是用铸造的方法获得时，标注表面粗糙度时应用（　　）符号表示。

A. $\sqrt{\phantom{x}}$　　　　　B. $\sqrt{\phantom{x}}$　　　　　C. $\diagup\!\!\!\!\!\diagdown$　　　　　D. $\sqrt{\phantom{x}}$

5. 根据图 4 – 16 识读并标注表面粗糙度代号。

（1）写出下列代号的含义：

① $\sqrt{Ra3.2}$ 含义：＿＿＿＿＿＿是用＿＿＿＿＿＿的方法获得的表面，Ra 的＿＿＿＿＿值为＿＿＿。

② $\sqrt{\dfrac{Ra3.2}{Ra1.6}}$ 含义：＿＿＿＿＿＿是用＿＿＿＿＿＿的方法获得的表面，Ra 的＿＿＿＿＿值为＿＿＿，Ra 的＿＿＿＿＿值为＿＿＿。

（2）按要求标注零件表面的表面粗糙度代号：

① $\phi50$ 左端面是用去除材料的方法获得的表面，Ra 的上限值为 6.3 $\mu m$，Ra 的下限值为 3.2 $\mu m$。

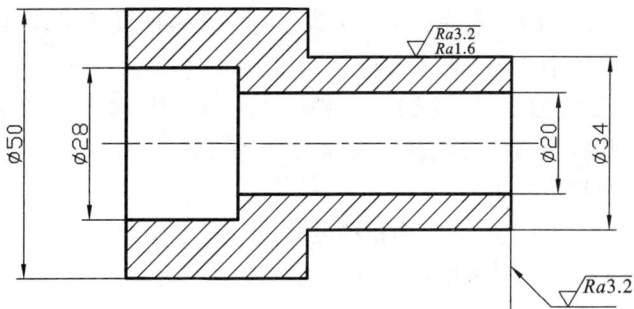

图 4 - 16   表面粗糙度习题图

②$\phi$20 圆柱内表面是用去除材料的方法获得的表面，$Ra$ 的上限值为 6.3 μm。

6. 分析图 4 - 17(a) 中表面粗糙度标注的错误(在错误的标注上打"×")，并在图 4 - 17 (b) 中注出正确的代号。

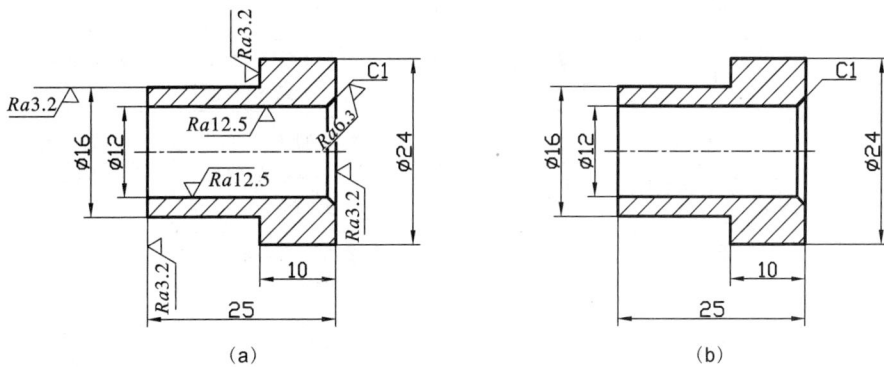

图 4 - 17   表面粗糙度习题图

<br>

## 4.4   表面粗糙度的选用及检测

### 4.4.1   表面粗糙度的选用

表面粗糙度参数值的选择应遵循既满足零件表面功能要求，又考虑经济性的原则，一般用类比法确定。其选择原则如下：

(1)在满足表面功能要求的前提下，尽量选用较大的表面粗糙度数值，以降低加工成本。

(2)同一零件上，工作表面一般比非工作表面的表面粗糙度数值要小。

(3)摩擦表面比非摩擦表面的表面粗糙度数值要小；滚动摩擦表面比滑动摩擦表面的表面粗糙度数值要小；运动速度高、压力大的摩擦表面比运动速度低、压力小的摩擦表面的表面粗糙度数值要小。

(4)承受循环载荷的表面及易引起应力集中的结构(如圆角、沟槽等)，应取较小的表面粗糙度数值。

（5）配合精度要求高的结合表面，配合间隙小的配合表面及要求连接可靠且承受重载的过盈配合表面，均应取较小的表面粗糙度数值。

（6）配合性质相同时，在一般情况下，零件尺寸越小，则表面粗糙度数值应越小；在同一精度等级时，小尺寸比大尺寸、轴比孔的表面粗糙度数值要小；通常在尺寸公差、表面形状公差小时，表面粗糙度数值要小。

（7）密封性、防腐性要求越高，表面粗糙度数值应越小。

表4-4给出了表面粗糙度参数值在某一范围内的表面特征、对应的加工方法及应用举例，供选用时参考。

**表4-4 表面粗糙度的表面特征、对应加工方法及应用举例**

| 表面特征 | | $Ra(\mu m)$ | 加工方法 | 应用举例 |
|---|---|---|---|---|
| 粗糙表面 | 可见刀痕 | >20~40 | 粗车、粗刨、粗铣、钻、锉、锯割 | 半成品粗加工后的表面，非配合的加工表面，如轴端面、倒角、钻孔、齿轮或带轮的侧面、键槽底面、垫圈接触面等 |
| | 微见刀痕 | >10~20 | | |
| 半光表面 | 微见加工痕迹 | >5~10 | 车、铣、镗、刨、钻、锉、粗磨、粗铰 | 轴上不安装轴承、齿轮处的非配合面，紧固件的自由装配表面等 |
| | | >2.5~5 | 车、铣、镗、刨、磨、锉、滚压、电火花加工、粗刮 | 半精加工表面、箱体、支架、端盖、套筒等与其他零件结合面无配合要求的表面，需要发蓝的表面等 |
| | 看不清加工痕迹 | >1.25~2.5 | 车、铣、镗、刨、磨、拉、刮、滚压、铣齿 | 接近于精加工表面，齿轮的齿面、定位销孔、箱体上安装轴承的镗孔表面 |
| 光表面 | 可辨加工痕迹的方向 | >0.63~1.25 | 车、铣、镗、拉、磨、刮、精铰、粗研、磨齿 | 要求保证定心及配合特性的表面，如锥销、圆柱销、与滚动轴承配合的轴颈，磨削的齿轮表面，普通车床的导轨面，内、外花键定心表面等 |
| | 微辨加工痕迹的方向 | >0.32~0.63 | 精铰、精镗、磨、刮、滚压、研磨 | 要求配合性质稳定的配合表面，受交变应力作用的重要零件，较高精度车床的导轨面 |
| | 不可辨加工痕迹的方向 | >0.16~0.32 | 布轮磨、精磨、研磨、超精加工、抛光 | 精密机床主轴锥孔，顶尖圆锥面，发动机曲轴、凸轮轴工作表面，高精度齿轮齿面 |
| 极光表面 | 暗光泽面 | >0.08~0.16 | 精磨、研磨、抛光、超精车 | 精密机床主轴轴颈表面，汽缸内表面，活塞销表面，仪器导轨面，阀的工作面，一般量规测量面等 |
| | 亮光泽面 | >0.04~0.08 | 超精磨、镜面磨削、精抛光 | 精密机床主轴轴颈表面，滚动导轨中的钢球、滚子和高速摩擦的工作表面 |
| | 镜状光泽面 | >0.01~0.04 | | 高压柱塞泵中柱塞和柱塞套的配合表面，中等精度仪器零件配合表面 |
| | 镜面 | ≤0.01 | 镜面磨削、超精研 | 高精度量仪、量块的工作表面，高精度仪器摩擦机构的支承表面，光学仪器中的金属镜面 |

## 4.4.2　表面粗糙度的检测

检测表面粗糙度要求不严的表面时,通常采用比较法;检测精度较高,要求获得准确评定参数的表面时,则须采用专用仪器检测表面粗糙度。

### 1. 比较法

比较法是指将被测表面与已知精度参数值的表面粗糙度样块进行比较,用目测和手摸的感触来判断表面粗糙度的一种检测方法。比较时还可借助放大镜、比较显微镜等工具,以减少误差,提高判断的准确性。比较时,应使样块与被检测表面的加工纹理方向保持一致。

这种方法简便易行,适用于在车间现场使用。但其评定的可靠性在很大程度上取决于检测人员的经验,往往误差较大。

### 2. 仪器检测法

传统的仪器检测方法有:光切法、干涉法和感触法(又称为针描法)。

光切法和干涉法分别是利用光切显微镜、干涉显微镜观测被测表面实际轮廓的放大光亮带和干涉条纹,再通过测量、计算获得 $Ra$ 值的方法。

感触法(针描法)是利用电动轮廓仪,如图 4 - 18 所示,测量被测表面的 $Ra$ 值的方法。测量时使触针以一定速度划过被测表面,传感器将触针随被测表面的微小峰谷的上下移动转化成电信号,并通过传输、放大和积分运算处理后,通过显示器显示 $Ra$ 值。

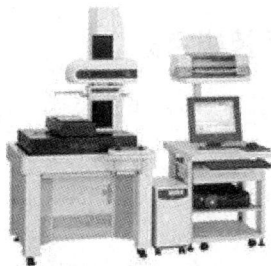

图 4 - 18　电动轮廓仪

# 练　习

1. 在满足表面功能要求的前提下,尽量选用较大的表面粗糙度数值,以降低加工成本。【是、否】

2. 设计时,若尺寸公差和表面形状公差较小时,其相应的表面粗糙度参数值也应较小。【是、否】

3. 采用比较法检测表面粗糙度的高度参数值时,应使样块与被检测表面的加工纹理方向保持一致。【是、否】

4. 光切法和干涉法常用来测量 $Rz$ 参数值,感触法常用来测量 $Ra$ 参数值。

5. 需要发蓝处理的表面,对其表面粗糙度值的要求一般为(　　)μm。

A. 2.5 ~ 5　　　　　B. 5 ~ 10　　　　　C. 1.25 ~ 2.5　　　　　D. 0.63 ~ 1.25

# 第 5 章 尺寸链

## 【学习目标】

(1)理解尺寸链的相关术语。

(2)掌握建立尺寸链、判别增环与减环的方法。

(3)掌握计算尺寸链的基本公式。

## 【技能目标】

(1)能够对工艺尺寸链进行设计计算。

(2)能够对装配尺寸链进行校核计算。

## 5.1 尺寸链的概念

### 5.1.1 尺寸链的定义及特点

#### 1.尺寸链的定义

在机器装配或零件加工过程中,由相互连接的尺寸按一定顺序形成一个封闭的尺寸组,称为尺寸链。

如图 5-1(a)所示,在孔、轴零件的装配过程中,其间隙 $A_0$ 的大小由孔径 $A_1$ 和轴径 $A_2$ 所决定,即 $A_0 = A_1 - A_2$。这些互相连接、能构成封闭形式的尺寸组合 $A_1$、$A_2$ 和 $A_0$ 就是一个尺寸链。

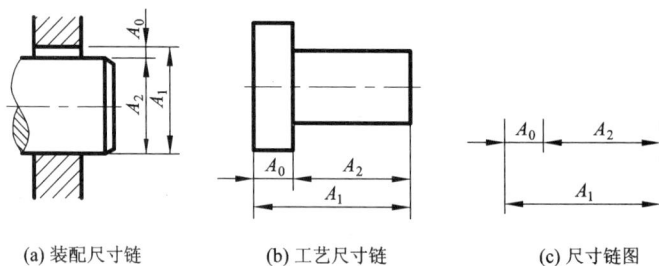

(a) 装配尺寸链　　　　(b) 工艺尺寸链　　　　(c) 尺寸链图

**图 5-1　尺寸链**

又如,如图 5-1(b)所示的台阶轴,在加工时,先加工尺寸 $A_1$,再加工尺寸 $A_2$,则尺寸 $A_0$ 就随之而定,因此这三个相互关联的尺寸也形成一个尺寸链。

**2. 尺寸链的特点**

尺寸链具有以下两个基本特点：

(1)封闭性组成尺寸链的各个尺寸按一定的顺序构成一个封闭系统。

(2)关联性 某一个尺寸变化，必将影响其他尺寸的变化，也就是说，它们的尺寸和精度互相联系、互相影响。

在分析计算尺寸链时，为了方便起见，常常不画出零件或部件的具体结构，也不必按照严格的比例，只依次绘出各个尺寸，这些尺寸首尾相连，构成封闭的形式，这个封闭的尺寸图叫尺寸链图，如图 5-1(c)所示。

绘制尺寸链图时，可从某一加工(或装配)基准出发，按加工(或装配)顺序依次画出各个环，环与环之间不得间断，最后用封闭环构成一个封闭回路。

## 5.1.2 尺寸链的组成和分类

**1. 尺寸链的组成**

尺寸链中每一个尺寸称为环，根据各环在尺寸链中的作用，可分为封闭环和组成环。

1) 封闭环 在装配过程或加工过程最后形成的一环。封闭环是尺寸链中唯一的特殊环，一般以字母加下角标"0"表示，如 $A_0$ 等。

在装配中，如图 5-1(a)所示，零件装配后形成的间隙或过盈就是封闭环 $A_0$；在加工和测量中，封闭环必须在加工顺序或测量顺序确定后才能判定，图 5-1(b)中的 $A_0$ 是最后形成的尺寸，当加工和测量顺序改变后，封闭环随之改变。

2) 组成环 尺寸链中，除封闭环之外的各环。同一尺寸链中的组成环，一般以同一字母加下角标"1"、"2"、…表示，如 $A_1$、$A_2$、$A_3$、$B_1$、$B_2$、$C_1$、$C_2$ 等，组成环中任意环的变动必然引起封闭环的变动。

根据组成环的尺寸变动对封闭环的影响，组成环又分为增环和减环。

(1)增环 是指在其他组成环不变的条件下，某一组成环的尺寸增大，封闭环的尺寸也随之增大，某一组成环的尺寸减小，封闭环的尺寸也随之减小，则该组成环称为增环，如图 5-1 中的 $A_1$。

(2)减环 是指在其他环不变的条件下，某一组成环的尺寸增大，封闭环的尺寸随之减小，某一组成环的尺寸减小，封闭环的尺寸随之增大，则该组成环称为减环，如图 5-1 中的 $A_2$。

> **知识要点提示：**
>
> 当尺寸链环数较多时，增环和减环可按箭头方向判别：
>
> 在画尺寸链图时，由任一尺寸开始顺着一个方向在尺寸链中各环的字母上画箭头，首尾相接，直至回到起始尺寸，形成封闭回路。凡组成环的箭头与封闭环的箭头方向相反者为增环，方向相同者为减环。

如图 5-2 所示，尺寸链由四个环组成，$A_0$ 为封闭环，按尺寸走向顺着一个方向(顺时针或逆时针)画各环的箭头，其中 $A_1$、$A_3$ 的箭头与 $A_0$ 的相反，则 $A_1$、$A_3$ 为增环，$A_2$ 的箭头方向与 $A_0$ 的相同，则 $A_2$ 为减环。

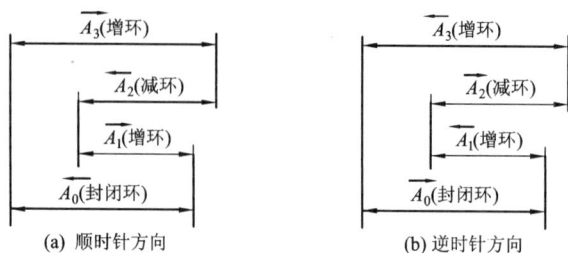

(a) 顺时针方向　　　　　　　(b) 逆时针方向

图 5-2　增环、减环的判定

## 2. 尺寸链的分类

1）按尺寸链的应用场合不同，可分为以下几类：

（1）装配尺寸链　全部组成环为不同零件设计尺寸所形成的尺寸链。如图 5-1(a)所示。

（2）零件尺寸链　全部组成环为同一零件设计尺寸所形成的尺寸链。如图 5-1(b)所示。

（3）工艺尺寸链　全部组成环为同一零件工艺尺寸所形成的尺寸链。

设计尺寸指零件图上标注的尺寸；工艺尺寸指工序尺寸、定位尺寸与基准尺寸等。装配尺寸链与零件尺寸链统称为设计尺寸链。

2）按尺寸链中环的相互位置，可分为直线尺寸链、平面尺寸链和空间尺寸链。

3）按尺寸链中各环尺寸的几何特征，可分为以下几类：

（1）长度尺寸链　全部环为长度尺寸的尺寸链(本章所列的各尺寸链均属此类)。

（2）角度尺寸链　全部环为角度尺寸的尺寸链。

# 练　习

1. 尺寸链是指在机器装配或零件加工过程中，由相互联系的尺寸形成封闭的尺寸组。【是、否】

2. 在装配尺寸链中，封闭环是在装配过程中最后形成的一环。【是、否】

3. 当组成尺寸链的尺寸较多时，一条尺寸链中封闭环可能不止一个。【是、否】

4. 若尺寸链中其他组成环尺寸不变，当增环尺寸增大时，封闭环尺寸增大。【是、否】

5. 如图 5-3 所示尺寸链，封闭环为 $A_0$，增环为＿＿＿＿＿＿＿＿，减环为＿＿＿＿＿＿＿＿。

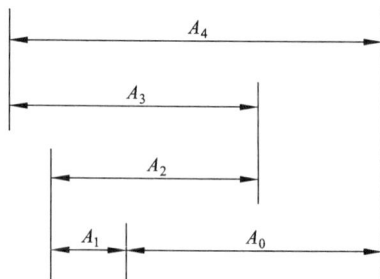

图 5-3　习题图

## 5.2　尺寸链的解算

### 5.2.1　尺寸链解算的类型

解尺寸链,就是计算尺寸链中各环的公称尺寸、公差和极限偏差。从解尺寸链的已知条件和目的出发,尺寸链可分为校核计算和设计计算两种情况。

**1.校核计算**

校核计算是按给定的各组成环的公称尺寸、公差或极限偏差,求封闭环的公称尺寸、公差或极限偏差。校核计算主要用于检验设计的正确性,即由各组成环的极限尺寸验算封闭环的变动范围是否符合技术要求的规定。

**2.设计计算**

设计计算是按给定的封闭环的公称尺寸、公差或极限偏差和各组成环的公称尺寸,求解各组成环的公差或极限偏差。这种计算常用于产品设计,根据机器的使用要求,合理地分配有关尺寸的公差或极限偏差。

解尺寸链的基本方法,主要有极值法(完全互换法)和概率法。本节只介绍完全互换法。

### 5.2.2　尺寸链的基本公式

**1.封闭环的公称尺寸 $A_0$**

封闭环的公称尺寸 =(所有增环公称尺寸之和) - (所有减环公称尺寸之和)

即

$$A_0 = \sum_{z=1}^{m} A_z - \sum_{j=m+1}^{n-1} A_j \qquad (5-1)$$

式中: $A_0$ ——封闭环的公称尺寸。

$A_z$ ——增环 $A_1$、$A_2$、$\cdots$、$A_m$ 的公称尺寸, $m$ 为增环的环数。

$A_j$ ——减环 $A_{m+1}$、$A_{m+2}$、$\cdots$、$A_{n-1}$ 的公称尺寸, $n$ 为总环数。

**2.封闭环的极限尺寸**

(1)封闭环的上极限尺寸 $A_{0max}$

封闭环上极限尺寸 =(所有增环上极限尺寸之和) - (所有减环下极限尺寸之和)

即

$$A_{0max} = \sum_{z=1}^{m} A_{zmax} - \sum_{j=m+1}^{n-1} A_{jmin} \qquad (5-2)$$

(2)封闭环的下极限尺寸 $A_{0min}$

封闭环下极限尺寸 =(所有增环下极限尺寸之和) - (所有减环上极限尺寸之和)

即

$$A_{0min} = \sum_{z=1}^{m} A_{zmin} - \sum_{j=m+1}^{n-1} A_{jmax} \qquad (5-3)$$

### 3. 封闭环的极限偏差

（1）封闭环的上极限偏差 $ES_0$

封闭环上极限偏差 =（所有增环上极限偏差之和）–（所有减环下极限偏差之和）

即

$$ES_0 = \sum_{z=1}^{m} ES_{A_z} - \sum_{j=m+1}^{n-1} EI_{A_j} \tag{5-4}$$

（2）封闭环的下极限偏差 $EI_0$

封闭环下极限偏差 =（所有增环下极限偏差之和）–（所有减环上极限偏差之和）

即

$$EI_0 = \sum_{z=1}^{m} EI_{A_z} - \sum_{j=m+1}^{n-1} ES_{A_j} \tag{5-5}$$

### 4. 封闭环的公差 $T_0$

封闭环的公差等于所有组成环公差之和。即：

封闭环的公差 =（所有增环公差之和）+（所有减环公差之和）

可用下式表示

$$T_0 = \sum_{i=1}^{n-1} T_{A_i} \tag{5-6}$$

由此可知，封闭环的公差比任一组成环的公差都大。因此，在零件尺寸链中，一般选最不重要的环作为封闭环，而在装配链中，封闭环是装配的最终要求。为了减小封闭环的公差，应尽量减少封闭环的环数，这就是在设计工作中应遵守的最短尺寸链原则。

## 5.2.3 尺寸链的计算

解尺寸链的步骤：一般是画尺寸链图；确定封闭环、增环和减环；进行计算。要正确解题，关键是正确地确定封闭环、增环、减环，尤其是封闭环的确定。

**例 5-1** 如图 5-4（a）所示的台阶轴，当采用不同加工顺序加工时，凸台宽度 $X$ 如何确定？

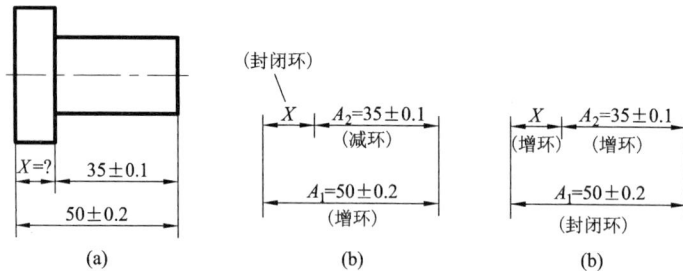

图 5-4 台阶轴

**解：**

**方案（1）**：若先加工 $A_1 = (50 \pm 0.2)$ mm，再加工 $A_2 = (35 \pm 0.1)$ mm，则 $X$ 为封闭环，$A_1$ 为增环，$A_2$ 为减环，如图 5-4(b)所示。

$$封闭环上极限偏差 = 增环 A_1 上极限偏差 - 减环 A_2 下极限偏差$$

$$ES_0 = (+0.2) - (-0.1)$$

$$= +0.3 \text{ mm}$$

$$封闭环下极限偏差 = 增环 A_1 下极限偏差 - 减环 A_2 上极限偏差$$

$$EI_0 = (-0.2) - (+0.1)$$

$$= -0.3 \text{ mm}$$

$$故封闭环 X = (15 \pm 0.3) \text{mm}$$

**方案(2)**：若先加工 $A_2 = (35 \pm 0.1)$ mm，再加工 $X$，最后形成 $A_1 = (50 \pm 0.2)$ mm，则 $A_1$ 为封闭环，$A_2$、$X$ 为增环，如图 5 - 4(c)所示。

$$封闭环 A_1 上极限偏差 = 增环(A_2、X)上极限偏差之和 \quad （注：此题无减环）$$

$$(+0.2) = (+0.1) + ES_X$$

$$ES_X = +0.1 \text{ mm}$$

$$封闭环 A_1 下极限偏差 = 增环(A_2、X)下极限偏差之和 \quad （注：此题无减环）$$

$$(-0.2) = (-0.1) + EI_X$$

$$EI_X = -0.1 \text{ mm}$$

$$故增环 X = (15 \pm 0.1) \text{mm}$$

**知识要点提示：**

从例题 5 - 1 中可以看出，封闭环具有如下特点：

(1)在零件尺寸链中，封闭环是加工顺序确定后才形成的，也就是加工中最后形成的。

(2)封闭环的尺寸大小依各组成环的尺寸大小而定，因此加工顺序不同，计算结果截然不同。

**例 5 - 2**　如图 5 - 5(a)所示的零件，设计要求以 $M$ 面为基准，$a_1 = 45_{-0.1}^{0}$ mm，$a_2 = 32_{-0.16}^{0}$ mm，加工时为了测量方便，选择 $Q$ 面为工艺基准，直接控制尺寸 $A_1$ 和 $A_2$，如图 5 - 5(b)所示。试求尺寸 $A_2$。

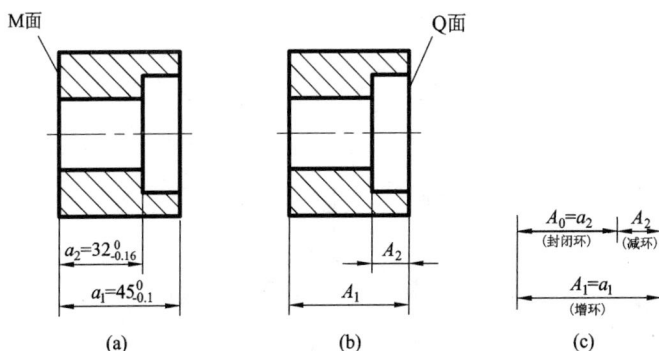

**图 5 - 5　例图**

**解：**

(1)画出尺寸链图，如图5-5(c)所示，由于$a_2$是加工最后形成的，所以$a_2$为封闭环，$A_0 = a_2 = 32_{-0.16}^{0}$ mm，$A_1 = a_1 = 45_{-0.1}^{0}$ mm为增环，$A_2$为减环。

(2)求减环$A_2$的公称尺寸。

$$A_2 = A_1 - A_0 = 45 - 32 = 13 \text{ mm}$$

(3)求减环$A2$的上、下极限偏差$(ES_{A2}、EI_{A2})$。

$$ES_0 = ES_{A1} - EI_{A2}$$

所以

$$EI_{A2} = ES_{A1} - ES_0 = 0 - 0 = 0 \text{ mm}$$

$$EI_0 = EI_{A1} - ES_{A2}$$

所以

$$ES_{A2} = EI_{A1} - EI_0 = \left[ -0.1 - (-0.16) \right] = +0.06 \text{ mm}$$

故

$$A_2 = 13_{0}^{+0.06} \text{ mm}$$

(4)验算。

$$T_0 = \sum_{i=1}^{n-1} T_{A_i} = (0.1 + 0.06) \text{mm} = 0.16 \text{ mm}$$

结果正确。

# 练 习

1. 零件尺寸链一般选择最重要的环作封闭环。【是、否】

2. 封闭环公称尺寸等于各组成环公称尺寸的代数和。【是、否】

3. 当所有的增环都是上极限尺寸，而所有的减环都是下极限尺寸时，封闭环必为_____极限尺寸。

4. 尺寸链中，所有增环下极限偏差之和减去所有减环上极限偏差之和，即为封闭环的____偏差。

5. 尺寸链中封闭环公差等于所有组成环_____之和。

6. 在工艺尺寸链中，封闭环按加工顺序确定，加工顺序改变时，封闭环也随之改变。【是、否】

7. 如图5-6所示尺寸链，若$X$为封闭环，则该封闭环的尺寸标注为_____。

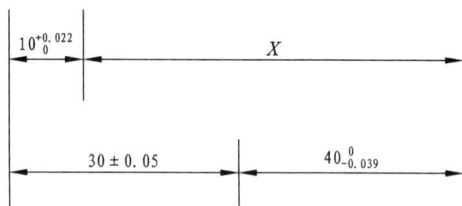

$10_{0}^{+0.022}$

$X$

$30 \pm 0.05$

$40_{-0.039}^{0}$

图5-6 习题图

8. 用钳工锉削如图5-7所示零件，因条件所限，仅有外径千分尺供测量使用。求$A$、$B$之间的距离应控制在什么尺寸范围内才能满足加工要求？

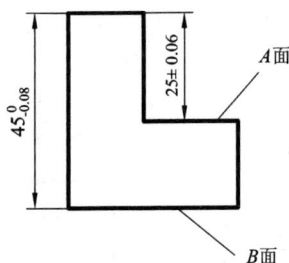

**图 5-7　工件加工要求**

9. 如图 5-8 所示齿轮轴装配中，要求装配后齿轮端面和箱体凸台端面之间具有 0.1～0.3 mm 的轴向间隙。已知 $B_1 = 80^{+0.1}_{0}$ mm，$B_2 = 60^{0}_{-0.06}$ mm，问 $B_3$ 尺寸应控制在什么范围内才能满足装配要求？

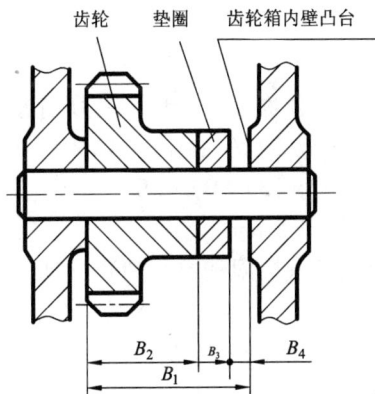

**图 5-8　齿轮与齿轮轴**

**例 5-3**　套筒的尺寸标注如图 5-9 所示，已知工序：先车外圆 $A_1$ 为 $\phi70^{-0.04}_{-0.08}$ mm，再镗孔 $A_2$ 为 $\phi60^{+0.06}_{0}$ mm，并保证内外圆的同轴度公差为 $\phi0.02$ mm。求壁厚的公称尺寸及上、下极限偏差。

**解：**

（1）画出尺寸链图

由于此例中 $A_1$、$A_2$ 尺寸相对加工基准具有对称性，故应取半径值画尺寸链图，即外圆和内孔的直径尺寸转换成半径尺寸，因为 $A_1 = 70^{-0.04}_{-0.08}$ mm，则 $A_1/2 = 35^{-0.02}_{-0.04}$ mm；$A_2 = 60^{+0.06}_{0}$，则 $A_2/2 = 30^{+0.03}_{0}$ mm；由于同轴度公差为 $\phi0.02$ mm，则 $A_3 = 0 \pm 0.01$ mm。

画出尺寸链，假设孔的轴线相对于轴的基准轴线的同轴度误差向上偏，以外圆圆心为基准，按加工顺序分别画出 $A_1/2$、$A_3$、$A_2/2$，并用 $A_0$ 把它们连成封闭回路，如图 5-10（b）所示，由于壁厚是在加工过程中最后形成的，则壁厚为封闭环 $A_0$，$A_1/2$、$A_3$ 为增环，$A_2/2$ 为减环。

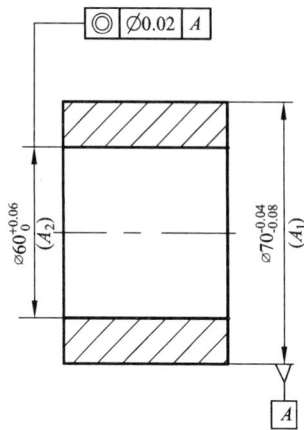

图 5 - 9　套筒

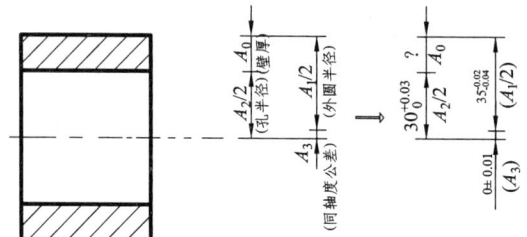

图 5 - 10　套筒工艺尺寸链
（孔的轴线相对轴的轴线的同轴度误差偏上）

（2）计算壁厚 $A_0$ 的尺寸

封闭环的公称尺寸 =（所有增环公称尺寸之和）-（所有减环公称尺寸之和）

所以，壁厚 $A_0$ 的公称尺寸　$A_0 = (A_1/2 + A_3) - A_2/2$

$$= (35 + 0) - 30$$

$$= 5 \text{ mm}$$

封闭环上极限偏差 =（所有增环上极限偏差之和）-（所有减环下极限偏差之和）

所以，壁厚 $A_0$ 上极限偏差　$ES_0 = (ES_{A1/2} + ES_{A3}) - EI_{A2/2}$

$$= [(-0.02) + (+0.01)] - 0$$

$$= -0.01 \text{ mm}$$

封闭环下极限偏差 =（所有增环下极限偏差之和）-（所有减环上极限偏差之和）

所以，壁厚 $A_0$ 下极限偏差　$EI_0 = (EI_{A1/2} + EI_{A3}) - ES_{A2}/2$

$$= [(-0.04) + (-0.01)] - (+0.03)$$

$$= -0.08 \text{ mm}$$

故　　　　　　　　　　　　　$A_0 = 5^{-0.01}_{-0.08} \text{ mm}$

（3）验算

$$T_0 = ES_0 - EI_0$$

$$= (-0.01) - (-0.08)$$

$$= 0.07 \text{ mm}$$

封闭环的公差 =（所有增环公差之和）+（所有减环公差之和）

所以　　　$\sum_{i=1}^{n-1} T_{A_i} = T_1/2 + (T_3 + T_2/2)$

$$= 0.02 + (0.02 + 0.03)$$

$$= 0.07 \text{ mm}$$

满足 $T_0 = \sum_{i=1}^{n-1} T_{A_i}$，所以壁厚 $A_0$ 为 $5^{-0.01}_{-0.08} \text{ mm}$

　　在计算尺寸链中，如果知道封闭环的公称尺寸及极限偏差和各组成环的公称尺寸，求各组成环的极限偏差时，常采用等公差法，即假定各组成环的尺寸公差相等。在满足式（5－6）的条件下，求出各组成环的平均公差 $T$，然后按照各环尺寸的大小及加工的难易程度加以调整，使尺寸较大，加工较难的环有较大的公差值。

因

$$T_0 = \sum_{i=1}^{n-1} T_{A_i} = (n-1)T_{平均}$$

故

$$T_{平均} = \frac{1}{n-1}T_n \qquad\qquad (5-7)$$

　　此外，还可以假定各组成环按同一公差等级制造，然后按加工难易程度调整各组成环的公差值，即等精度法。

　　确定了各组成环公差后，就可以确定其上、下极限偏差。一般可按"向体原则"，确定各组成环的上下极限偏差，即孔用 $H$、轴用 $h$。这样，可使计算简化，便于加工，但必须以满足式（5－4）、式（5－5）为前提。

　　**例 5－4**　如图 5－11（a）所示为对开齿轮箱的一部分，根据使用要求，间隙 $A_0$ 应在 1～1.75 mm 范围内。已知各零件的基本尺寸为：$A_1 = 101$ mm，$A_2 = 50$ mm，$A_3 = 5$ mm，$A_4 = 140$ mm，$A_5 = 5$ mm。试决定它们的公差和极限偏差。

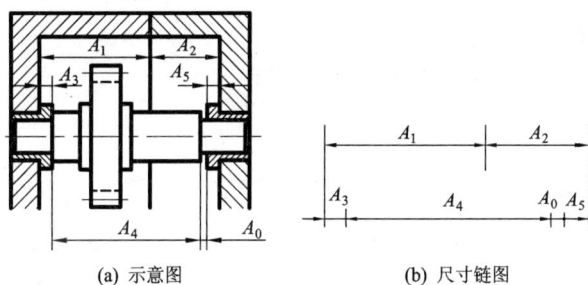

(a) 示意图　　　　　　　　　(b) 尺寸链图

**图 5－11　齿轮箱部件**

　　**解：**

　　（1）画尺寸链图

　　如图 5－11（b）所示。由于 $A_0$ 是装配后得到的，故为封闭环；$A_1$、$A_2$ 为增环；$A_3$、$A_4$、$A_5$ 为减环。

　　（2）求封闭环的尺寸和公差

$$A_0 = (A_1 + A_2) - (A_3 + A_4 + A_5)$$
$$= [(101 + 50) - (5 + 140 + 5)]$$
$$= 1 \text{ mm}$$

封闭环尺寸 $A_0 = 1_{\ 0}^{+0.75}$ mm

封闭环公差 $T_0 = 1.75 - 1 = 0.75$ mm，总环数 $n = 6$。

　　（3）求各组成环的公差和极限偏差

　　按等公差法、由式（5－7）求得各组成环的平均公差

$$T_{平均} = \frac{1}{n-1}T_n = \frac{0.75}{6-1}\text{mm} = 0.15 \text{ mm}$$

考虑到 $A_3$、$A_5$ 易于加工，而 $A_1$、$A_2$ 较难加工，适当调整各环的公差，取 $T_{A3} = T_{A5} = 0.05$ mm，$T_{A1} = 0.3$ mm，$T_{A2} = 0.25$ mm，$T_{A4}$ 可根据式(5-6)计算。

$$T_{A4} = T_0 - (T_{A1} + T_{A2} + T_{A3} + T_{A5})$$
$$= 0.75 - (0.3 + 0.25 + 0.05 + 0.05)$$
$$= 0.1 \text{ mm}$$

再按照"向体原则(即偏差向体内原则)"分析各组成环的上、下极限偏差，对于包容面孔，由于加工误差的修改，只会使孔尺寸越来越大，即向孔材料内偏，取 $A_1 = 101^{+0.3}_{0}$ mm，$A_2 = 50^{+0.25}_{0}$ mm。对于被包容面轴，由于加工误差的修改，只会使轴尺寸越来越小，即向轴材料内偏，取 $A_3 = A_5 = 5^{0}_{-0.05}$，$A_4 = 140^{0}_{-0.1}$ mm。

由式(5-4)或式(5-5)校核。

$$ES_0 = ES_{A1} + ES_{A2} - EI_{A3} - EI_{A4} - EI_{A5}$$
$$= (+0.3) + (0.25) - (-0.05) - (-0.1) - (-0.05)$$
$$= +0.75 \text{ mm}$$

或　　　　$$EI_0 = EI_{A1} + EI_{A2} - ES_{A3} - ES_{A4} - ES_{A5} = 0$$

验算结果证明，各组成环的极限偏差是合适的。若验算结果与封闭环的极限偏差不符合，可重新调整组成环的极限偏差。

综上所述，极值法是从尺寸的极限情况出发，计算简单，但环数不能过多，精度也不能太高，否则造成各组成环的公差过小，使加工困难，经济性不好。零件在成批大量生产，尺寸链环数较多、精度要求较高时，可用概率法求解。

# 练 习

1. 根据"向体原则"要求，当组成环为轴时，取_____偏差为零。

2. 某厂加工一批曲轴、连杆及轴承衬套等零件，如图5-12所示。经调试运转，发现有的曲轴肩与轴承衬套端面有划伤现象。按设计要求 $A_0 = 0.1 \sim 0.2$ mm，而 $A_1 = 150^{+0.018}_{0}$ mm，

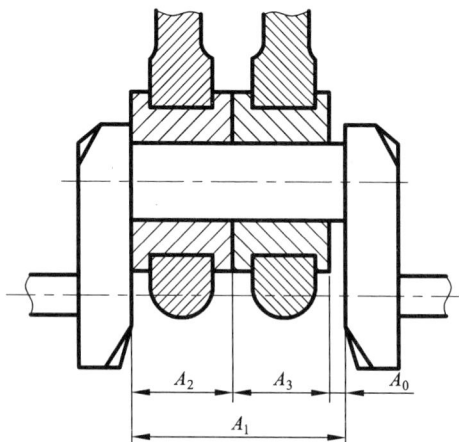

图 5-12　曲轴与连杆

$A_2 = A_3 = 75^{-0.02}_{-0.08}$ mm。试验算图样给定零件尺寸的极限偏差是否合理？

3. 某套筒零件的尺寸标注如图 5 – 13 所示，试计算其壁厚尺寸。已知加工顺序为：先车外圆至 $\phi30^{\ 0}_{-0.04}$ mm，其次钻内孔至 $\phi20^{+0.06}_{\ 0}$ mm，内孔对外圆的同轴度公差为 $\phi0.02$ mm。

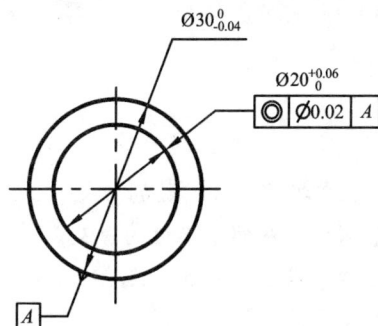

图 5 – 13　套筒零件

4. 加工如图 5 – 14 所示钻套，先按尺寸 $\phi32^{+0.041}_{+0.020}$ 磨内孔，再按 $\phi44^{+0.033}_{+0.017}$ 磨外圆，外圆对内孔的同轴度公差为 $\phi0.012$ mm，试计算钻套壁厚尺寸的变化范围。

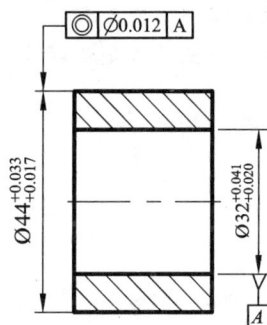

图 5 – 14　钻套

5. 加工如图 5 – 15 所示轴套，加工顺序为：车外圆、车内孔，要求保证壁厚为 $5 \pm 0.05$ mm，已知轴套孔对外圆的同轴度公差为 $\phi0.02$ mm，求外圆尺寸 $A_1$。

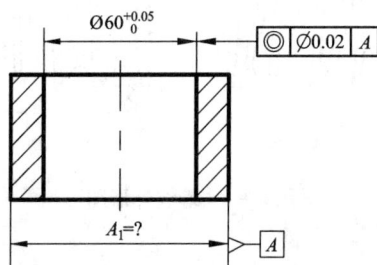

图 5 – 15　轴套

# 第6章　螺纹的公差与检测

## 【知识目标】

(1)了解螺纹的种类及应用,掌握螺纹各参数的含义。

(2)理解普通螺纹结合的基本要求和螺纹标记的含义。

(3)了解普通螺纹公差的结构及其公差带和特点。

(4)了解螺纹公差表格的查阅方法。

(5)理解用螺纹工作量规对螺纹进行综合检验的原理。

## 【技能目标】

(1)能理解螺纹的种类及应用、螺纹各参数的含义。

(2)能理解普通螺纹结合的基本要求、螺纹几何参数对螺纹互换性的影响。

(3)能理解螺纹标记的含义,能查阅螺纹公差表格。

(4)能用螺纹工作量规检验螺纹,用三针法测量螺纹中径。

## 6.1　概　述

### 6.1.1　螺纹的种类及应用

螺纹是指在圆柱或圆锥表面上,沿着螺旋线形成的、具有相同断面的连续凸起和沟槽,如图6-1所示。螺纹分类方法有多种。

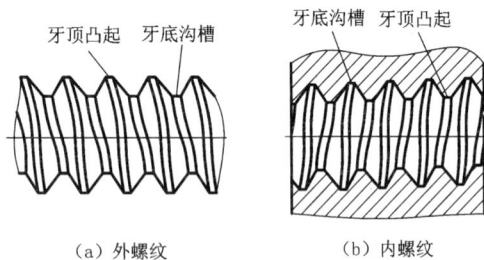

牙顶凸起　牙底沟槽　　　牙底沟槽　牙顶凸起

（a）外螺纹　　　　　　　（b）内螺纹

图6-1　螺纹外形图

**1. 按螺纹所形成的表面分类**

按螺纹所形成的表面分为外螺纹和内螺纹。在圆柱或圆锥外表面上所形成的螺纹称为外螺纹，而在圆柱或圆锥内表面上所形成的螺纹称为内螺纹，如图 6 - 1 所示。

**2. 按螺纹牙型分类**

螺纹按其牙型可分为三角形螺纹、梯形螺纹、锯齿形螺纹和矩形螺纹四种。常用螺纹的牙型和应用见表 6 - 1，其中三角形螺纹应用最为广泛。本章主要介绍公制普通螺纹的公差与检测。

表 6 - 1　常用螺纹的牙型和应用

| 截面牙型 | | | 牙型代号 | 特　征　及　应　用 |
|---|---|---|---|---|
| 连接螺纹（三角形螺纹） | 普通螺纹 | 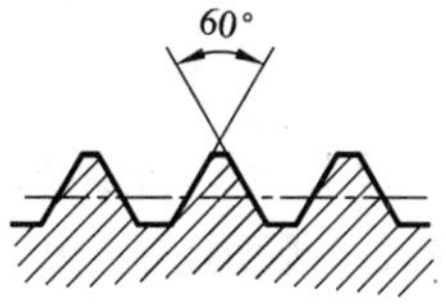 | M | 牙型角为 60°，同一直径按螺距大小可分为粗牙和细牙两类，应用最广。<br>一般连接多用粗牙，细牙用于薄壁及受冲击、振动的零件，也常用于微调机构。 |
| | 管螺纹 | | 密封 R | 牙型角为 55°，公称直径近似为管内径，又可分为圆柱管螺纹和圆锥管螺纹。 |
| | | | 非密封 G | 多用于水、油、气的管路及电器管路系统的连接。 |
| 传动螺纹 | 梯形螺纹 | 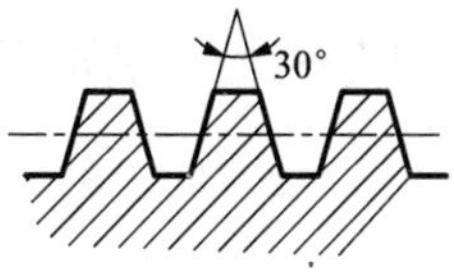 | Tr | 牙型角为 30°，牙顶与牙底在结合时有相等的间隙。<br>广泛应用于传力或螺旋传动机构，加工工艺性好，牙根强度高，螺旋副的对中性好。 |
| | 锯齿形螺纹 | 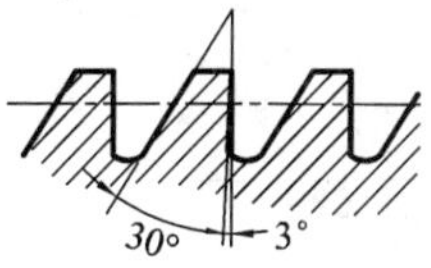 | B | 工作面的牙型角为 3°，非工作面的牙型角为 30°。<br>广泛应用于单向受力的传动机构，外螺纹的牙根处有圆角，可减轻应力集中，牙根强度高。 |
| | 矩形螺纹 | 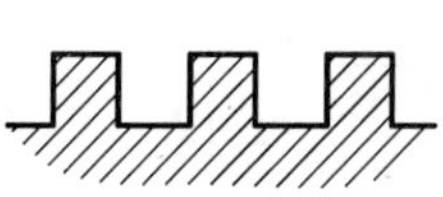 | | 牙型为正方形，牙厚为螺距的一半。<br>多应用于传力或螺旋传动机构，传动效率高，牙根强度较弱，螺旋副对中精度低。现已基本被梯形螺纹取代。 |

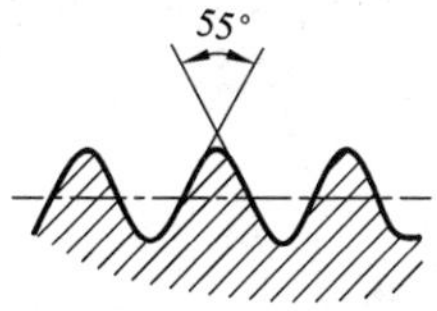

**3. 按用途分类**

按用途一般可分为连接螺纹和传动螺纹，如表 6 - 1 所示。

**4. 按旋向分类**

螺纹按旋向可分为左旋螺纹和右旋螺纹。沿轴线方向观察，顺时针方向旋进为右旋螺纹，逆时针方向旋进为左旋螺纹，如图 6 - 2 所示。

**5. 按螺旋线头数分类**

按螺纹线头数可分为单线螺纹和多线螺纹，如图 6 - 2 所示。

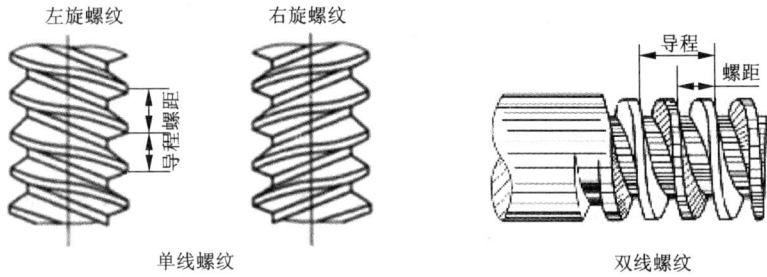

图 6-2　螺纹的旋向及线数

## 6.1.2　普通螺纹的基本牙型

按 GB/T192—2003 规定，普通螺纹的基本牙型如图 6-3 所示，它是在螺纹轴剖面上，将高度为 $H$ 的原始等边三角形的顶部截去 $H/8$ 和底部截去 $H/4$ 后形成的内、外螺纹共有的理论牙型。内、外螺纹的大径、中径、小径和螺距等基本几何参数都在基本牙型上定义。该牙型上的尺寸均为基本尺寸。

## 6.1.3　普通螺纹的主要几何参数

### 1. 原始三角形高度($H$)、牙型高度

如图 6-3 所示，原始三角形高度是指由原始三角形顶点沿垂直轴线方向到其底边的距离 $H$。

牙型高度是指在螺纹牙型上，牙顶到牙底在垂直于螺纹轴线方向上的距离，即 $\dfrac{5}{8}H$。

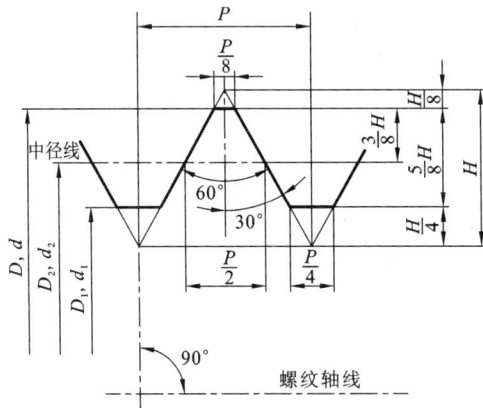

$D$—内螺纹大径；$d$—外螺纹大径；$D_2$—内螺纹中径；$d_2$—外螺纹中径；

$D_1$—内螺纹小径；$d_1$—外螺纹小径；$P$—螺距；$H$—原始三角形高度

图 6-3　普通螺纹的基本牙型

### 2. 大径($D$，$d$)

普通螺纹的大径是指与外螺纹牙顶或内螺纹牙底相切的假想圆柱面的直径。对外螺纹而

言，大径为顶径，用"$d$"表示；对内螺纹而言，大径为底径，用"$D$"表示，如图 6 - 4 所示。

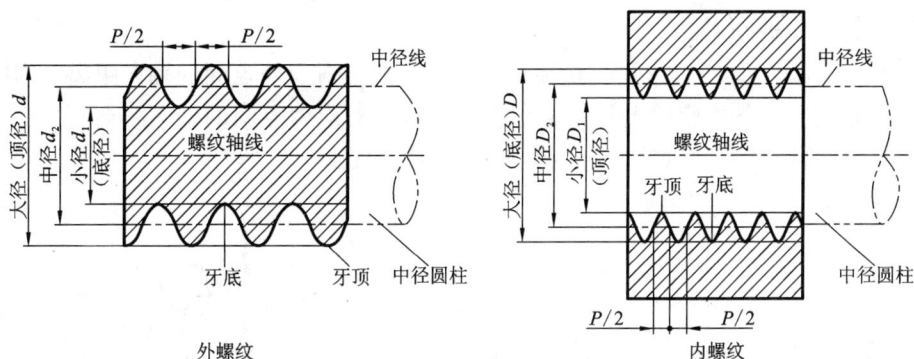

**图 6 - 4　普通螺纹的大径、中径和小径**

国家标准规定，普通螺纹大径的公称尺寸作为螺纹的公称直径。普通螺纹的公称直径已标准化，可按国家标准 GB/T 196—2003《普通螺纹直径与螺距系列（直径 1～600 mm）》选取。GB/T 196—2003 摘录见附表六。

**3. 小径（$D_1$，$d_1$）**

小径是指与外螺纹牙底或内螺纹牙顶相切的假想圆柱面的直径，如图 6 - 4 所示。对外螺纹而言，小径为其底径，用"$d_1$"表示；对内螺纹而言，小径为其顶径，用"$D_1$"表示。在强度计算中，小径常作为螺杆危险剖面的计算直径。

普通螺纹的小径与其公称直径之间关系如下：

$$D_1 = D - 2 \times \frac{5}{8} H = D - 1.0825P \qquad (6 - 1)$$

$$d_1 = d - 2 \times \frac{5}{8} H = d - 1.0825P \qquad (6 - 2)$$

**4. 中径（$D_2$，$d_2$）**

中径是指母线位于牙型上沟槽和凸起宽度相等处（即 $H/2$ 处）的假想圆柱面直径。外螺纹中径用"$d_2$"表示；内螺纹的中径用"$D_2$"表示，如图 6 - 4 所示。

普通螺纹的中径与其公称直径之间存在如下关系：

$$D_2 = D - 2 \times \frac{3}{8} H = D - 0.6495P \qquad (6 - 3)$$

$$d_2 = d - 2 \times \frac{3}{8} H = d - 0.6495P \qquad (6 - 4)$$

普通螺纹小径和中径的尺寸可由公式计算，也可在 GB/T 196—2003《普通螺纹 公称尺寸》表中查取（见附表六）。

**5. 单一中径（$D_{2a}$，$d_{2a}$）**

普通螺纹的单一中径是指一个假想圆柱的直径，该圆柱的母线通过牙型上沟槽宽度等于 1/2 基本螺距的地方。

单一中径（$D_{2a}$，$d_{2a}$）与中径（$D_2$，$d_2$）的区别：单一中径是螺纹中径的实际尺寸，螺纹单项测量中所测得的中径尺寸为单一中径尺寸;而中径($D_2$,$d_2$)代表螺纹中径的理论尺寸。当没有螺距误差时,单一中径与中径的数值相等,如图6-5所示,图中$\Delta P$为螺距误差。

### 6. 螺距($P$)与导程($P_h$)

如图6-6所示,螺距是指螺纹相邻两牙在中径线上对应两点间的轴向距离。螺距已标准化。导程是指同一条螺旋线上相邻两牙在中径线上对应两点间的轴向距离。当螺母不动时,螺栓旋转一周,螺栓沿轴线方向移动的距离即为导程。

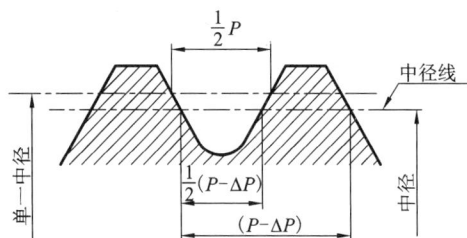

图6-5  螺纹的单一中径

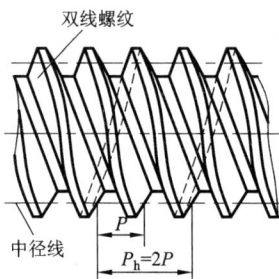

图6-6  螺纹的螺距和导程

螺距($P$)与导程($P_h$)的关系:对单线螺纹,导程等于螺距;对多线螺纹,导程等于螺距与螺纹线数$n$的乘积,即

$$P_h = P \times n \tag{6-5}$$

### 7. 螺纹升角($\phi$)

螺纹升角是指在中径圆柱上,螺旋线的切线与垂直于螺纹轴线的平面间的夹角$\phi$,如图6-7所示。从图中螺纹中径圆柱展开图可以看出,它与导程和中径之间的关系为:

$$\tan\phi = \frac{P_h}{\pi d_2} \tag{6-6}$$

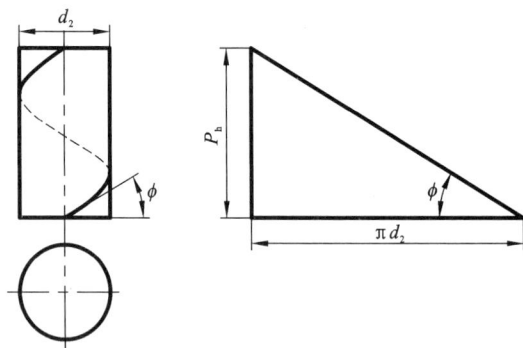

图6-7  螺纹升角

### 8. 牙型角($\alpha$)、牙型半角($\alpha/2$)和牙侧角($\alpha_1$,$\alpha_2$)

如图6-8(a)所示,牙型角是指在螺纹牙型上,两相邻牙侧间的夹角$\alpha$;牙型半角是指牙

型角的一半即 $\alpha/2$；牙侧角是指在螺纹牙型上，牙侧与螺纹轴线的垂线间的夹角，如图 6-8 (b)中的 $\alpha_1$ 与 $\alpha_2$。

对于普通螺纹，$\alpha=60°$，$\alpha/2=30°$，$\alpha_1=\alpha_2=30°$。

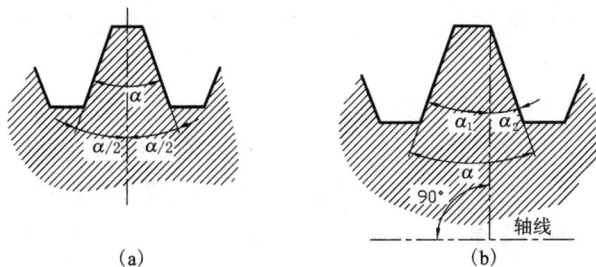

(a)　　　　　　　(b)

**图 6-8　牙型角、牙型半角和牙侧角**

### 9. 螺纹旋合长度($L$)与接触高度

如图 6-9 所示，螺纹旋合长度是指相互配合的两螺纹沿螺纹轴线方向相互旋合部分的长度。螺纹接触高度是指在相互配合的两个螺纹牙型上，牙侧重合部分在垂直于螺纹轴线方向上的距离。

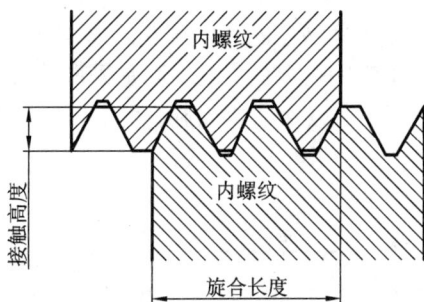

**图 6-9　螺纹旋合长度与接触高度**

## 6.2　螺纹几何参数误差对螺纹互换性的影响

### 6.2.1　普通螺纹结合的基本要求

#### 1. 可旋合性

可旋合性是指不经任何选择和修配，无须特别施加外力，内外螺纹件在装配时就能在给定的轴向长度内全部自由地旋合。

#### 2. 连接可靠性

连接可靠性是指内外螺纹旋合后，接触均匀，且在长期使用中有足够可靠的连接力。

## 6.2.2　螺纹几何参数误差对螺纹互换性的影响

影响螺纹互换性的因素有：螺纹的大径、中径、小径、螺距和牙型半角等处的误差。由于螺纹的大径和小径处留有间隙，一般不会影响配合性质。而内外螺纹在中径处旋合，是依靠旋合后牙侧面接触的均匀性来实现连接的。故影响螺纹互换性的主要因素是中径误差、螺距误差和牙型半角误差。

### 1. 螺纹大、小径误差对互换性的影响

为了保证旋合，螺纹制造时规定内螺纹的大、小径的实际尺寸大于外螺纹大、小径的实际尺寸，不会影响配合及互换性。但若内螺纹的小径过大或外螺纹的大径过小，将影响螺纹连接的强度，因此必须规定其公差。因此，螺纹的顶径，即内螺纹的小径和外螺纹的大径设有公差。

从互换性角度来看，对内螺纹大径只要求与外螺纹大径之间不发生干涉，因此内螺纹只需限制其最小的大径，由于实际加工出的内螺纹大径和外螺纹小径的牙底处均略呈圆弧状，而外螺纹小径不仅要与内螺纹小径保持间隙，还应考虑牙底对外螺纹强度的影响，所以外螺纹除需限制其最大的小径外，还要考虑牙底的形状，限制其最小的圆弧半径。

### 2. 螺距误差对互换性的影响

如图 6 – 10 所示，螺距误差使内、外螺纹的结合发生干涉，影响可旋合性，并且在螺纹旋合长度内使实际接触的牙数减少，影响螺纹连接的可靠性。螺距误差包括与旋合长度有关的累积误差和与旋合长度无关的局部误差。其中螺距的累积误差对可旋合性起主要作用。

国标对普通螺纹不采用规定螺距公差的办法，而是采取将外螺纹中径减小或内螺纹中径增大的方法，抵消螺距误差的影响，以保证达到旋合的目的。这种由螺距误差换算的中径的补偿值，称为螺距误差的中径当量，用 $f_P$ 或 $F_P$ 表示。

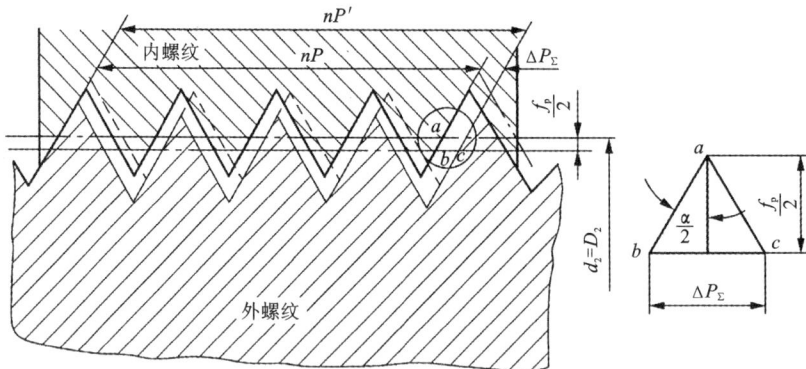

图 6 – 10　螺距误差对互换性的影响

### 3. 牙型半角误差对互换性的影响

如果牙型半角有误差，内、外螺纹在旋合时将发生干涉，从而影响可旋合性，并使螺纹接触面积减小，磨损加快，从而降低螺纹连接的可靠性。

国标没有对普通螺纹的牙型半角规定公差，而是采取减小外螺纹中径或加大内螺纹中径

的办法，使具有牙型半角误差的螺纹达到可旋合性要求。牙型半角误差换算成的中径补偿值，称为牙型半角误差的中径当量，用 $f_{\alpha侧}$ 或 $F_{\alpha侧}$ 表示，如图 6 - 11 所示。

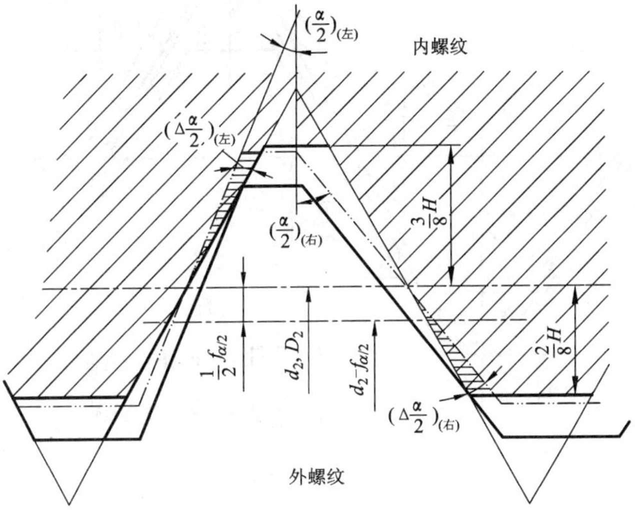

图 6 - 11　牙型半角误差对互换性的影响

#### 4. 螺纹中径误差对互换性的影响

在制造内、外螺纹时，中径本身不可能制造得绝对准确，不可避免地会出现一定的误差。当外螺纹的中径大于内螺纹的中径时，会影响可旋合性；反之，若外螺纹中径过小，内螺纹中径过大，则配合太松，难以使牙侧良好接触，因而影响连接可靠性。由此可见，为了保证螺纹的可旋合性，应限制外螺纹的最大中径和内螺纹的最小中径；为了保证螺纹的连接可靠性，还必须限制外螺纹的最小中径和内螺纹的最大中径。因此，要对中径规定合适的公差。

综上所述，由于规定螺纹结合在大径和小径处不接触，因而螺纹大、小径误差是不影响螺纹配合性质，而螺距、牙型半角误差可换算成螺纹中径的当量值来处理，所以螺纹中径是影响螺纹结合互换性的主要参数。

## 6.3　普通螺纹的公差与配合

### 6.3.1　螺纹公差带

螺纹公差带以基本牙型轮廓为零线，沿着牙侧、牙顶和牙底分布，并在垂直于螺纹轴线方向上计量大径、中径的偏差和公差。公差带由螺纹公差等级和基本偏差决定，如图 6 - 12 所示。

#### 1. 螺纹公差带的位置和基本偏差

国标 GB/T 197—2003 对内螺纹的公差带规定了 G 和 H 两种位置，对外螺纹的公差带规定了 e，f，g，h 四种位置，如图 6 - 13、图 6 - 14 所示。

内螺纹的公差带在基本牙型零线以上，以下极限偏差($EI$)为基本偏差，H 的基本偏差为

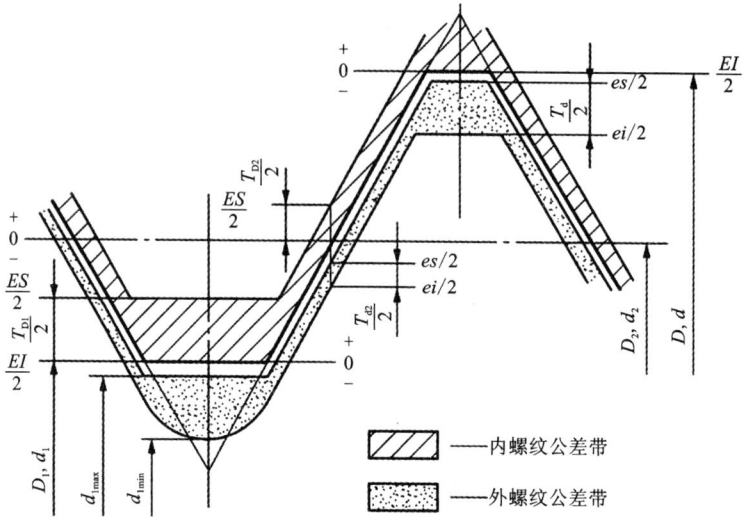

$ES$、$EI$—内螺纹上、下偏差；$es$、$ei$—外螺纹上、下偏差；$T_D$、$T_d$—内、外螺纹公差

图 6-12　内、外螺纹公差带

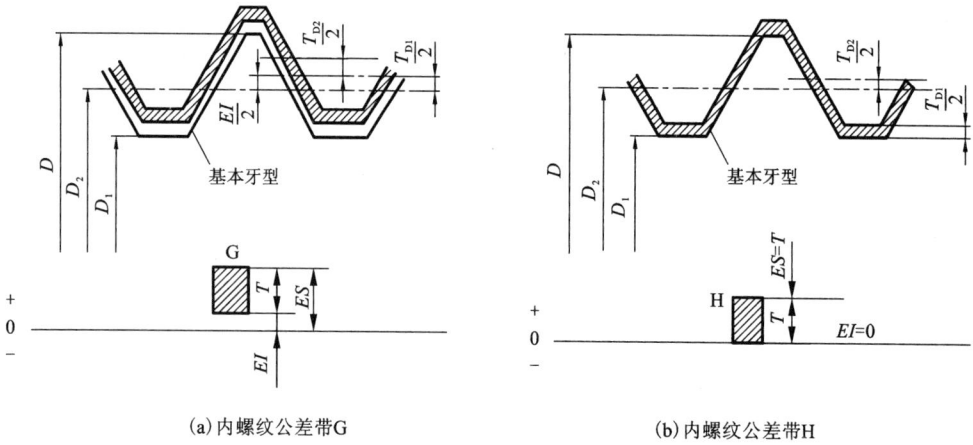

(a)内螺纹公差带G

(b)内螺纹公差带H

$T_{D1}$—内螺纹小径公差；　$T_{D2}$—内螺纹中径公差

图 6-13　内螺纹公差带位置

零,G 的基本偏差为正值。

　　外螺纹的公差带在基本牙型零线以下,以上极限偏差($es$)为基本偏差,h 的基本偏差为零,e,f,g 的基本偏差为负值。

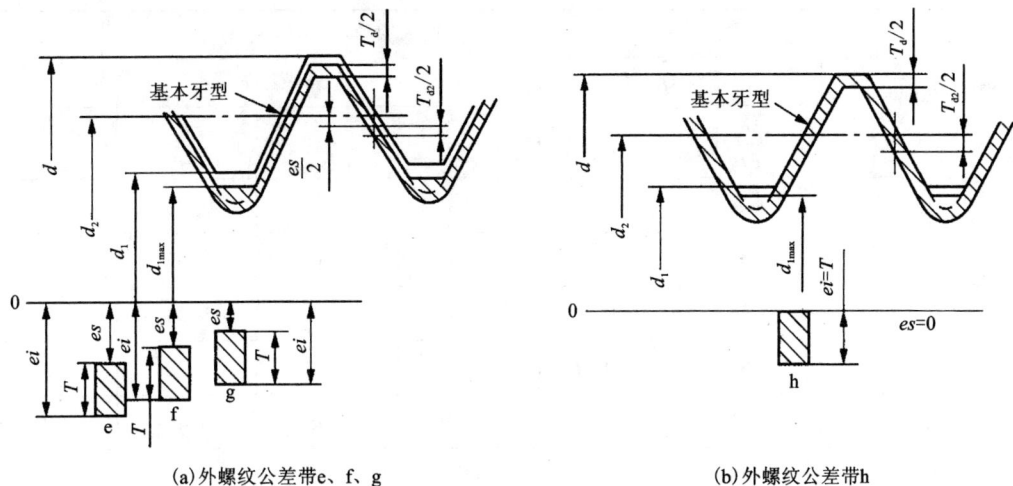

(a)外螺纹公差带e、f、g　　　　　　　　　　(b)外螺纹公差带h

$T_d$—外螺纹大径公差；　$T_{d2}$—外螺纹中径公差

**图 6 - 14　外螺纹公差带位置**

内、外螺纹的基本偏差数值见表 6 - 2。从表中可以看出，除 H 和 h 外，其余基本偏差数值均与螺距有关。

**表 6 - 2　内、外螺纹的基本偏差**　　　　　　　　　　　　　　　　μm

| 螺距 $P$( mm) | 基本偏差 | | | | | |
|---|---|---|---|---|---|---|
| | 内螺纹 $D_1$ , $D_2$ | | 外螺纹 $d_1$ , $d_2$ | | | |
| | G | H | e | f | g | h |
| | $EI$ | $EI$ | $es$ | $es$ | $es$ | $es$ |
| 0. 2 | + 17 | 0 | — | — | − 17 | 0 |
| 0. 25 | + 18 | 0 | — | — | − 18 | 0 |
| 0. 3 | | | | | | |
| 0. 35 | + 19 | 0 | — | − 34 | − 19 | 0 |
| 0. 4 | | | | | | |
| 0. 45 | + 20 | 0 | — | − 35 | − 20 | 0 |
| 0. 5 | + 20 | 0 | − 50 | − 36 | − 20 | 0 |
| 0. 6 | + 21 | 0 | − 53 | − 36 | − 21 | 0 |
| 0. 7 | + 22 | 0 | − 56 | − 38 | − 22 | 0 |
| 0. 75 | | | | | | |
| 0. 8 | + 24 | 0 | − 60 | − 38 | − 24 | 0 |
| 1 | + 26 | 0 | − 60 | − 40 | − 26 | 0 |

续表 6 - 2

| 螺距 P(mm) | 基本偏差 | | | | | |
|---|---|---|---|---|---|---|
| | 内螺纹 $D_1$ , $D_2$ | | 外螺纹 $d_1$ , $d_2$ | | | |
| | G | H | e | f | g | h |
| | EI | EI | es | es | es | es |
| 1.25 | +28 | 0 | -63 | -42 | -28 | 0 |
| 1.5 | +32 | 0 | -67 | -45 | -32 | 0 |
| 1.75 | +34 | 0 | -71 | -48 | -34 | 0 |
| 2 | +38 | 0 | -71 | -52 | -38 | 0 |
| 2.5 | +42 | 0 | -80 | -58 | -42 | 0 |
| 3 | +48 | 0 | -85 | -63 | -48 | 0 |
| 3.5 | +53 | 0 | -90 | -70 | -53 | 0 |
| 4 | +60 | 0 | -95 | -75 | -60 | 0 |
| 4.5 | +63 | 0 | -100 | -80 | -63 | 0 |
| 5 | +71 | 0 | -106 | -85 | -71 | 0 |
| 5.5 | +75 | 0 | -112 | -90 | -75 | 0 |
| 6 | +80 | 0 | -118 | -95 | -80 | 0 |

### 2. 螺纹公差带的大小和公差等级

标准规定螺纹公差带的大小由公差值 $T$ 确定, 并按其大小分为若干等级。内、外螺纹的中径和顶径(内螺纹的小径 $D_1$、外螺纹的大径 $d$)的公差等级见表 6 - 3。

表 6 - 3   螺纹公差等级

| 螺 纹 直 径 | 公 差 等 级 |
|---|---|
| 内螺纹小径 $D_1$ | 4, 5, 6, 7, 8 |
| 内螺纹中径 $D_2$ | 4, 5, 6, 7, 8 |
| 外螺纹大径 $d$ | 4, 6, 8 |
| 外螺纹中径 $d_2$ | 3, 4, 5, 6, 7, 8, 9 |

内螺纹的小径和外螺纹的大径各公差等级的公差值分别见表 6 - 4 和表 6 - 5。从表中可以看出螺纹顶径的公差值除与公差等级有关外, 还与螺距的大小有关。

表 6 - 4　内螺纹小径公差 ( $T_{DI}$ )　　　　μm

| 螺距 P<br>（mm） | 公 差 等 级 | | | | |
|---|---|---|---|---|---|
| | 4 | 5 | 6 | 7 | 8 |
| 0.2 | 38 | 48 | — | — | — |
| 0.25 | 45 | 56 | 71 | — | — |
| 0.3 | 53 | 67 | 85 | — | — |
| 0.35 | 63 | 80 | 100 | — | — |
| 0.4 | 71 | 90 | 112 | — | — |
| 0.45 | 80 | 100 | 125 | — | — |
| 0.5 | 90 | 112 | 140 | 180 | — |
| 0.6 | 100 | 125 | 160 | 200 | — |
| 0.7 | 112 | 140 | 180 | 224 | — |
| 0.75 | 118 | 150 | 190 | 236 | — |
| 0.8 | 125 | 160 | 200 | 250 | 315 |
| 1 | 150 | 190 | 236 | 300 | 375 |
| 1.25 | 170 | 212 | 265 | 335 | 425 |
| 1.5 | 190 | 236 | 300 | 375 | 475 |
| 1.75 | 212 | 265 | 335 | 425 | 530 |
| 2 | 236 | 300 | 375 | 475 | 600 |
| 2.5 | 280 | 355 | 450 | 560 | 710 |
| 3 | 315 | 400 | 500 | 630 | 800 |
| 3.5 | 355 | 450 | 560 | 710 | 900 |
| 4 | 375 | 475 | 600 | 750 | 950 |
| 4.5 | 425 | 530 | 670 | 850 | 1060 |
| 5 | 450 | 560 | 710 | 900 | 1120 |
| 5.5 | 475 | 600 | 750 | 950 | 1180 |
| 6 | 500 | 630 | 800 | 1000 | 1250 |

表 6 – 5　外螺纹大径公差($T_{\rm d}$)　　　　　　　　　　　μm

| 螺距 $P$ (mm) | 公 差 等 级 | | |
|---|---|---|---|
| | 4 | 6 | 8 |
| 0.2 | 36 | 56 | — |
| 0.25 | 42 | 67 | — |
| 0.3 | 48 | 75 | — |
| 0.35 | 53 | 85 | — |
| 0.4 | 60 | 95 | — |
| 0.45 | 63 | 100 | — |
| 0.5 | 67 | 106 | — |
| 0.6 | 80 | 125 | — |
| 0.7 | 90 | 140 | — |
| 0.75 | | | |
| 0.8 | 95 | 150 | 236 |
| 1 | 112 | 180 | 280 |
| 1.25 | 132 | 212 | 335 |
| 1.5 | 150 | 236 | 375 |
| 1.75 | 170 | 265 | 425 |
| 2 | 180 | 280 | 450 |
| 2.5 | 212 | 335 | 530 |
| 3 | 236 | 375 | 600 |
| 3.5 | 265 | 425 | 670 |
| 4 | 300 | 475 | 750 |
| 4.5 | 315 | 500 | 800 |
| 5 | 335 | 530 | 850 |
| 5.5 | 355 | 560 | 900 |
| 6 | 375 | 600 | 950 |

　　内、外螺纹中径公差值分别见表 6 – 6 和表 6 – 7。从表中可看出螺纹中径的公差值除与公差等级有关外,还与螺纹的公称直径和螺距有关。

表 6-6　内螺纹中径公差($T_{D2}$)　　　　　　μm

| 公称直径 D(mm) | | 螺距 P (mm) | 公 差 等 级 | | | | |
|---|---|---|---|---|---|---|---|
| > | ≤ | | 4 | 5 | 6 | 7 | 8 |
| 0.99 | 1.4 | 0.2 | 40 | — | — | — | — |
| | | 0.25 | 45 | 56 | — | — | — |
| | | 0.3 | 48 | 60 | 75 | — | — |
| 1.4 | 2.8 | 0.2 | 42 | — | — | — | — |
| | | 0.25 | 48 | 60 | — | — | — |
| | | 0.35 | 53 | 67 | 85 | — | — |
| | | 0.4 | 56 | 71 | 90 | — | — |
| | | 0.45 | 60 | 75 | 95 | — | — |
| 2.8 | 5.6 | 0.35 | 56 | 71 | 90 | — | — |
| | | 0.5 | 63 | 80 | 100 | 125 | — |
| | | 0.6 | 71 | 90 | 112 | 140 | — |
| | | 0.7 | 75 | 95 | 118 | 150 | — |
| | | 0.75 | 75 | 95 | 118 | 150 | — |
| | | 0.8 | 80 | 100 | 125 | 160 | 200 |
| 5.6 | 11.2 | 0.75 | 85 | 106 | 132 | 170 | — |
| | | 1 | 95 | 118 | 150 | 190 | 236 |
| | | 1.25 | 100 | 125 | 160 | 200 | 250 |
| | | 1.5 | 112 | 140 | 180 | 224 | 280 |
| 11.2 | 22.4 | 1 | 100 | 125 | 160 | 200 | 250 |
| | | 1.25 | 112 | 140 | 180 | 224 | 280 |
| | | 1.5 | 118 | 150 | 190 | 236 | 300 |
| | | 1.75 | 125 | 160 | 200 | 250 | 315 |
| | | 2 | 132 | 170 | 212 | 265 | 335 |
| | | 2.5 | 140 | 180 | 224 | 280 | 355 |
| 22.4 | 45 | 1 | 106 | 132 | 170 | 212 | — |
| | | 1.5 | 125 | 160 | 200 | 250 | 315 |
| | | 2 | 140 | 180 | 224 | 280 | 355 |
| | | 3 | 170 | 212 | 265 | 335 | 425 |
| | | 3.5 | 180 | 224 | 280 | 335 | 450 |
| | | 4 | 190 | 236 | 300 | 375 | 475 |
| | | 4.5 | 200 | 250 | 315 | 400 | 500 |

续表 6-6

| 公称直径 $D$(mm) | | 螺距 $P$ (mm) | 公 差 等 级 | | | | |
|---|---|---|---|---|---|---|---|
| > | ≤ | | 4 | 5 | 6 | 7 | 8 |
| 45 | 90 | 1.5 | 132 | 170 | 212 | 265 | 335 |
| | | 2 | 150 | 190 | 236 | 300 | 375 |
| | | 3 | 180 | 224 | 280 | 355 | 450 |
| | | 4 | 200 | 250 | 315 | 400 | 500 |
| | | 5 | 212 | 265 | 335 | 425 | 530 |
| | | 5.5 | 224 | 280 | 355 | 450 | 560 |
| | | 6 | 236 | 300 | 375 | 475 | 600 |
| 90 | 180 | 2 | 160 | 200 | 250 | 315 | 400 |
| | | 3 | 190 | 236 | 300 | 375 | 475 |
| | | 4 | 212 | 265 | 335 | 425 | 530 |
| | | 6 | 250 | 315 | 400 | 500 | 630 |
| | | 8 | 280 | 355 | 450 | 560 | 710 |
| 180 | 355 | 3 | 212 | 265 | 335 | 425 | 530 |
| | | 4 | 236 | 300 | 375 | 475 | 600 |
| | | 6 | 265 | 335 | 425 | 530 | 670 |
| | | 8 | 300 | 375 | 475 | 600 | 750 |

表 6-7 外螺纹中径公差（$T_{d2}$）

μm

| 公称直径 $d$(mm) | | 螺距 $P$ (mm) | 公 差 等 级 | | | | | | |
|---|---|---|---|---|---|---|---|---|---|
| > | ≤ | | 3 | 4 | 5 | 6 | 7 | 8 | 9 |
| 0.99 | 1.4 | 0.2 | 24 | 30 | 38 | 48 | — | — | — |
| | | 0.25 | 26 | 34 | 42 | 53 | — | — | — |
| | | 0.3 | 28 | 36 | 45 | 56 | — | — | — |
| 1.4 | 2.8 | 0.2 | 25 | 32 | 40 | 50 | — | — | — |
| | | 0.25 | 28 | 36 | 45 | 56 | — | — | — |
| | | 0.35 | 32 | 40 | 50 | 63 | 80 | — | — |
| | | 0.4 | 34 | 42 | 53 | 67 | 85 | — | — |
| | | 0.45 | 36 | 45 | 56 | 71 | 90 | — | — |

续表 6－7

| 公称直径 $d$(mm) | | 螺距 $P$ (mm) | 公　差　等　级 | | | | | | |
|---|---|---|---|---|---|---|---|---|---|
| > | ≤ | | 3 | 4 | 5 | 6 | 7 | 8 | 9 |
| 2.8 | 5.6 | 0.35 | 34 | 42 | 53 | 67 | 85 | — | — |
| | | 0.5 | 38 | 48 | 60 | 75 | 95 | — | — |
| | | 0.6 | 42 | 53 | 67 | 85 | 106 | — | — |
| | | 0.7 | 45 | 56 | 71 | 90 | 112 | — | — |
| | | 0.75 | 45 | 56 | 71 | 90 | 112 | — | — |
| | | 0.8 | 48 | 60 | 75 | 95 | 118 | 150 | 190 |
| 5.6 | 11.2 | 0.75 | 50 | 63 | 80 | 100 | 125 | — | — |
| | | 1 | 56 | 71 | 90 | 112 | 140 | 180 | 224 |
| | | 1.25 | 60 | 75 | 95 | 118 | 150 | 190 | 236 |
| | | 1.5 | 67 | 85 | 106 | 132 | 170 | 212 | 265 |
| 11.2 | 22.4 | 1 | 60 | 75 | 95 | 118 | 150 | 190 | 236 |
| | | 1.25 | 67 | 85 | 106 | 132 | 170 | 212 | 265 |
| | | 1.5 | 71 | 90 | 112 | 140 | 180 | 224 | 280 |
| | | 1.75 | 75 | 95 | 118 | 150 | 190 | 236 | 300 |
| | | 2 | 80 | 100 | 125 | 160 | 200 | 250 | 315 |
| | | 2.5 | 85 | 106 | 132 | 170 | 212 | 265 | 335 |
| 22.4 | 45 | 1 | 63 | 80 | 100 | 125 | 160 | 200 | 250 |
| | | 1.5 | 75 | 95 | 118 | 150 | 190 | 236 | 300 |
| | | 2 | 85 | 106 | 132 | 170 | 212 | 265 | 335 |
| | | 3 | 100 | 125 | 160 | 200 | 250 | 315 | 400 |
| | | 3.5 | 106 | 132 | 170 | 212 | 265 | 335 | 425 |
| | | 4 | 112 | 140 | 180 | 224 | 280 | 355 | 450 |
| | | 4.5 | 118 | 150 | 190 | 236 | 300 | 375 | 475 |
| 45 | 90 | 1.5 | 80 | 100 | 125 | 160 | 200 | 250 | 315 |
| | | 2 | 90 | 112 | 140 | 180 | 224 | 280 | 355 |
| | | 3 | 106 | 132 | 170 | 212 | 265 | 335 | 425 |
| | | 4 | 118 | 150 | 190 | 236 | 300 | 375 | 475 |
| | | 5 | 125 | 160 | 200 | 250 | 315 | 400 | 500 |
| | | 5.5 | 132 | 170 | 212 | 265 | 335 | 425 | 530 |
| | | 6 | 140 | 180 | 224 | 280 | 355 | 450 | 560 |

**续表 6 - 7**

| 公称直径 d(mm) | | 螺距 P (mm) | 公 差 等 级 | | | | | | |
|---|---|---|---|---|---|---|---|---|---|
| > | ≤ | | 3 | 4 | 5 | 6 | 7 | 8 | 9 |
| 90 | 180 | 2 | 95 | 118 | 150 | 190 | 236 | 300 | 375 |
| | | 3 | 112 | 140 | 180 | 224 | 280 | 355 | 450 |
| | | 4 | 125 | 160 | 200 | 250 | 315 | 400 | 500 |
| | | 6 | 150 | 190 | 236 | 300 | 375 | 475 | 600 |
| | | 8 | 170 | 212 | 265 | 335 | 425 | 530 | 670 |
| 180 | 355 | 3 | 125 | 160 | 200 | 250 | 315 | 400 | 500 |
| | | 4 | 140 | 180 | 224 | 280 | 355 | 450 | 560 |
| | | 6 | 160 | 200 | 250 | 315 | 400 | 500 | 630 |
| | | 8 | 180 | 224 | 280 | 355 | 450 | 560 | 710 |

　　对外螺纹的小径和内螺纹的大径不规定具体的公差值,只规定内、外螺纹牙底实际轮廓上的任意点均不得超越按基本偏差所确定的最大实体牙型。对于性能要求较高的螺纹紧固件,其外螺纹牙底轮廓要有圆滑连接的曲线,并要求限制最小圆弧半径。

### 6.3.2　螺纹的旋合长度

　　螺纹结合的精度不仅与螺纹公差带的大小有关,而且还与螺纹的旋合长度有关。

　　标准规定将螺纹的旋合长度分为三组,即:短旋合长度($S$)、中等旋合长度($N$)和长旋合长度($L$)。同一组旋合长度中,由于螺纹的公称直径和螺距不同,其长度值也是不同的,具体数值见表 6 - 8。

**表 6 - 8　螺纹旋合长度**　　　　　　　　　　　　　　　　　　　mm

| 公称直径 D, d (mm) | | 螺距 P (mm) | 旋 合 长 度 | | | | |
|---|---|---|---|---|---|---|---|
| | | | S | | N | | L |
| > | ≤ | | ≤ | > | ≤ | > | > |
| 0.99 | 1.4 | 0.2 | 0.5 | 0.5 | 1.4 | | 1.4 |
| | | 0.25 | 0.6 | 0.6 | 1.7 | | 1.7 |
| | | 0.3 | 0.7 | 0.7 | 2 | | 2 |
| 1.4 | 2.8 | 0.2 | 0.5 | 0.5 | 1.5 | | 1.5 |
| | | 0.25 | 0.6 | 0.6 | 1.9 | | 1.9 |
| | | 0.35 | 0.8 | 0.8 | 2.6 | | 2.6 |
| | | 0.4 | 1 | 1 | 3 | | 3 |
| | | 0.45 | 1.3 | 1.3 | 3.8 | | 3.8 |

续表 6 – 8

| 公称直径 $D$, $d$（mm） | | 螺距 $P$（mm） | 旋 合 长 度 | | | |
|---|---|---|---|---|---|---|
| | | | S | N | | L |
| > | ≤ | | ≤ | > | ≤ | > |
| 2.8 | 5.6 | 0.35 | 1 | 1 | 3 | 3 |
| | | 0.5 | 1.5 | 1.5 | 4.5 | 4.5 |
| | | 0.6 | 1.7 | 1.7 | 5 | 5 |
| | | 0.7 | 2 | 2 | 6 | 6 |
| | | 0.75 | 2.2 | 2.2 | 6.7 | 6.7 |
| | | 0.8 | 2.5 | 2.5 | 7.5 | 7.5 |
| 5.6 | 11.2 | 0.75 | 2.4 | 2.4 | 7.1 | 7.1 |
| | | 1 | 3 | 3 | 9 | 9 |
| | | 1.25 | 4 | 4 | 12 | 12 |
| | | 1.5 | 5 | 5 | 15 | 15 |
| 11.2 | 22.4 | 1 | 3.8 | 3.8 | 11 | 11 |
| | | 1.25 | 4.5 | 4.5 | 13 | 13 |
| | | 1.5 | 5.6 | 5.6 | 16 | 16 |
| | | 1.75 | 6 | 6 | 18 | 18 |
| | | 2 | 8 | 8 | 24 | 24 |
| | | 2.5 | 10 | 10 | 30 | 30 |
| 22.4 | 45 | 1 | 4 | 4 | 12 | 12 |
| | | 1.5 | 6.3 | 6.3 | 19 | 19 |
| | | 2 | 8.5 | 8.5 | 25 | 25 |
| | | 3 | 12 | 12 | 36 | 36 |
| | | 3.5 | 15 | 15 | 45 | 45 |
| | | 4 | 18 | 18 | 53 | 53 |
| | | 4.5 | 21 | 21 | 63 | 63 |
| 45 | 90 | 1.5 | 7.5 | 7.5 | 22 | 22 |
| | | 2 | 9.5 | 9.5 | 28 | 28 |
| | | 3 | 15 | 15 | 45 | 45 |
| | | 4 | 19 | 19 | 56 | 56 |
| | | 5 | 24 | 24 | 71 | 71 |
| | | 5.5 | 28 | 28 | 85 | 85 |
| | | 6 | 32 | 32 | 95 | 95 |

续表 6 - 8

| 公称直径 D, d （mm） | | 螺距 P （mm） | 旋 合 长 度 | | | |
|---|---|---|---|---|---|---|
| | | | S | N | | L |
| > | ≤ | | ≤ | > | ≤ | > |
| 90 | 180 | 2 | 12 | 12 | 36 | 36 |
| | | 3 | 18 | 18 | 53 | 53 |
| | | 4 | 24 | 24 | 71 | 71 |
| | | 6 | 36 | 36 | 106 | 106 |
| | | 8 | 45 | 45 | 132 | 132 |
| 180 | 355 | 3 | 20 | 20 | 60 | 60 |
| | | 4 | 26 | 26 | 80 | 80 |
| | | 6 | 40 | 40 | 118 | 118 |
| | | 8 | 50 | 50 | 150 | 150 |

### 6.3.3　螺纹公差带的选用与配合

由 GB/T 197—2003 提供的各个公差等级的公差和基本偏差，可以组成内、外螺纹的各种公差带。螺纹公差带代号同样由表示公差等级的数字和表示基本偏差的字母组成，与光滑圆柱形工件的公差带代号的区别在于，表示螺纹公差等级的数字在前，表示螺纹基本偏差的字母在后，如 6H，7g 等。

实际生产中，标准推荐了一些常用公差带作为选用公差带，以减少量具、刃具的规格和数量，并在其中给出了"优先"、"其次"和"尽可能不用"的选用顺序，具体情况见表 6 - 9 和表 6 - 10。

表 6 - 9　内螺纹选用公差带

| 精度 | 公差带位置 G | | | 公差带位置 H | | |
|---|---|---|---|---|---|---|
| | S | N | L | S | N | L |
| 精密 | | | | 4H | 5H | 6H |
| 中等 | (5G) | *6G | (7G) | *5H | *6H | *7H |
| 粗糙 | | (7G) | (8G) | | 7H | 7H |

**表 6 – 10　外螺纹选用公差带**

| 精度 | 公差带位置 e | | | 公差带位置 f | | | 公差带位置 g | | | 公差带位置 h | | |
|---|---|---|---|---|---|---|---|---|---|---|---|---|
| | S | N | L | S | N | L | S | N | L | S | N | L |
| 精密 | | | | | | | | (4g) | (5g4g) | (3h4h) | \*4h | (5h4h) |
| 中等 | | \*6e | (7e6e) | | \*6f | | (5g6g) | 6g | (7g6g) | (5h6h) | 6h | (7h6h) |
| 粗糙 | | (8e) | (9e8e) | | | | | 8g | (9g8g) | | | |

注：①大量生产的精制紧固件螺纹，推荐采用带方框的公差带。

②带 \* 的公差带应优先选用，不带 \* 的公差带应其次选用，括号内的公差带应尽可能不用。

③表中只有一种公差带代号的，表示中径公差带和顶径公差带相同；有两种公差带代号的，前者表示中径公差带，后者表示顶径公差带。

根据使用场合，螺纹的配合精度可分为精密级、中等级和粗糙级 3 种等级。通常可按以下原则选用：

精密级：用于精密螺纹及要求配合性质变动较小的联结。

中等级：用于一般螺纹联结。

粗糙级：用于要求不高或制造比较困难的螺纹，如盲孔螺纹等。

内、外螺纹可组成 H/h、H/g 和 G/h 等配合。H/h 配合最小间隙为零，通常均采用此种配合。H/g 和 G/h 的配合具有间隙，常用于要求装拆方便、高温下工作及须镀较薄保护层的场合。对须镀较厚保护层的螺纹还可选用 H/f、H/e 等配合。

### 6.3.4　螺纹标记

**1. 单个螺纹的标记**

普通螺纹的完整标记包括螺纹代号、螺纹公差带代号和螺纹旋合长度代号等，如图 6 – 15 所示。

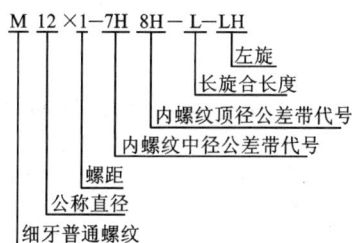

```
M 12 ×1-7H 8H－L－LH
                  └─ 左旋
               └──── 长旋合长度
            └─────── 内螺纹顶径公差带代号
         └────────── 内螺纹中径公差带代号
    └─────────────── 螺距
  └───────────────── 公称直径
 └────────────────── 细牙普通螺纹
```

**图 6 – 15　螺纹标记示例**

（1）螺纹代号

粗牙普通螺纹用字母"M"及公称直径表示；细牙普通螺纹用字母"M"及公称直径×螺距表示；多线螺纹用螺纹类型代号×导程（P 螺距）表示。左旋螺纹在旋合长度代号后加注"LH"，右旋螺纹不加标注。

（2）螺纹公差带代号

包括中径公差带代号和顶径公差带代号，标注在螺纹代号之后，中间用"—"分开。如中径公差带和顶径公差带代号相同，则只标一个代号；若中径公差带和顶径公差带代号不同，则分别注出，前者为中径公差带代号，后者为顶径公差带代号。

在下列情况下，中等公差精度螺纹不标注其公差带代号。

内螺纹　　5H　　公称直径≤1.4 mm 时，

　　　　　6H　　公称直径≥1.6 mm 时；

外螺纹　　6h　　公称直径≤1.4 mm 时，

　　　　　6g　　公称直径≥1.6 mm 时

（3）螺纹旋合长度代号

一般情况下，不标螺纹旋合长度，其螺纹公差带按中等旋合长度确定。必要时，在螺纹公差带代号之后加注旋合长度代号"S"或"L"，中间用"—"分开。特殊需要时，可注明旋合长度具体数值。

螺纹标记示例：

M25 × 3(P1.5)—7g6g—L—LH

表示普通螺纹，细牙，公称直径为 25 mm、螺距为 1.5 mm、导程为 3 mm 的双线螺纹，外螺纹，中径公差带代号为 7g，顶径公差带代号为 6g；长旋合长度；旋向为左旋。

M10—7H

表示普通螺纹，公称直径为 10 mm，粗牙，查表可得螺距为 1.5 mm；内螺纹，中径和顶径公差带代号都为 7H；旋合长度中等，旋向为右旋。

M15 × 1—6H—35

表示普通螺纹，公称直径为 15 mm，细牙，螺距为 1 mm；内螺纹，中径和顶径公差带代号均为 6H；旋合长度为 35 mm，旋向为右旋。

**2. 配合螺纹标注**

装配图样上表示内、外螺纹配合时，内螺纹公差带代号在前，外螺纹公差带代号在后，中间用斜线分开。

配合螺纹标记示例：

M16 × 2—6H/5g6g

表示公称直径为 16 mm、螺距为 2 mm、公差带为 6H 的内螺纹与公差带为 5g6g 的外螺纹组成的配合。

## 6.3.5　普通螺纹的偏差表及应用

根据螺纹标记，由表 6 - 2 查出内、外螺纹中径、顶径的基本偏差 $EI$ 或 $es$，再由表 6 - 4 至表 6 - 7 查出中径、顶径的公差值，则可用公式 $ES = EI + T$ 或 $ei = es - T$ 计算出另一极限偏差。也可以由附表五直接查出内、外螺纹的中径、顶径的极限偏差。

**例 6 - 1**　查出 M18 × 2—6H/5g6g 细牙普通螺纹的内、外螺纹的中径，内螺纹小径和外螺纹大径的极限偏差，并计算其极限尺寸。

**解：**

（1）确定内、外螺纹的大径、小径和中径的公称尺寸

由螺纹标记可知螺纹的公称直径为 18 mm，螺距为 2 mm，因而

$$D = d = 18 \text{ mm}$$

由 $(6-1)$、$(6-2)$、$(6-3)$ 及 $(6-4)$ 可得：

$$D_1 = D - 1.0825P = 18 - 1.0825 \times 2 = 15.835 \text{ mm}$$
$$d_1 = d - 1.0825P = 18 - 1.0825 \times 2 = 15.835 \text{ mm}$$
$$D_2 = D - 0.6495P = 18 - 0.6495 \times 2 = 16.701 \text{ mm}$$
$$d_2 = d - 0.6495P = 18 - 0.6495 \times 2 = 16.701 \text{ mm}$$

（2）查出极限偏差

根据公称直径、螺距和公差带代号，由附表五查出

内螺纹中径 $D_2$（6H）：$ES = +212 \ \mu m = +0.212 \text{ mm}$

$$EI = 0 \text{ mm}$$

内螺纹小径 $D_1$（6H）：$ES = +375 \ \mu m = +0.375 \text{ mm}$

$$EI = 0 \text{ mm}$$

外螺纹中径 $d_2$（5g）：$es = -38 \ \mu m = -0.038 \text{ mm}$

$$ei = -163 \ \mu m = -0.163 \text{ mm}$$

外螺纹大径 $d$（6g）：$es = -38 \ \mu m = -0.038 \text{ mm}$

$$ei = -318 \ \mu m = -0.318 \text{ mm}$$

（3）计算内、外螺纹的极限尺寸

内螺纹：
$$D_{2\max} = D_2 + ES = 16.701 + (+0.212) = 16.913 \text{ mm}$$
$$D_{2\min} = D_2 + EI = 16.701 + 0 = 16.701 \text{ mm}$$
$$D_{1\max} = D_1 + ES = 15.835 + (+0.375) = 16.210 \text{ mm}$$
$$D_{1\min} = D_1 + EI = 15.835 + 0 = 15.835 \text{ mm}$$

外螺纹：
$$d_{2\max} = d_2 + es = 16.701 + (-0.038) = 16.663 \text{ mm}$$
$$d_{2\min} = d_2 + ei = 16.701 + (-0.163) = 16.538 \text{ mm}$$
$$d_{\max} = d + es = 18 + (-0.038) = 17.962 \text{ mm}$$
$$d_{\min} = d + ei = 18 + (-0.318) = 17.682 \text{ mm}$$

## 6.4　螺纹的检测

### 6.4.1　综合检验法

所谓综合检验法，就是指用螺纹工作量规对影响螺纹互换性的几何参数偏差的综合结果进行检验。综合检验法不能测出参数的具体数值，但检验效率较高，适用于批量生产、中等精度螺纹的检验。

螺纹工作量规有两种：按螺纹的最大实体牙型做成的螺纹量规通端，检验螺纹的可旋合性；按螺纹中径的最小实体尺寸做成的螺纹量规止端，控制螺纹连接的可靠性。

**1. 用螺纹工作量规检验外螺纹**

车间生产中，检验螺纹所用的量规称为螺纹工作量规。如图 6-16 所示是检验外螺纹大径的光滑极限卡规和检验外螺纹用的螺纹工作环规，这些量规都有通规和止规，它们的检验

项目如下：

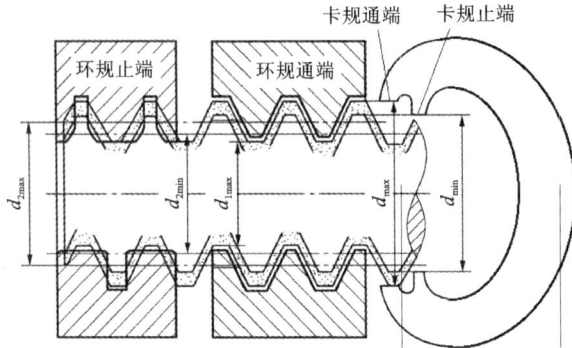

图 6 – 16　外螺纹的综合检验

（1）光滑极限卡规

它用来检验外螺纹的大径尺寸，通端应通过被检外螺纹的大径，这样可以保证外螺纹的大径不大于其上极限尺寸；止端不应通过被检外螺纹的大径，以保证外螺纹大径不小于其下极限尺寸。

（2）螺纹工作环规通端(T)

它主要用来检验外螺纹作用中径($d_{2m}$)，其次控制外螺纹小径不超出其上极限尺寸($d_{1max}$)，属于综合检验量规。螺纹工作环规通端应有完整的牙型，其长度等于被检螺纹的旋合长度。合格的外螺纹都应被螺纹工作环规通端顺利地旋入，这样就保证了外螺纹的可旋合性，还保证了外螺纹小径不大于它的上极限尺寸。如果通规难以旋入，应对该螺纹的各部分直径、牙型角、牙侧角、螺距等参数进行检查，经修正后再用通规检验。

（3）螺纹工作环规止端(Z)

它只用来检验外螺纹单一中径一个参数。为了尽量减小螺距误差和牙型半角误差的影响，必须使环规的中径部位与被检验的外螺纹接触，因此螺纹工作环规止端的牙型应做成截短的不完整的形式，并将螺纹工作环规止端的长度限制在 2 ~ 3.5 牙。合格的外螺纹不应完全通过螺纹工作环规止端，但允许旋合一部分。

综上所述，检验外螺纹时，当螺纹工作环规的通端能全部旋入工件，而止端不能全部旋入时，说明螺纹各基本要素符合要求。

**2. 用螺纹工作量规检验内螺纹**

如图 6 – 17 所示是检验内螺纹小径用的光滑极限塞规和检验内螺纹用的螺纹工作塞规。这些量规也有通规和止规，相应的检验项目如下：

（1）光滑极限塞规

它用来检验内螺纹小径尺寸。光滑塞规通端应通过被检内螺纹的小径，而光滑塞规止端不应通过被检内螺纹的小径，这样就能保证内螺纹小径不小于它的下极限尺寸，同时不大于它的上极限尺寸。

（2）螺纹工作塞规通端(T)

它主要用来检验内螺纹的作用中径($D_{2m}$)，其次是控制内螺纹大径不超出其下极限尺寸，

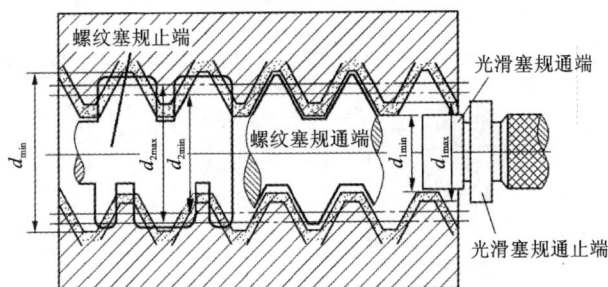

图 6 – 17　内螺纹的综合检验

也是综合检验量规。螺纹工作塞规的通端应有完整的牙型，其长度等于被检螺纹的旋合长度。合格的内螺纹应被螺纹工作塞规的通端顺利地旋入，这样就保证了内螺纹的可旋合性，同时也保证了内螺纹的大径不小于其下极限尺寸。同检验外螺纹一样，如果通规难以旋入，应对该螺纹的各部分直径、牙型角、牙侧角、螺距等参数进行检查，经修正后再用通规检验。

（3）螺纹工作塞规止端（Z）

它只用来检验内螺纹单一中径一个参数。为了尽量减小螺距误差和牙型半角角误差的影响，螺纹工作塞规止端的牙型做成截短的不完整的形式，并将其工作部分的长度限制在 2 ~ 3.5 牙。合格的内螺纹不应完全通过螺纹工作塞规止端，但允许旋合一部分。

同样的，检验内螺纹合格的条件是螺纹工作塞规的通端能全部旋入工件，而止端不能全部旋入。

## 6.4.2　单项检验法

螺纹的单项测量指分别测量螺纹的各项几何参数，主要是中径、螺距和牙型半角的测量。常用的单项测量螺纹几何参数的方法有三针法和影像法，如用工具显微镜测量螺纹各参数，用螺纹千分尺测量中径，用单针法或三针法测量螺纹中径等。

下面主要介绍三针测量法。三针测量法主要用于测量精密外螺纹（如丝杆、螺纹塞规等）的单一中径。其最大优点是测量精度高，且在车间生产条件下使用较方便。

### 1. 三针法测量螺纹中径

将三根直径相同的量针，放在螺纹牙沟槽的中间，用接触式量仪和测微量具测出三根量针外素线之间的跨距 $M$，如图 6 – 18 所示，根据已知的螺距 $P$、牙型半角 $\alpha/2$ 及量针直径 $d_0$ 的数值可以算出螺纹中径 $d_2$。

外螺纹中径 $d_2$ 的计算公式为：

$$d_2 = M - d_0\left(1 + \frac{1}{\sin\dfrac{\alpha}{2}}\right) + \frac{P}{2}\cot\frac{\alpha}{2} \tag{6 – 7}$$

对于普通螺纹，$\alpha = 60°$，则

$$d_2 = M - 3d_0 + 0.866P \tag{6 – 8}$$

所用量针应与螺纹牙侧相切并凸出牙槽，以消除牙型半角误差对测量结果的影响，使测得中径为单一中径，其最佳针径可按图 6 – 19 所示导出。选用量针时应尽量接近最佳值，以

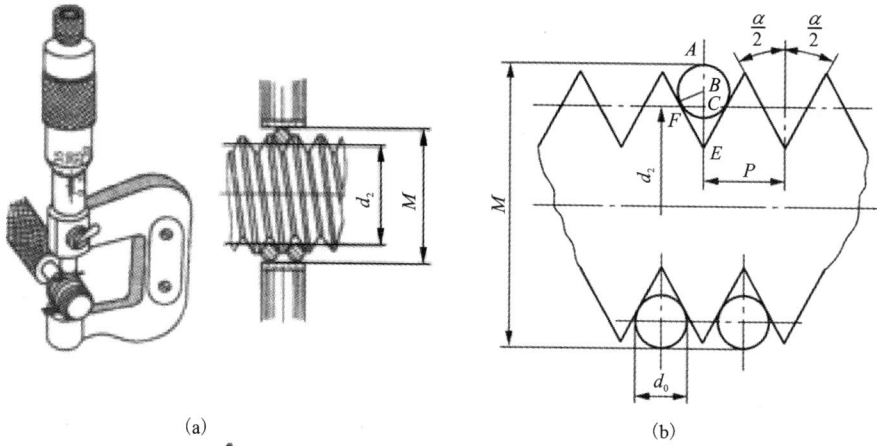

图 6 - 18    三针法测量外螺纹中径

获得较高的测量精度。

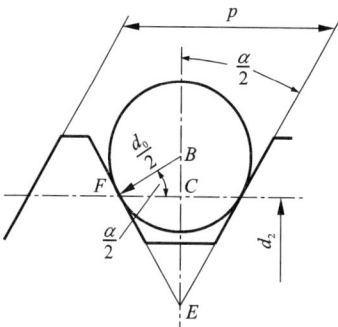

图 6 - 19    最佳直径的量针

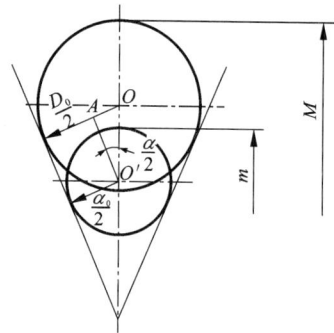

图 6 - 20    三针法测量牙型半角

由图 6 - 19 可得

$$d_{0(最佳)} = \frac{P}{2\cos\frac{\alpha}{2}} \tag{6-9}$$

对于普通螺纹，$\alpha = 60°$，则

$$d_{0(最佳)} = \frac{P}{\sqrt{3}} = 0.577P \tag{6-10}$$

将 $P = \sqrt{3}d_0$ 代入公式（6-7），则普通螺纹中径计算公式为：

$$d_2 = M - \frac{3}{2}d_{0(最佳)} \tag{6-11}$$

**2. 三针法测量牙型半角**

用两种不同直径的三针 $D_0$ 和 $d_0$，各自放入螺纹槽中，分别测出 $M$ 和 $m$ 值，如图 6 - 20 所示。

在 $\triangle OO'A$ 中：

$$\sin\frac{\alpha}{2} = \frac{OA}{OO'}$$

$$OA = \frac{D_0 - d_0}{2}$$

$$OO' = \frac{M - D_0(m - d_0)}{2}$$

则

$$\sin\frac{\alpha}{2} = \frac{D_0 - d_0}{M - m - (D_0 - d_0)}$$

**例 6 – 2**　用三针法测量螺栓 M18 ×2—5g6g 的中径尺寸，选用 $d_0 = 1.2$ mm 的量针，测得外跨距 $M = 18.43$ mm。若不计螺距误差和牙型半角误差的影响，试计算该螺栓中径的实际尺寸，并判定该螺栓的中径是否合格？

**解：**

由公式(6 – 7)得螺栓中径的实际尺寸：

$$d_{2a} = M - 3d_0 + 0.866P = 18.43 - 3 \times 1.2 + 0.866 \times 2 = 16.562 \text{ mm}$$

由例 6 – 1 可知：

$$d_{2max} = 16.663 \text{ mm}, \ d_{2min} = 16.538$$

而 16.538 mm < 16.562 mm < 16.663，即 $d_{2min} < d_{2a} < d_{2max}$

因而，该螺栓的中径尺寸合格。

# 练　习

1.螺纹按其牙型可分为_____螺纹、_____螺纹、_____螺纹和_____螺纹四种；按用途一般可分为_____螺纹和_____螺纹两大类。

2.普通螺纹结合的两个基本要求：一是满足内、外螺纹在装配时的_____性；二是保证内、外螺纹旋合后的_____性。

3.对于普通螺纹来说，一般以螺纹的顶径作为螺纹的公称直径。【是、否】

4.内螺纹顶径小于底径；外螺纹顶径大于底径。【是、否】

5.当没有螺距误差时，单一中径与中径的数值相等；当有螺距误差时，单一中径的数值一定大于中径的数值。【是、否】

6.牙型角的数值应等于牙型半角或牙侧角的数值的两倍。【是、否】

7.由于作用中径综合了螺距误差与牙型半角误差对螺纹配合性质的影响，因而作用中径的数值应大于单一中径的数值。【是、否】

8.螺纹的综合检验就是同时测量出多个参数的数值，综合起来判断螺纹是否合格。【是、否】

9.用三针法测量中径时，由于量针是放在螺纹的沟槽中进行测量的，因而所测量的是螺纹的单一中径。【是、否】

10.解释下列螺纹标记的含义。

（1）M24 ×2—5H6H—L　　　　　　　　　（2）M24 ×2—7H

(3) M24—7g6g—40—LH          (4) M30—6H/6g

11. 查表确定 M16—6H/6g 的内、外螺纹中径，内螺纹小径和外螺纹大径的极限偏差，并计算其极限尺寸。

12. 用三针法测量连杆螺钉 M14×1—6h 的中径尺寸，试确定其最佳量针直径。采用此最佳量针测得外跨距 $M = 14.16$ mm，若不计螺距误差和牙侧角误差的影响，试确定该螺钉的中径是否符合要求。

# 附表

## 附表一　轴的基本偏差数值表

μm

| 公称尺寸 mm 大于 | 至 | a | b | c | cd | d | e | ef | f | fg | g | h | js | j IT5和IT6 | j IT7 | j IT8 | k IT4至IT7 | k ≤IT3 |
|---|---|---|---|---|---|---|---|---|---|---|---|---|---|---|---|---|---|---|
| — | 3 | -270 | -140 | -60 | -34 | -20 | -14 | -10 | -6 | -4 | -2 | 0 | | -2 | -4 | -6 | 0 | 0 |
| 3 | 6 | -270 | -140 | -70 | -46 | -30 | -20 | -14 | -10 | -6 | -4 | 0 | | -2 | -4 | | +1 | 0 |
| 6 | 10 | -280 | -150 | -80 | -56 | -40 | -25 | -18 | -13 | -8 | -5 | 0 | | -2 | -5 | | +1 | 0 |
| 10 | 14 | -290 | -150 | -95 | | -50 | -32 | | -16 | | -6 | 0 | | -3 | -6 | | +1 | 0 |
| 14 | 18 | -290 | -150 | -95 | | -50 | -32 | | -16 | | -6 | 0 | | -3 | -6 | | +1 | 0 |
| 18 | 24 | -300 | -160 | -110 | | -65 | -40 | | -20 | | -7 | 0 | | -4 | -8 | | +2 | 0 |
| 24 | 30 | -300 | -160 | -110 | | -65 | -40 | | -20 | | -7 | 0 | | -4 | -8 | | +2 | 0 |
| 30 | 40 | -310 | -170 | -120 | | -80 | -50 | | -25 | | -9 | 0 | | -5 | -10 | | +2 | 0 |
| 40 | 50 | -320 | -180 | -130 | | -80 | -50 | | -25 | | -9 | 0 | | -5 | -10 | | +2 | 0 |
| 50 | 65 | -340 | -190 | -140 | | -100 | -60 | | -30 | | -10 | 0 | | -7 | -12 | | +2 | 0 |
| 65 | 80 | -360 | -200 | -150 | | -100 | -60 | | -30 | | -10 | 0 | | -7 | -12 | | +2 | 0 |
| 80 | 100 | -380 | -220 | -170 | | -120 | -72 | | -36 | | -12 | 0 | | -9 | -15 | | +3 | 0 |
| 100 | 120 | -410 | -240 | -180 | | -120 | -72 | | -36 | | -12 | 0 | | -9 | -15 | | +3 | 0 |
| 120 | 140 | -460 | -260 | -200 | | -145 | -85 | | -43 | | -14 | 0 | | -11 | -18 | | +3 | 0 |
| 140 | 160 | -520 | -280 | -210 | | -145 | -85 | | -43 | | -14 | 0 | | -11 | -18 | | +3 | 0 |
| 160 | 180 | -580 | -310 | -230 | | -145 | -85 | | -43 | | -14 | 0 | | -11 | -18 | | +3 | 0 |
| 180 | 200 | -660 | -340 | -240 | | -170 | -100 | | -50 | | -15 | 0 | | -13 | -21 | | +4 | 0 |
| 200 | 225 | -740 | -380 | -260 | | -170 | -100 | | -50 | | -15 | 0 | | -13 | -21 | | +4 | 0 |
| 225 | 250 | -820 | -420 | -280 | | -170 | -100 | | -50 | | -15 | 0 | | -13 | -21 | | +4 | 0 |
| 250 | 280 | -920 | -480 | -300 | | -190 | -110 | | -56 | | -17 | 0 | | -16 | -26 | | +4 | 0 |
| 280 | 315 | -1050 | -540 | -330 | | -190 | -110 | | -56 | | -17 | 0 | | -16 | -26 | | +4 | 0 |
| 315 | 355 | -1200 | -600 | -360 | | -210 | -125 | | -62 | | -18 | 0 | | -18 | -28 | | +4 | 0 |
| 355 | 400 | -1350 | -680 | -400 | | -210 | -125 | | -62 | | -18 | 0 | | -18 | -28 | | +4 | 0 |
| 400 | 450 | -1500 | -760 | -440 | | -230 | -135 | | -68 | | -20 | 0 | | -20 | -32 | | +5 | 0 |
| 450 | 500 | -1650 | -840 | -480 | | -230 | -135 | | -68 | | -20 | 0 | | -20 | -32 | | +5 | 0 |
| 500 | 560 | | | | | -260 | -145 | | -76 | | -22 | 0 | | | | | 0 | 0 |
| 560 | 630 | | | | | -260 | -145 | | -76 | | -22 | 0 | | | | | 0 | 0 |
| 630 | 710 | | | | | -290 | -160 | | -80 | | -24 | 0 | | | | | 0 | 0 |
| 710 | 800 | | | | | -290 | -160 | | -80 | | -24 | 0 | | | | | 0 | 0 |
| 800 | 900 | | | | | -320 | -170 | | -86 | | -26 | 0 | | | | | 0 | 0 |
| 900 | 1000 | | | | | -320 | -170 | | -86 | | -26 | 0 | | | | | 0 | 0 |
| 1000 | 1120 | | | | | -350 | -195 | | -98 | | -28 | 0 | | | | | 0 | 0 |
| 1120 | 1250 | | | | | -350 | -195 | | -98 | | -28 | 0 | | | | | 0 | 0 |
| 1250 | 1400 | | | | | -390 | -220 | | -110 | | -30 | 0 | | | | | 0 | 0 |
| 1400 | 1600 | | | | | -390 | -220 | | -110 | | -30 | 0 | | | | | 0 | 0 |
| 1600 | 1800 | | | | | -430 | -240 | | -120 | | -32 | 0 | | | | | 0 | 0 |
| 1800 | 2000 | | | | | -430 | -240 | | -120 | | -32 | 0 | | | | | 0 | 0 |
| 2000 | 2240 | | | | | -480 | -260 | | -130 | | -34 | 0 | | | | | 0 | 0 |
| 2240 | 2500 | | | | | -480 | -260 | | -130 | | -34 | 0 | | | | | 0 | 0 |
| 2500 | 2800 | | | | | -520 | -290 | | -145 | | -38 | 0 | | | | | 0 | 0 |
| 2800 | 3150 | | | | | -520 | -290 | | -145 | | -38 | 0 | | | | | 0 | 0 |

注：上偏差 es 为"所有标准公差等级"；下偏差 ei 中，j 列对应 IT5和IT6、IT7、IT8，k 列对应 IT4至IT7、≤IT3。js 列（公称尺寸全段）：偏差 $=\pm\dfrac{ITn}{2}$，式中 ITn 是 IT 值数。

注：1. 公称尺寸小于或等于 1 mm 时，基本偏差 a 和 b 均不采用。

　　2. 公差带 js7 至 js11，若 ITn 值数是奇数，则取偏差 $=\pm\dfrac{ITn-1}{2}$。

续表 μm

| 公称尺寸 mm | | 基本偏差数值 下偏差 ei 所有标准公差等级 | | | | | | | | | | | | | |
|---|---|---|---|---|---|---|---|---|---|---|---|---|---|---|---|
| 大于 | 至 | m | n | p | r | s | t | u | v | x | y | z | za | zb | zc |
| − | 3 | +2 | +4 | +6 | +10 | +14 | | +18 | | +20 | | +26 | +32 | +40 | +60 |
| 3 | 6 | +4 | +8 | +12 | +15 | +19 | | +23 | | +28 | | +35 | +42 | +50 | +80 |
| 6 | 10 | +6 | +10 | +15 | +19 | +23 | | +28 | | +34 | | +42 | +52 | +67 | +97 |
| 10 | 14 | +7 | +12 | +18 | +23 | +28 | | +33 | | +40 | | +50 | +64 | +90 | +130 |
| 14 | 18 | | | | | | | | +39 | +45 | | +60 | +77 | +108 | +150 |
| 18 | 24 | +8 | +15 | +22 | +28 | +35 | | +41 | +47 | +54 | +63 | +73 | +98 | +136 | +188 |
| 24 | 30 | | | | | | +41 | +48 | +55 | +64 | +75 | +88 | +118 | +160 | +218 |
| 30 | 40 | +9 | +17 | +26 | +34 | +43 | +48 | +60 | +68 | +80 | +94 | +112 | +148 | +200 | +274 |
| 40 | 50 | | | | | | +54 | +70 | +81 | +97 | +114 | +136 | +180 | +242 | +325 |
| 50 | 65 | +11 | +20 | +32 | +41 | +53 | +66 | +87 | +102 | +122 | +144 | +172 | +226 | +300 | +405 |
| 65 | 80 | | | | +43 | +59 | +75 | +102 | +120 | +446 | +174 | +210 | +274 | +360 | +480 |
| 80 | 100 | +13 | +23 | +37 | +51 | +71 | +91 | +124 | +146 | +178 | +214 | +258 | +335 | +445 | +585 |
| 100 | 120 | | | | +54 | +79 | +104 | +144 | +172 | +210 | +254 | +310 | +400 | +525 | +690 |
| 120 | 140 | +15 | +27 | +43 | +63 | +92 | +122 | +170 | +202 | +248 | +300 | +365 | +470 | +620 | +800 |
| 140 | 160 | | | | +65 | +100 | +134 | +190 | +228 | +280 | +340 | +415 | +535 | +700 | +900 |
| 160 | 180 | | | | +68 | +108 | +146 | +210 | +252 | +310 | +380 | +465 | +600 | +780 | +1000 |
| 180 | 200 | +17 | +31 | +50 | +77 | +122 | +166 | +236 | +284 | +350 | +425 | +520 | +670 | +880 | +1150 |
| 200 | 225 | | | | +80 | +130 | +180 | +258 | +310 | +385 | +470 | +575 | +740 | +960 | +1250 |
| 225 | 250 | | | | +84 | +140 | +196 | +284 | +340 | +425 | +520 | +610 | +820 | +1050 | +1350 |
| 250 | 280 | +20 | +34 | +56 | +94 | +158 | +218 | +315 | +385 | +475 | +580 | +710 | +920 | +1200 | +1550 |
| 280 | 315 | | | | +98 | +170 | +240 | +350 | +425 | +525 | +650 | +790 | +1000 | +1300 | +1700 |
| 315 | 355 | +21 | +37 | +62 | +108 | +190 | +268 | +390 | +475 | +590 | +730 | +900 | +1150 | +1500 | +1900 |
| 355 | 400 | | | | +114 | +208 | +294 | +435 | +530 | +660 | +820 | +1000 | +1300 | +1650 | +2100 |
| 400 | 450 | +23 | +40 | +68 | +126 | +232 | +330 | +490 | +595 | +740 | +920 | +1100 | +1450 | +1850 | +2400 |
| 450 | 500 | | | | +132 | +252 | +360 | +540 | +660 | +820 | +1000 | +1250 | +1600 | +2100 | +2600 |
| 500 | 560 | +26 | +44 | +78 | +150 | +280 | +400 | +600 | | | | | | | |
| 560 | 630 | | | | +155 | +310 | +450 | +660 | | | | | | | |
| 630 | 710 | +30 | +50 | +88 | +175 | +340 | +500 | +740 | | | | | | | |
| 710 | 800 | | | | +185 | +380 | +560 | +840 | | | | | | | |
| 800 | 900 | +34 | +56 | +100 | +210 | +430 | +620 | +940 | | | | | | | |
| 900 | 1000 | | | | +220 | +470 | +680 | +1050 | | | | | | | |
| 1000 | 1120 | +40 | +66 | +120 | +250 | +520 | +780 | +1150 | | | | | | | |
| 1120 | 1250 | | | | +260 | +580 | +840 | +1300 | | | | | | | |
| 1250 | 1400 | +48 | +78 | +140 | +300 | +640 | +960 | +1450 | | | | | | | |
| 1400 | 1600 | | | | +330 | +720 | +1050 | +1600 | | | | | | | |
| 1600 | 1800 | +58 | +92 | +170 | +370 | +820 | +1200 | +1850 | | | | | | | |
| 1800 | 2000 | | | | +400 | +920 | +1350 | +2000 | | | | | | | |
| 2000 | 2240 | +68 | +110 | +195 | +440 | +1000 | +1500 | +2300 | | | | | | | |
| 2240 | 2500 | | | | +460 | +1100 | +1650 | +2500 | | | | | | | |
| 2500 | 2800 | +76 | +135 | +240 | +550 | +1250 | +1900 | +2900 | | | | | | | |
| 2800 | 3150 | | | | +580 | +1400 | +2100 | +3200 | | | | | | | |

## 附表二　孔的基本偏差数值表

μm

| 公称尺寸 mm | | 基本偏差数值 | | | | | | | | | | | | | | | | | | | | |
|---|---|---|---|---|---|---|---|---|---|---|---|---|---|---|---|---|---|---|---|---|---|---|
| | | 下偏差 EI | | | | | | | | | | | | 上偏差 ES | | | | | | | | |
| | | 所有标准公差等级 | | | | | | | | | | | | IT6 | IT7 | IT8 | ≤ | > | ≤IT8 | > | ≤ | > |
| 大于 | 至 | A | B | C | CD | D | E | EF | F | FG | G | H | JS | J | J | J | K | K | M | M | N | N |
| − | 3 | +270 | +140 | +60 | +34 | +20 | +14 | +10 | +6 | +4 | +2 | 0 | | +2 | +4 | +6 | 0 | 0 | −2 | −2 | −4 | −4 |
| 3 | 6 | +270 | +140 | +70 | +46 | +30 | +20 | +14 | +10 | +6 | +4 | 0 | | +5 | +6 | +10 | −1+△ | | −4+△ | −4 | −8+△ | 0 |
| 6 | 10 | +280 | +150 | +80 | +56 | +40 | +25 | +18 | +13 | +8 | +5 | 0 | | +5 | +8 | +12 | −1+△ | | −6+△ | −6 | −10+△ | 0 |
| 10 | 14 | +290 | +150 | +95 | | +50 | +32 | | +16 | | +6 | 0 | | +6 | +10 | +15 | −1+△ | | −7+△ | −7 | −12+△ | 0 |
| 14 | 18 | +290 | +150 | +95 | | +50 | +32 | | +16 | | +6 | 0 | | +6 | +10 | +15 | −1+△ | | −7+△ | −7 | −12+△ | 0 |
| 18 | 24 | +300 | +160 | +110 | | +65 | +40 | | +20 | | +7 | 0 | | +8 | +12 | +20 | −2+△ | | −8+△ | −8 | −15+△ | 0 |
| 24 | 30 | +300 | +160 | +110 | | +65 | +40 | | +20 | | +7 | 0 | | +8 | +12 | +20 | −2+△ | | −8+△ | −8 | −15+△ | 0 |
| 30 | 40 | +310 | +170 | +120 | | +80 | +50 | | +25 | | +9 | 0 | | +10 | +14 | +24 | −2+△ | | −9+△ | −9 | −17+△ | 0 |
| 40 | 50 | +320 | +180 | +130 | | +80 | +50 | | +25 | | +9 | 0 | | +10 | +14 | +24 | −2+△ | | −9+△ | −9 | −17+△ | 0 |
| 50 | 65 | +340 | +190 | +140 | | +100 | +60 | | +30 | | +10 | 0 | | +13 | +18 | +28 | −2+△ | | −11+△ | −11 | −20+△ | 0 |
| 65 | 80 | +360 | +200 | +150 | | +100 | +60 | | +30 | | +10 | 0 | | +13 | +18 | +28 | −2+△ | | −11+△ | −11 | −20+△ | 0 |
| 80 | 100 | +380 | +220 | +170 | | +120 | +72 | | +36 | | +12 | 0 | | +16 | +22 | +34 | −3+△ | | −13+△ | −13 | −23+△ | 0 |
| 100 | 120 | +410 | +240 | +180 | | +120 | +72 | | +36 | | +12 | 0 | | +16 | +22 | +34 | −3+△ | | −13+△ | −13 | −23+△ | 0 |
| 120 | 140 | +460 | +260 | +200 | | +145 | +85 | | +43 | | +14 | 0 | | +18 | +26 | +41 | −3+△ | | −15+△ | −15 | −27+△ | 0 |
| 140 | 160 | +520 | +280 | +210 | | +145 | +85 | | +43 | | +14 | 0 | | +18 | +26 | +41 | −3+△ | | −15+△ | −15 | −27+△ | 0 |
| 160 | 180 | +580 | +310 | +230 | | +145 | +85 | | +43 | | +14 | 0 | | +18 | +26 | +41 | −3+△ | | −15+△ | −15 | −27+△ | 0 |
| 180 | 200 | +660 | +340 | +240 | | +170 | +100 | | +50 | | +15 | 0 | | +22 | +30 | +47 | −4+△ | | −17+△ | −17 | −31+△ | 0 |
| 200 | 225 | +740 | +380 | +260 | | +170 | +100 | | +50 | | +15 | 0 | | +22 | +30 | +47 | −4+△ | | −17+△ | −17 | −31+△ | 0 |
| 225 | 250 | +820 | +420 | +280 | | +170 | +100 | | +50 | | +15 | 0 | | +22 | +30 | +47 | −4+△ | | −17+△ | −17 | −31+△ | 0 |
| 250 | 280 | +920 | +480 | +300 | | +190 | +110 | | +56 | | +17 | 0 | | +25 | +36 | +55 | −4+△ | | −20+△ | −20 | −34+△ | 0 |
| 280 | 315 | +1050 | +540 | +330 | | +190 | +110 | | +56 | | +17 | 0 | | +25 | +36 | +55 | −4+△ | | −20+△ | −20 | −34+△ | 0 |
| 315 | 355 | +1200 | +600 | +360 | | +210 | +125 | | +62 | | +18 | 0 | | +29 | +39 | +60 | −4+△ | | −21+△ | −21 | −37+△ | 0 |
| 355 | 400 | +1350 | +680 | +400 | | +210 | +125 | | +62 | | +18 | 0 | | +29 | +39 | +60 | −4+△ | | −21+△ | −21 | −37+△ | 0 |
| 400 | 450 | +1500 | +760 | +440 | | +230 | +135 | | +68 | | +20 | 0 | | +33 | +43 | +66 | −5+△ | | −23+△ | −23 | −40+△ | 0 |
| 450 | 500 | +1650 | +840 | +480 | | +230 | +135 | | +68 | | +20 | 0 | | +33 | +43 | +66 | −5+△ | | −23+△ | −23 | −40+△ | 0 |
| 500 | 560 | | | | | +260 | +145 | | +76 | | +22 | 0 | | | | | 0 | | −26 | | −44 | |
| 560 | 630 | | | | | +260 | +145 | | +76 | | +22 | 0 | | | | | 0 | | −26 | | −44 | |
| 630 | 710 | | | | | +290 | +160 | | +80 | | +24 | 0 | | | | | 0 | | −30 | | −50 | |
| 710 | 800 | | | | | +290 | +160 | | +80 | | +24 | 0 | | | | | 0 | | −30 | | −50 | |
| 800 | 900 | | | | | +320 | +170 | | +86 | | +26 | 0 | | | | | 0 | | −34 | | −56 | |
| 900 | 1000 | | | | | +320 | +170 | | +86 | | +26 | 0 | | | | | 0 | | −34 | | −56 | |
| 1000 | 1120 | | | | | +350 | +195 | | +98 | | +28 | 0 | | | | | 0 | | −40 | | −66 | |
| 1120 | 1250 | | | | | +350 | +195 | | +98 | | +28 | 0 | | | | | 0 | | −40 | | −66 | |
| 1250 | 1400 | | | | | +390 | +220 | | +110 | | +30 | 0 | | | | | 0 | | −48 | | −78 | |
| 1400 | 1600 | | | | | +390 | +220 | | +110 | | +30 | 0 | | | | | 0 | | −48 | | −78 | |
| 1600 | 1800 | | | | | +430 | +240 | | +120 | | +32 | 0 | | | | | 0 | | −58 | | −92 | |
| 1800 | 2000 | | | | | +430 | +240 | | +120 | | +32 | 0 | | | | | 0 | | −58 | | −92 | |
| 2000 | 2240 | | | | | +480 | +260 | | +130 | | +34 | 0 | | | | | 0 | | −68 | | −110 | |
| 2240 | 2500 | | | | | +480 | +260 | | +130 | | +34 | 0 | | | | | 0 | | −68 | | −110 | |
| 2500 | 2800 | | | | | +520 | +290 | | +145 | | +38 | 0 | | | | | 0 | | −76 | | −135 | |
| 2800 | 3150 | | | | | +520 | +290 | | +145 | | +38 | 0 | | | | | 0 | | −76 | | −135 | |

JS 栏：偏差 = ±$\dfrac{ITn}{2}$，式中 ITn 是 IT 值数。

注：1. 公称尺寸小于或等于 1 mm 时，基本偏差 A 和 B 及大于 IT8 的 N 均不采用。

2. 公差带 JS7 至 JS11，若 ITn 值数是奇数，则取偏差 = ±$\dfrac{ITn-1}{2}$。

续表

| 公称尺寸 mm | | 基本偏差数值 上偏差 ES | | | | | | | | | | | | | △值 | | | | | |
|---|---|---|---|---|---|---|---|---|---|---|---|---|---|---|---|---|---|---|---|---|
| | | ≤IT7 | 标准公差等级大于 IT7 | | | | | | | | | | | | 标准公差等级 | | | | | |
| 大于 | 至 | P至ZC | P | R | S | T | U | V | X | Y | Z | ZA | ZB | ZC | IT3 | IT4 | IT5 | IT6 | IT7 | IT8 |
| − | 3 | 在大于IT7的相应数值上增加一个△值 | −6 | −10 | −14 | | −18 | | −20 | | −26 | −32 | −40 | −60 | 0 | 0 | 0 | 0 | 0 | 0 |
| 3 | 6 | | −12 | −15 | −19 | | −23 | | −28 | | −35 | −42 | −50 | −80 | 1 | 1.5 | 1 | 3 | 4 | 6 |
| 6 | 10 | | −15 | −19 | −23 | | −28 | | −34 | | −42 | −52 | −67 | −97 | 1 | 1.5 | 2 | 3 | 6 | 7 |
| 10 | 14 | | −18 | −23 | −28 | | −33 | | −40 | | −50 | −64 | −90 | −130 | 1 | 2 | 3 | 3 | 7 | 9 |
| 14 | 18 | | | | | | | −39 | −45 | | −60 | −77 | −108 | −150 | | | | | | |
| 18 | 24 | | −22 | −28 | −35 | | −41 | −47 | −54 | −63 | −73 | −98 | −136 | −188 | 1.5 | 2 | 3 | 4 | 8 | 12 |
| 24 | 30 | | | | | −41 | −48 | −55 | −64 | −75 | −88 | −118 | −160 | 218 | | | | | | |
| 30 | 40 | | −26 | −34 | −43 | −48 | −60 | −68 | −80 | −94 | −112 | −148 | −200 | −274 | 1.5 | 3 | 4 | 5 | 9 | 14 |
| 40 | 50 | | | | | −54 | −70 | −81 | −97 | −114 | −136 | −180 | −242 | −325 | | | | | | |
| 50 | 65 | | −32 | −41 | −53 | −66 | −87 | −102 | −122 | −144 | −172 | −226 | −300 | −405 | 2 | 3 | 5 | 6 | 11 | 16 |
| 65 | 80 | | | −43 | −59 | −75 | −102 | −120 | −146 | −174 | −210 | −274 | −360 | −480 | | | | | | |
| 80 | 100 | | −37 | −51 | −71 | −91 | −124 | −146 | −178 | −214 | −258 | −335 | −445 | −585 | 2 | 4 | 5 | 7 | 13 | 19 |
| 100 | 120 | | | −54 | −79 | −104 | −144 | −172 | −210 | −254 | −310 | −400 | −525 | −690 | | | | | | |
| 120 | 140 | | −43 | −63 | −92 | −122 | −170 | −202 | −248 | −300 | −365 | −470 | −620 | −800 | 3 | 4 | 6 | 7 | 15 | 23 |
| 140 | 160 | | | −65 | −100 | −134 | −190 | −228 | −280 | −340 | −415 | −535 | −700 | −900 | | | | | | |
| 160 | 180 | | −50 | −68 | −108 | −146 | −210 | −252 | −310 | −380 | −465 | −600 | −780 | −1000 | | | | | | |
| 180 | 200 | | | −77 | −122 | −166 | −236 | −284 | −350 | −425 | −520 | −670 | −880 | −1150 | 3 | 4 | 6 | 9 | 17 | 26 |
| 200 | 225 | | −56 | −80 | −130 | −180 | −258 | −310 | −385 | −470 | −575 | −740 | −960 | −1250 | | | | | | |
| 225 | 250 | | | −84 | −140 | −196 | −284 | −340 | −425 | −520 | −640 | −820 | −1050 | −1350 | | | | | | |
| 250 | 280 | | −62 | −94 | −158 | −218 | −315 | −385 | −475 | −580 | −710 | −920 | −1200 | −1550 | 4 | 4 | 7 | 9 | 20 | 29 |
| 280 | 315 | | | −98 | −170 | −240 | −350 | −425 | −525 | −650 | −790 | −1000 | −1300 | −1700 | | | | | | |
| 315 | 355 | | −68 | −108 | −190 | −268 | −390 | −475 | −590 | −730 | −900 | −1150 | −1500 | −1900 | 4 | 5 | 7 | 11 | 21 | 32 |
| 355 | 400 | | | −114 | −208 | −294 | −435 | −530 | −660 | −820 | −1000 | −1300 | −1650 | −2100 | | | | | | |
| 400 | 450 | | −78 | −126 | −232 | −330 | −490 | −595 | −740 | −920 | −1100 | −1450 | −1850 | −2400 | 5 | 5 | 7 | 13 | 23 | 34 |
| 450 | 500 | | | −132 | −252 | −360 | −540 | −660 | −820 | −1000 | −1250 | −1600 | −2100 | −2600 | | | | | | |
| 500 | 560 | | −88 | −150 | −280 | −400 | −600 | | | | | | | | | | | | | |
| 560 | 630 | | | −155 | −310 | −450 | −660 | | | | | | | | | | | | | |
| 630 | 710 | | −100 | −175 | −340 | −500 | −740 | | | | | | | | | | | | | |
| 710 | 800 | | | −185 | −380 | −560 | −840 | | | | | | | | | | | | | |
| 800 | 900 | | −120 | −210 | −430 | −620 | −940 | | | | | | | | | | | | | |
| 900 | 1000 | | | −220 | −470 | −680 | −1050 | | | | | | | | | | | | | |
| 1000 | 1120 | | −140 | −250 | −520 | −780 | −1150 | | | | | | | | | | | | | |
| 1120 | 1250 | | | −260 | −580 | −840 | −1300 | | | | | | | | | | | | | |
| 1250 | 1400 | | −170 | −300 | −640 | −960 | −1450 | | | | | | | | | | | | | |
| 1400 | 1600 | | | −330 | −720 | −1050 | −1600 | | | | | | | | | | | | | |
| 1600 | 1800 | | −195 | −370 | −820 | −1200 | −1850 | | | | | | | | | | | | | |
| 1800 | 2000 | | | −400 | −920 | −1350 | −2000 | | | | | | | | | | | | | |
| 2000 | 2240 | | −240 | −440 | −1000 | −1500 | −2300 | | | | | | | | | | | | | |
| 2240 | 2500 | | | −460 | −1100 | −1650 | −2500 | | | | | | | | | | | | | |
| 2500 | 2800 | | | −550 | −1250 | −1900 | −2900 | | | | | | | | | | | | | |
| 2800 | 3150 | | | −580 | −1400 | −2100 | −3200 | | | | | | | | | | | | | |

　　3. 对于小于或等于IT8 的 K、M、N 和小于或等于 IT7 的 P 至 ZC,所需△值从表内右侧选取。

　　例如:18～30 mm 段的K7:△=8 μm,所以 ES = −2＋8＝＋6 μm

　　　　　18～30 mm 段的S6:△=4 μm,所以 ES = −35＋4＝−31 μm

　　4. 特殊情况:250～315 mm 段的M6,ES = −9 μm(代替−11 μm)。

## 附表三　轴的极限偏差表

μm

| 公称尺寸 mm | | 公差带 | | | | | | | | | | | | | |
|---|---|---|---|---|---|---|---|---|---|---|---|---|---|---|---|
| | | a | | | | | b | | | | | c | | | | |
| | | 公差等级 | | | | | | | | | | | | | | |
| 大于 | 至 | 9 | 10 | 11 | 12 | 13 | 9 | 10 | 11 | 12 | 13 | 8 | 9 | 10 | 11 | 12 |
| - | 3 | -270 / -295 | -270 / -310 | -270 / -330 | -270 / -370 | -270 / -410 | -140 / -165 | -140 / -180 | -140 / -200 | -140 / -240 | -140 / -280 | -60 / -74 | -60 / -85 | -60 / -100 | -60 / -120 | -60 / -160 |
| 3 | 6 | -270 / -300 | -270 / -318 | -270 / -345 | -270 / -390 | -270 / -450 | -140 / -170 | -140 / -188 | -140 / -215 | -140 / -260 | -140 / -320 | -70 / -88 | -70 / -100 | -70 / -118 | -70 / -145 | -70 / -190 |
| 6 | 10 | -280 / -316 | -280 / -338 | -280 / -370 | -280 / -430 | -280 / -500 | -150 / -186 | -150 / -208 | -150 / -240 | -150 / -300 | -150 / -370 | -80 / -102 | -80 / -116 | -80 / -138 | -80 / -170 | -80 / -220 |
| 10 | 14 | -290 / -333 | -290 / -360 | -290 / -400 | -290 / -470 | -290 / -560 | -150 / -193 | -150 / -220 | -150 / -260 | -150 / -330 | -150 / -420 | -95 / -122 | -95 / -138 | -95 / -165 | -95 / -205 | -95 / -275 |
| 14 | 18 | | | | | | | | | | | | | | | |
| 18 | 24 | -300 / -352 | -300 / -384 | -300 / -430 | -300 / -510 | -300 / -630 | -160 / -212 | -160 / -244 | -160 / -290 | -160 / -370 | -160 / -490 | -110 / -143 | -110 / -162 | -110 / -194 | -110 / -240 | -110 / -320 |
| 24 | 30 | | | | | | | | | | | | | | | |
| 30 | 40 | -310 / -372 | -310 / -410 | -310 / -470 | -310 / -560 | -310 / -700 | -170 / -232 | -170 / -270 | -170 / -330 | -170 / -420 | -170 / -560 | -120 / -159 | -120 / -182 | -120 / -220 | -120 / -280 | -120 / -370 |
| 40 | 50 | -320 / -382 | -320 / -420 | -320 / -480 | -320 / -570 | -320 / -710 | -180 / -242 | -180 / -280 | -180 / -340 | -180 / -430 | -180 / -570 | -130 / -169 | -130 / -192 | -130 / -230 | -130 / -290 | -130 / -380 |
| 50 | 65 | -340 / -414 | -340 / -460 | -340 / -530 | -340 / -640 | -340 / -800 | -190 / -264 | -190 / -310 | -190 / -380 | -190 / -490 | -190 / -650 | -140 / -186 | -140 / -214 | -140 / -260 | -140 / -330 | -140 / -440 |
| 65 | 80 | -360 / -434 | -360 / -480 | -360 / -550 | -360 / -660 | -360 / -820 | -200 / -274 | -200 / -320 | -200 / -390 | -200 / -500 | -200 / -660 | -150 / -196 | -150 / -224 | -150 / -270 | -150 / -340 | -150 / -450 |
| 80 | 100 | -380 / -467 | -380 / -520 | -380 / -600 | -380 / -730 | -380 / -920 | -220 / -307 | -220 / -360 | -220 / -440 | -220 / -570 | -220 / -760 | -170 / -224 | -170 / -257 | -170 / -310 | -170 / -390 | -170 / -520 |
| 100 | 120 | -410 / -497 | -410 / -550 | -410 / -630 | -410 / -760 | -410 / -950 | -240 / -327 | -240 / -380 | -240 / -460 | -240 / -590 | -240 / -780 | -180 / -234 | -180 / -267 | -180 / -320 | -180 / -400 | -180 / -530 |
| 120 | 140 | -460 / -560 | -460 / -620 | -460 / -710 | -460 / -860 | -460 / -1090 | -260 / -360 | -260 / -420 | -260 / -510 | -260 / -660 | -260 / -890 | -200 / -263 | -200 / -300 | -200 / -360 | -200 / -450 | -200 / -600 |
| 140 | 160 | -520 / -620 | -520 / -680 | -520 / -770 | -520 / -920 | -520 / -1150 | -280 / -380 | -280 / -440 | -280 / -530 | -280 / -680 | -280 / -910 | -210 / -273 | -210 / -310 | -210 / -370 | -210 / -460 | -210 / -610 |
| 160 | 180 | -580 / -680 | -580 / -740 | -580 / -830 | -580 / -980 | -580 / -1210 | -310 / -410 | -310 / -470 | -310 / -560 | -310 / -710 | -310 / -940 | -230 / -293 | -230 / -330 | -230 / -390 | -230 / -480 | -230 / -630 |
| 180 | 200 | -660 / -775 | -660 / -845 | -660 / -950 | -660 / -1120 | -660 / -1380 | -340 / -455 | -340 / -525 | -340 / -630 | -340 / -800 | -340 / -1060 | -240 / -312 | -240 / -355 | -240 / -425 | -240 / -530 | -240 / -700 |
| 200 | 225 | -740 / -855 | -740 / -925 | -740 / -1030 | -740 / -1200 | -740 / -1460 | -380 / -495 | -380 / -565 | -380 / -670 | -380 / -840 | -380 / -1100 | -260 / -332 | -260 / -375 | -260 / -445 | -260 / -550 | -260 / -720 |
| 225 | 250 | -820 / -935 | -820 / -1005 | -820 / -1110 | -820 / -1280 | -820 / -1540 | -420 / -535 | -420 / -605 | -420 / -710 | -420 / -880 | -420 / -1140 | -280 / -352 | -280 / -395 | -280 / -465 | -280 / -570 | -280 / -740 |
| 250 | 280 | -920 / -1050 | -920 / -1130 | -920 / -1240 | -920 / -1440 | -920 / -1730 | -480 / -610 | -480 / -690 | -480 / -800 | -480 / -1000 | -480 / -1290 | -300 / -381 | -300 / -430 | -300 / -510 | -300 / -620 | -300 / -820 |
| 280 | 315 | -1050 / -1180 | -1050 / -1260 | -1050 / -1370 | -1050 / -1570 | -1050 / -1860 | -540 / -670 | -540 / -750 | -540 / -860 | -540 / -1060 | -540 / -1350 | -330 / -411 | -330 / -460 | -330 / -540 | -330 / -650 | -330 / -850 |
| 315 | 355 | -1200 / -1340 | -1200 / -1430 | -1200 / -1560 | -1200 / -1770 | -1200 / -2090 | -600 / -740 | -600 / -830 | -600 / -960 | -600 / -1170 | -600 / -1490 | -360 / -449 | -360 / -500 | -360 / -590 | -360 / -720 | -360 / -930 |
| 355 | 400 | -1350 / -1490 | -1350 / -1580 | -1350 / -1710 | -1350 / -1920 | -1350 / -2240 | -680 / -820 | -680 / -910 | -680 / -1040 | -680 / -1250 | -680 / -1570 | -400 / -489 | -400 / -540 | -400 / -630 | -400 / -760 | -400 / -970 |
| 400 | 450 | -1500 / -1655 | -1500 / -1750 | -1500 / -1900 | -1500 / -2130 | -1500 / -2470 | -760 / -915 | -760 / -1010 | -760 / -1160 | -760 / -1390 | -760 / -1730 | -440 / -537 | -440 / -595 | -440 / -690 | -440 / -840 | -440 / -1070 |
| 450 | 500 | -1650 / -1805 | -1650 / -1900 | -1650 / -2050 | -1650 / -2280 | -1650 / -2620 | -840 / -995 | -840 / -1090 | -840 / -1240 | -840 / -1470 | -840 / -1810 | -480 / -577 | -480 / -635 | -480 / -730 | -480 / -880 | -480 / -1110 |

续表

| 公称尺寸 mm | | 公差带 | | | | | | | | | | | | |
| --- | --- | --- | --- | --- | --- | --- | --- | --- | --- | --- | --- | --- | --- | --- |
| | | c | d | | | | | e | | | | | f | | |
| | | 公差等级 | | | | | | | | | | | | | |
| 大于 | 至 | 13 | 7 | 8 | 9 | 10 | 11 | 6 | 7 | 8 | 9 | 10 | 5 | 6 | 7 |
| − | 3 | −60 −200 | −20 −30 | −20 −34 | −20 −45 | −20 −60 | −20 −80 | −14 −20 | −14 −24 | −14 −28 | −14 −39 | −14 −54 | −6 −10 | −6 −12 | −6 −16 |
| 3 | 6 | −70 −250 | −30 −42 | −30 −48 | −30 −60 | −30 −78 | −30 −105 | −20 −28 | −20 −32 | −20 −38 | −20 −50 | −20 −68 | −10 −15 | −10 −18 | −10 −22 |
| 6 | 10 | −80 −300 | −40 −55 | −40 −62 | −40 −76 | −40 −98 | −40 −130 | −25 −34 | −25 −40 | −25 −47 | −25 −61 | −25 −83 | −13 −19 | −13 −22 | −13 −28 |
| 10 | 14 | −95 | −50 | −50 | −50 | −50 | −50 | −32 | −32 | −32 | −32 | −32 | −16 | −16 | −16 |
| 14 | 18 | −365 | −68 | −77 | −93 | −120 | −160 | −43 | −50 | −59 | −75 | −102 | −24 | −27 | −34 |
| 18 | 24 | −110 | −65 | −65 | −65 | −65 | −65 | −40 | −40 | −40 | −40 | −40 | −20 | −20 | −20 |
| 24 | 30 | −440 | −86 | −98 | −117 | −149 | −195 | −53 | −61 | −73 | −92 | −124 | −29 | −33 | −41 |
| 30 | 40 | −120 −510 | −80 | −80 | −80 | −80 | −80 | −50 | −50 | −50 | −50 | −50 | −25 | −25 | −25 |
| 40 | 50 | −130 −520 | −105 | −119 | −142 | −180 | −240 | −66 | −75 | −89 | −112 | −150 | −36 | −41 | −50 |
| 50 | 65 | −140 −600 | −100 | −100 | −100 | −100 | −100 | −60 | −60 | −60 | −60 | −60 | −30 | −30 | −30 |
| 65 | 80 | −150 −610 | −130 | −146 | −174 | −220 | −290 | −79 | −90 | −106 | −134 | −180 | −43 | −49 | −60 |
| 80 | 100 | −170 −710 | −120 | −120 | −120 | −120 | −120 | −72 | −72 | −72 | −72 | −72 | −36 | −36 | −36 |
| 100 | 120 | −180 −720 | −155 | −174 | −207 | −260 | −340 | −94 | −107 | −126 | −159 | −212 | −51 | −58 | −71 |
| 120 | 140 | −200 −830 | −145 | −145 | −145 | −145 | −145 | −85 | −85 | −85 | −85 | −85 | −43 | −43 | −43 |
| 140 | 160 | −210 −840 | −185 | −208 | −245 | −305 | −395 | −110 | −125 | −148 | −185 | −245 | −61 | −68 | −83 |
| 160 | 180 | −230 −860 | | | | | | | | | | | | | |
| 180 | 200 | −240 −960 | −170 | −170 | −170 | −170 | −170 | −100 | −100 | −100 | −100 | −100 | −50 | −50 | −50 |
| 200 | 225 | −260 −980 | −216 | −242 | −285 | −355 | −460 | −129 | −146 | −172 | −215 | −285 | −70 | −79 | −96 |
| 225 | 250 | −280 −1000 | | | | | | | | | | | | | |
| 250 | 280 | −300 −1110 | −190 | −190 | −190 | −190 | −190 | −110 | −110 | −110 | −110 | −110 | −56 | −56 | −56 |
| 280 | 315 | −330 −1140 | −242 | −271 | −320 | −400 | −510 | −142 | −162 | −191 | −240 | −320 | −79 | −88 | −108 |
| 315 | 355 | −360 −1250 | −210 | −210 | −210 | −210 | −210 | −125 | −125 | −125 | −125 | −125 | −62 | −62 | −62 |
| 355 | 400 | −400 −1290 | −267 | −299 | −350 | −440 | −570 | −161 | −182 | −214 | −265 | −355 | −87 | −98 | −119 |
| 400 | 450 | −440 −1410 | −230 | −230 | −230 | −230 | −230 | −135 | −135 | −135 | −135 | −135 | −68 | −68 | −68 |
| 450 | 500 | −480 −1450 | −293 | −327 | −385 | −480 | −630 | −175 | −198 | −232 | −290 | −385 | −95 | −108 | −131 |

续表

| 公称尺寸 mm | | 公差带 | | | | | | | | | | | |
|---|---|---|---|---|---|---|---|---|---|---|---|---|---|
| | | f | | g | | | | | h | | | | | |
| | | | | | | | 公差等级 | | | | | | |
| 大于 | 至 | 8 | 9 | 4 | 5 | 6 | 7 | 8 | 1 | 2 | 3 | 4 | 5 | 6 |
| – | 3 | -6<br>-20 | -6<br>-31 | -2<br>-5 | -2<br>-6 | -2<br>-8 | -2<br>-12 | -2<br>-16 | 0<br>-0.8 | 0<br>-1.2 | 0<br>-2 | 0<br>-3 | 0<br>-4 | 0<br>-6 |
| 3 | 6 | -10<br>-28 | -10<br>-40 | -4<br>-8 | -4<br>-9 | -4<br>-12 | -4<br>-16 | -4<br>-22 | 0<br>-1 | 0<br>-1.5 | 0<br>-2.5 | 0<br>-3 | 0<br>-5 | 0<br>-8 |
| 6 | 10 | -13<br>-35 | -13<br>-49 | -5<br>-9 | -5<br>-11 | -5<br>-14 | -5<br>-20 | -5<br>-27 | 0<br>-1 | 0<br>-1.5 | 0<br>-2.5 | 0<br>-4 | 0<br>-6 | 0<br>-9 |
| 10 | 14 | -16<br>-43 | -16<br>-59 | -6<br>-11 | -6<br>-14 | -6<br>-17 | -6<br>-24 | -6<br>-33 | 0<br>-1.2 | 0<br>-2 | 0<br>-3 | 0<br>-5 | 0<br>-8 | 0<br>-11 |
| 14 | 18 | | | | | | | | | | | | | |
| 18 | 24 | -20<br>-53 | -20<br>-72 | -7<br>-13 | -7<br>-16 | -7<br>-20 | -7<br>-28 | -7<br>-40 | 0<br>-1.5 | 0<br>-2.5 | 0<br>-4 | 0<br>-6 | 0<br>-9 | 0<br>-13 |
| 24 | 30 | | | | | | | | | | | | | |
| 30 | 40 | -25<br>-64 | -25<br>-87 | -9<br>-16 | -9<br>-20 | -9<br>-25 | -9<br>-34 | -9<br>-48 | 0<br>-1.5 | 0<br>-2.5 | 0<br>-4 | 0<br>-7 | 0<br>-11 | 0<br>-16 |
| 40 | 50 | | | | | | | | | | | | | |
| 50 | 65 | -30<br>-76 | -30<br>-104 | -10<br>-18 | -10<br>-23 | -10<br>-29 | -10<br>-40 | -10<br>-50 | 0<br>-2 | 0<br>-3 | 0<br>-5 | 0<br>-8 | 0<br>-13 | 0<br>-19 |
| 65 | 80 | | | | | | | | | | | | | |
| 80 | 100 | -36<br>-90 | -36<br>-123 | -12<br>-22 | -12<br>-27 | -12<br>-34 | -12<br>-47 | -12<br>-66 | 0<br>-2.5 | 0<br>-4 | 0<br>-6 | 0<br>-10 | 0<br>-15 | 0<br>-22 |
| 100 | 120 | | | | | | | | | | | | | |
| 120 | 140 | -43<br>-106 | -43<br>-143 | -14<br>-26 | -14<br>-32 | -14<br>-39 | -14<br>-54 | -14<br>-77 | 0<br>-3.5 | 0<br>-5 | 0<br>-8 | 0<br>-12 | 0<br>-18 | 0<br>-25 |
| 140 | 160 | | | | | | | | | | | | | |
| 160 | 180 | | | | | | | | | | | | | |
| 180 | 200 | -50<br>-122 | -50<br>-165 | -15<br>-29 | -15<br>-35 | -15<br>-41 | -15<br>-61 | -15<br>-87 | 0<br>-4.5 | 0<br>-7 | 0<br>-10 | 0<br>-14 | 0<br>-20 | 0<br>-29 |
| 200 | 225 | | | | | | | | | | | | | |
| 225 | 250 | | | | | | | | | | | | | |
| 250 | 280 | -56<br>-137 | -56<br>-186 | -17<br>-33 | -17<br>-40 | -17<br>-49 | -17<br>-69 | -17<br>-98 | 0<br>-6 | 0<br>-8 | 0<br>-12 | 0<br>-16 | 0<br>-23 | 0<br>-32 |
| 280 | 315 | | | | | | | | | | | | | |
| 315 | 355 | -62<br>-151 | -62<br>-202 | -18<br>-36 | -18<br>-43 | -18<br>-54 | -18<br>-75 | -18<br>-107 | 0<br>-7 | 0<br>-9 | 0<br>-13 | 0<br>-18 | 0<br>-25 | 0<br>-36 |
| 355 | 400 | | | | | | | | | | | | | |
| 400 | 450 | -68<br>-165 | -68<br>-223 | -20<br>-40 | -20<br>-47 | -20<br>-60 | -20<br>-83 | -20<br>-117 | 0<br>-8 | 0<br>-10 | 0<br>-15 | 0<br>-20 | 0<br>-27 | 0<br>-40 |
| 450 | 500 | | | | | | | | | | | | | |

续表

| 公称尺寸 mm | | 公差带 | | | | | | | | | | | | |
|---|---|---|---|---|---|---|---|---|---|---|---|---|---|---|
| | | h | | | | | | | j | | | js | | |
| | | 公差等级 | | | | | | | | | | | | |
| 大于 | 至 | 7 | 8 | 9 | 10 | 11 | 12 | 13 | 5 | 6 | 7 | 1 | 2 | 3 |
| − | 3 | 0 / −10 | 0 / −14 | 0 / −25 | 0 / −40 | 0 / −60 | 0 / −100 | 0 / −140 | — | +4 / −2 | +6 / −4 | ± 0.4 | ± 0.6 | ± 1 |
| 3 | 6 | 0 / −12 | 0 / −18 | 0 / −30 | 0 / −48 | 0 / −75 | 0 / −120 | 0 / −180 | +3 / −2 | +6 / −2 | +8 / −4 | ± 0.5 | ± 0.75 | ± 1.25 |
| 6 | 10 | 0 / −15 | 0 / −22 | 0 / −30 | 0 / −58 | 0 / −90 | 0 / −150 | 0 / −220 | +4 / −2 | +7 / −2 | +10 / −5 | ± 0.5 | ± 0.75 | ± 1.25 |
| 10 | 14 | 0 / −18 | 0 / −27 | 0 / −43 | 0 / −70 | 0 / −110 | 0 / −180 | 0 / −270 | +5 / −3 | +8 / −3 | +12 / −6 | ± 0.6 | ± 1 | ± 1.5 |
| 14 | 18 | | | | | | | | | | | | | |
| 18 | 24 | 0 / −21 | 0 / −33 | 0 / −52 | 0 / −84 | 0 / −130 | 0 / −210 | 0 / −330 | +5 / −4 | +9 / −4 | +13 / −8 | ± 0.75 | ± 1.25 | ± 2 |
| 24 | 30 | | | | | | | | | | | | | |
| 30 | 40 | 0 / −25 | 0 / −39 | 0 / −62 | 0 / −100 | 0 / −160 | 0 / −250 | 0 / −390 | +6 / −5 | +11 / −5 | +15 / −10 | ± 0.75 | ± 1.25 | ± 2 |
| 40 | 50 | | | | | | | | | | | | | |
| 50 | 65 | 0 / −30 | 0 / −46 | 0 / −74 | 0 / −120 | 0 / −190 | 0 / −300 | 0 / −460 | +6 / −7 | +12 / −7 | +18 / −12 | ± 1 | ± 1.5 | ± 2.5 |
| 65 | 80 | | | | | | | | | | | | | |
| 80 | 100 | 0 / −35 | 0 / −54 | 0 / −87 | 0 / −140 | 0 / −220 | 0 / −350 | 0 / −540 | +6 / −9 | +13 / −9 | +20 / −15 | ± 1.25 | ± 2 | ± 3 |
| 100 | 120 | | | | | | | | | | | | | |
| 120 | 140 | 0 / −40 | 0 / −63 | 0 / −100 | 0 / −160 | 0 / −250 | 0 / −400 | 0 / −630 | +7 / −11 | +14 / −11 | +22 / −18 | ± 1.75 | ± 2.5 | ± 4 |
| 140 | 160 | | | | | | | | | | | | | |
| 160 | 180 | | | | | | | | | | | | | |
| 180 | 200 | 0 / −46 | 0 / −72 | 0 / −115 | 0 / −185 | 0 / −290 | 0 / −460 | 0 / −720 | +7 / −13 | +16 / −13 | +25 / −21 | ± 2.25 | ± 3.5 | ± 5 |
| 200 | 225 | | | | | | | | | | | | | |
| 225 | 250 | | | | | | | | | | | | | |
| 250 | 280 | 0 / −52 | 0 / −81 | 0 / −130 | 0 / −210 | 0 / −320 | 0 / −520 | 0 / −810 | +7 / −16 | — | — | ± 3 | ± 4 | ± 6 |
| 280 | 315 | | | | | | | | | | | | | |
| 315 | 355 | 0 / −57 | 0 / −89 | 0 / −140 | 0 / −230 | 0 / −360 | 0 / −570 | 0 / −890 | +7 / −18 | — | +29 / −28 | ± 3.5 | ± 4.5 | ± 6.5 |
| 355 | 400 | | | | | | | | | | | | | |
| 400 | 450 | 0 / −63 | 0 / −97 | 0 / −155 | 0 / −250 | 0 / −400 | 0 / −630 | 0 / −970 | +7 / −20 | — | +31 / −32 | ± 4 | ± 5 | ± 7.5 |
| 450 | 500 | | | | | | | | | | | | | |

| 公称尺寸 mm | | 公差带 | | | | | | | | | | k | |
|---|---|---|---|---|---|---|---|---|---|---|---|---|---|
| | | js | | | | | | | | | | | |
| | | 公差等级 | | | | | | | | | | | |
| 大于 | 至 | 4 | 5 | 6 | 7 | 8 | 9 | 10 | 11 | 12 | 13 | 4 | 5 |
| − | 3 | ± 1.5 | ± 2 | ± 3 | ± 5 | ± 7 | ± 12 | ± 20 | ± 30 | ± 50 | ± 70 | +3<br>0 | +4<br>0 |
| 3 | 6 | ± 2 | ± 2.5 | ± 4 | ± 6 | ± 9 | ± 15 | ± 24 | ± 37 | ± 60 | ± 90 | +5<br>+1 | +6<br>+1 |
| 6 | 10 | ± 2 | ± 3 | ± 4.5 | ± 7 | ± 11 | ± 18 | ± 29 | ± 45 | ± 75 | ± 110 | +5<br>+1 | +7<br>+1 |
| 10 | 14 | ± 2.5 | ± 4 | ± 5.5 | ± 9 | ± 13 | ± 21 | ± 35 | ± 55 | ± 90 | ± 135 | +6<br>+1 | +9<br>+1 |
| 14 | 18 | | | | | | | | | | | | |
| 18 | 24 | ± 3 | ± 4.5 | ± 6.5 | ± 10 | ± 16 | ± 26 | ± 42 | ± 65 | ± 105 | ± 165 | +8<br>+2 | +11<br>+2 |
| 24 | 30 | | | | | | | | | | | | |
| 30 | 40 | ± 3.5 | ± 5.5 | ± 8 | ± 12 | ± 19 | ± 31 | ± 50 | ± 80 | ± 125 | ± 195 | +9<br>+2 | +13<br>+2 |
| 40 | 50 | | | | | | | | | | | | |
| 50 | 65 | ± 4 | ± 6.5 | ± 9.5 | ± 15 | ± 23 | ± 37 | ± 60 | ± 95 | ± 150 | ± 230 | +10<br>+2 | +15<br>+2 |
| 65 | 80 | | | | | | | | | | | | |
| 80 | 100 | ± 5 | ± 7.5 | ± 11 | ± 17 | ± 27 | ± 43 | ± 70 | ± 110 | ± 175 | ± 270 | +13<br>+3 | +18<br>+3 |
| 100 | 120 | | | | | | | | | | | | |
| 120 | 140 | ± 6 | ± 9 | ± 12.5 | ± 20 | ± 31 | ± 50 | ± 80 | ± 125 | ± 200 | ± 315 | +15<br>+3 | +21<br>+3 |
| 140 | 160 | | | | | | | | | | | | |
| 160 | 180 | | | | | | | | | | | | |
| 180 | 200 | ± 7 | ± 10 | ± 14.5 | ± 23 | ± 36 | ± 57 | ± 92 | ± 145 | ± 230 | ± 360 | +18<br>+4 | +24<br>+4 |
| 200 | 225 | | | | | | | | | | | | |
| 225 | 250 | | | | | | | | | | | | |
| 250 | 280 | ± 8 | ± 11.5 | ± 16 | ± 26 | ± 40 | ± 65 | ± 105 | ± 160 | ± 200 | ± 405 | +20<br>+4 | +27<br>+4 |
| 280 | 315 | | | | | | | | | | | | |
| 315 | 355 | ± 9 | ± 12.5 | ± 18 | ± 28 | ± 44 | ± 70 | ± 115 | ± 180 | ± 285 | ± 445 | +22<br>+4 | +29<br>+4 |
| 355 | 400 | | | | | | | | | | | | |
| 400 | 450 | ± 10 | ± 13.5 | ± 20 | ± 31 | ± 48 | ± 77 | ± 125 | ± 200 | ± 315 | ± 485 | +25<br>+5 | +32<br>+5 |
| 450 | 500 | | | | | | | | | | | | |

| 公称尺寸 mm | | 公差带 | | | | | | | | | | | |
|---|---|---|---|---|---|---|---|---|---|---|---|---|---|
| | | k | | | m | | | | | n | | | | |
| | | 公差等级 | | | | | | | | | | | |
| 大于 | 至 | 6 | 7 | 8 | 4 | 5 | 6 | 7 | 8 | 4 | 5 | 6 | 7 | 8 |
| – | 3 | +6<br>0 | +10<br>0 | +14<br>0 | +5<br>+2 | +6<br>+2 | +8<br>+2 | +12<br>+2 | +16<br>+2 | +7<br>+4 | +8<br>+4 | +10<br>+4 | +14<br>+4 | +18<br>+4 |
| 3 | 6 | +9<br>+1 | +13<br>+1 | +18<br>0 | +8<br>+4 | +9<br>+4 | +12<br>+4 | +16<br>+4 | +22<br>+4 | +12<br>+8 | +13<br>+8 | +16<br>+8 | +20<br>+8 | +26<br>+8 |
| 6 | 10 | +10<br>+1 | +16<br>+1 | +22<br>0 | +10<br>+6 | +12<br>+6 | +15<br>+6 | +21<br>+6 | +28<br>+6 | +14<br>+10 | +16<br>+10 | +19<br>+10 | +25<br>+10 | +32<br>+10 |
| 10 | 14 | +12<br>+1 | +19<br>+1 | +27<br>0 | +12<br>+7 | +15<br>+7 | +18<br>+7 | +25<br>+7 | +34<br>+7 | +17<br>+12 | +20<br>+12 | +23<br>+12 | +30<br>+12 | +39<br>+12 |
| 14 | 18 | | | | | | | | | | | | | |
| 18 | 24 | +15<br>+2 | +23<br>+2 | +33<br>0 | +14<br>+8 | +17<br>+8 | +21<br>+8 | +29<br>+8 | +41<br>+8 | +21<br>+15 | +24<br>+15 | +28<br>+15 | +36<br>+15 | +48<br>+15 |
| 24 | 30 | | | | | | | | | | | | | |
| 30 | 40 | +18<br>+2 | +27<br>+2 | +39<br>0 | +16<br>+9 | +20<br>+9 | +25<br>+9 | +34<br>+9 | +48<br>+9 | +24<br>+17 | +28<br>+17 | +33<br>+17 | +42<br>+17 | +56<br>+17 |
| 40 | 50 | | | | | | | | | | | | | |
| 50 | 65 | +21<br>+2 | +32<br>+2 | +46<br>0 | +19<br>+11 | +24<br>+11 | +30<br>+11 | +41<br>+11 | +57<br>+11 | +28<br>+20 | +33<br>+20 | +39<br>+20 | +50<br>+20 | +66<br>+20 |
| 65 | 80 | | | | | | | | | | | | | |
| 80 | 100 | +25<br>+3 | +38<br>+3 | +54<br>0 | +23<br>+13 | +28<br>+13 | +35<br>+13 | +48<br>+13 | +67<br>+13 | +33<br>+13 | +38<br>+23 | +45<br>+23 | +58<br>+23 | +77<br>+23 |
| 100 | 120 | | | | | | | | | | | | | |
| 120 | 140 | +28<br>+3 | +43<br>+3 | +63<br>0 | +27<br>+15 | +33<br>+15 | +40<br>+15 | +55<br>+15 | +78<br>+15 | +39<br>+27 | +45<br>+27 | +52<br>+27 | +67<br>+27 | +90<br>+27 |
| 140 | 160 | | | | | | | | | | | | | |
| 160 | 180 | | | | | | | | | | | | | |
| 180 | 200 | +33<br>+4 | +50<br>+4 | +72<br>0 | +31<br>+17 | +37<br>+17 | +46<br>+17 | +63<br>+17 | +89<br>+17 | +45<br>+31 | +51<br>+31 | +60<br>+31 | +77<br>+31 | +103<br>+31 |
| 200 | 225 | | | | | | | | | | | | | |
| 225 | 250 | | | | | | | | | | | | | |
| 250 | 280 | +36<br>+4 | +56<br>+4 | +81<br>0 | +36<br>+20 | +43<br>+20 | +52<br>+20 | +72<br>+20 | +101<br>+20 | +50<br>+34 | +57<br>+34 | +66<br>+34 | +86<br>+34 | +115<br>+34 |
| 280 | 315 | | | | | | | | | | | | | |
| 315 | 355 | +40<br>+4 | +61<br>+4 | +89<br>0 | +39<br>+21 | +46<br>+21 | +57<br>+21 | +78<br>+21 | +110<br>+21 | +55<br>+37 | +62<br>+37 | +73<br>+37 | +94<br>+37 | +126<br>+37 |
| 355 | 400 | | | | | | | | | | | | | |
| 400 | 450 | +45<br>+5 | +68<br>+5 | +97<br>0 | +43<br>+23 | +50<br>+23 | +63<br>+23 | +86<br>+23 | +120<br>+23 | +60<br>+40 | +67<br>+40 | +80<br>+40 | +103<br>+40 | +137<br>+40 |
| 450 | 500 | | | | | | | | | | | | | |

| 公称尺寸 mm | | 公差带 | | | | | | | | | | | | |
|---|---|---|---|---|---|---|---|---|---|---|---|---|---|---|
| | | p | | | | | r | | | | | s | | |
| | | 公差等级 | | | | | | | | | | | | |
| 大于 | 至 | 4 | 5 | 6 | 7 | 8 | 4 | 5 | 6 | 7 | 8 | 4 | 5 | 6 |
| – | 3 | +9 +6 | +10 +6 | +12 +6 | +16 +6 | +20 +6 | +13 +10 | +14 +10 | +16 +10 | +20 +10 | +24 +10 | +17 +14 | +18 +14 | +20 +14 |
| 3 | 6 | +16 +12 | +17 +12 | +20 +12 | +24 +12 | +30 +12 | +19 +15 | +20 +15 | +23 +15 | +27 +15 | +33 +15 | +23 +19 | +24 +19 | +27 +19 |
| 6 | 10 | +19 +15 | +21 +15 | +24 +15 | +30 +15 | +37 +15 | +23 +19 | +25 +19 | +28 +19 | +34 +19 | +41 +19 | +27 +23 | +29 +23 | +32 +23 |
| 10 | 14 | +23 +18 | +26 +18 | +29 +18 | +36 +18 | +45 +18 | +28 +23 | +31 +23 | +34 +23 | +41 +23 | +50 +23 | +23 +28 | +36 +28 | +39 +28 |
| 14 | 18 | +23 +18 | +26 +18 | +29 +18 | +36 +18 | +45 +18 | +28 +23 | +31 +23 | +34 +23 | +41 +23 | +50 +23 | +23 +28 | +36 +28 | +39 +28 |
| 18 | 24 | +28 +22 | +31 +22 | +35 +22 | +43 +22 | +55 +22 | +34 +28 | +37 +28 | +41 +28 | +49 +28 | +61 +28 | +41 +35 | +44 +35 | +48 +35 |
| 24 | 30 | +28 +22 | +31 +22 | +35 +22 | +43 +22 | +55 +22 | +34 +28 | +37 +28 | +41 +28 | +49 +28 | +61 +28 | +41 +35 | +44 +35 | +48 +35 |
| 30 | 40 | +33 +26 | +37 +26 | +42 +26 | +51 +26 | +65 +26 | +41 +34 | +45 +34 | +50 +34 | +59 +34 | +73 +34 | +50 +43 | +54 +43 | +59 +43 |
| 40 | 50 | +33 +26 | +37 +26 | +42 +26 | +51 +26 | +65 +26 | +41 +34 | +45 +34 | +50 +34 | +59 +34 | +73 +34 | +50 +43 | +54 +43 | +59 +43 |
| 50 | 65 | +40 +32 | +45 +32 | +51 +32 | +62 +32 | +78 +32 | +49 +41 | +54 +41 | +60 +41 | +71 +41 | +87 +41 | +61 +53 | +66 +53 | +72 +53 |
| 65 | 80 | +40 +32 | +45 +32 | +51 +32 | +62 +32 | +78 +32 | +51 +43 | +56 +43 | +62 +43 | +73 +43 | +89 +43 | +67 +59 | +72 +59 | +78 +59 |
| 80 | 100 | +47 +37 | +52 +37 | +59 +37 | +72 +37 | +91 +37 | +61 +51 | +66 +51 | +73 +51 | +86 +51 | +105 +51 | +81 +71 | +86 +71 | +93 +71 |
| 100 | 120 | +47 +37 | +52 +37 | +59 +37 | +72 +37 | +91 +37 | +64 +54 | +69 +54 | +76 +54 | +89 +54 | +108 +54 | +89 +79 | +94 +79 | +101 +79 |
| 120 | 140 | +55 +43 | +61 +43 | +68 +43 | +73 +43 | +100 +43 | +75 +63 | +81 +63 | +88 +63 | +103 +63 | +126 +63 | +104 +92 | +110 +92 | +117 +92 |
| 140 | 160 | +55 +43 | +61 +43 | +68 +43 | +73 +43 | +100 +43 | +77 +65 | +83 +65 | +90 +65 | +105 +65 | +128 +65 | +112 +100 | +118 +100 | +125 +100 |
| 160 | 180 | +55 +43 | +61 +43 | +68 +43 | +73 +43 | +100 +43 | +80 +68 | +86 +68 | +93 +68 | +108 +68 | +131 +68 | +120 +108 | +126 +108 | +133 +108 |
| 180 | 200 | +64 +50 | +70 +50 | +79 +50 | +96 +50 | +122 +50 | +91 +77 | +97 +77 | +106 +77 | +123 +77 | +149 +77 | +136 +122 | +142 +122 | +151 +122 |
| 200 | 225 | +64 +50 | +70 +50 | +79 +50 | +96 +50 | +122 +50 | +94 +80 | +100 +80 | +109 +80 | +126 +80 | +152 +80 | +144 +130 | +150 +130 | +159 +130 |
| 225 | 250 | +64 +50 | +70 +50 | +79 +50 | +96 +50 | +122 +50 | +98 +84 | +104 +84 | +113 +84 | +130 +84 | +156 +84 | +154 +140 | +160 +140 | +169 +140 |
| 250 | 280 | +72 +56 | +79 +56 | +88 +56 | +108 +56 | +137 +56 | +110 +94 | +117 +94 | +126 +94 | +146 +94 | +175 +94 | +174 +158 | +181 +158 | +190 +158 |
| 280 | 315 | +72 +56 | +79 +56 | +88 +56 | +108 +56 | +137 +56 | +114 +98 | +121 +98 | +130 +98 | +150 +98 | +179 +98 | +186 +170 | +193 +170 | +202 +170 |
| 315 | 355 | +80 +62 | +87 +62 | +98 +62 | +119 +62 | +151 +62 | +126 +108 | +133 +108 | +144 +108 | +165 +108 | +197 +108 | +208 +190 | +215 +190 | +226 +190 |
| 355 | 400 | +80 +62 | +87 +62 | +98 +62 | +119 +62 | +151 +62 | +132 +114 | +139 +114 | +150 +114 | +171 +114 | +203 +114 | +226 +208 | +233 +208 | +244 +208 |
| 400 | 450 | +88 +68 | +95 +68 | +108 +68 | +131 +68 | +165 +68 | +146 +126 | +153 +126 | +166 +126 | +189 +126 | +223 +126 | +252 +232 | +259 +232 | +272 +232 |
| 450 | 500 | +88 +68 | +95 +68 | +108 +68 | +131 +68 | +165 +68 | +152 +132 | +159 +132 | +172 +132 | +195 +132 | +229 +132 | +272 +252 | +279 +252 | +292 +252 |

| 公称尺寸 mm | | 公差带 | | | | | | | | | | | |
| --- | --- | --- | --- | --- | --- | --- | --- | --- | --- | --- | --- | --- | --- |
| | | s | | t | | | | u | | | | v | | |
| | | 公差等级 | | | | | | | | | | | | |
| 大于 | 至 | 7 | 8 | 5 | 6 | 7 | 8 | 5 | 6 | 7 | 8 | 5 | 6 | 7 |
| – | 3 | +24 / +14 | +28 / +14 | — | — | — | — | +22 / +18 | +24 / +18 | +28 / +18 | +32 / +18 | — | — | — |
| 3 | 6 | +31 / +19 | +37 / +19 | — | — | — | — | +28 / +23 | +31 / +23 | +35 / +23 | +41 / +23 | — | — | — |
| 6 | 10 | +38 / +23 | +45 / +23 | — | — | — | — | +34 / +28 | +37 / +28 | +43 / +28 | +50 / +28 | — | — | — |
| 10 | 14 | +46 / +28 | +55 / +28 | — | — | — | — | +41 / +33 | +44 / +33 | +51 / +33 | +60 / +33 | — | — | — |
| 14 | 18 | +46 / +28 | +55 / +28 | — | — | — | — | +41 / +33 | +44 / +33 | +51 / +33 | +60 / +33 | +47 / +39 | +50 / +39 | +57 / +39 |
| 18 | 24 | +56 / +35 | +68 / +35 | — | — | — | — | +50 / +41 | +54 / +41 | +62 / +41 | +74 / +41 | +56 / +47 | +60 / +47 | +68 / +47 |
| 24 | 30 | +56 / +35 | +68 / +35 | +50 / +41 | +54 / +41 | +62 / +41 | +74 / +41 | +57 / +48 | +61 / +48 | +69 / +48 | +81 / +48 | +64 / +55 | +68 / +55 | +76 / +55 |
| 30 | 40 | +68 / +43 | +82 / +43 | +59 / +48 | +64 / +48 | +73 / +48 | +87 / +48 | +71 / +60 | +76 / +60 | +85 / +60 | +99 / +60 | +79 / +68 | +84 / +68 | +93 / +68 |
| 40 | 50 | +68 / +43 | +82 / +43 | +65 / +54 | +70 / +54 | +79 / +54 | +93 / +54 | +81 / +70 | +86 / +70 | +95 / +70 | +109 / +70 | +92 / +81 | +97 / +81 | +106 / +81 |
| 50 | 65 | +83 / +53 | +90 / +53 | +79 / +66 | +85 / +66 | +96 / +66 | +112 / +66 | +100 / +87 | +106 / +87 | +117 / +87 | +133 / +87 | +115 / +102 | +121 / +102 | +132 / +102 |
| 65 | 80 | +89 / +59 | +105 / +59 | +88 / +75 | +94 / +75 | +105 / +75 | +121 / +75 | +115 / +102 | +121 / +102 | +132 / +102 | +148 / +102 | +133 / +120 | +139 / +120 | +150 / +120 |
| 80 | 100 | +106 / +71 | +125 / +71 | +106 / +91 | +113 / +91 | +126 / +91 | +145 / +91 | +139 / +124 | +146 / +124 | +159 / +124 | +178 / +124 | +161 / +146 | +168 / +146 | +181 / +146 |
| 100 | 120 | +114 / +79 | +133 / +79 | +119 / +104 | +126 / +104 | +139 / +104 | +158 / +104 | +159 / +144 | +166 / +144 | +179 / +144 | +198 / +144 | +187 / +172 | +194 / +172 | +207 / +172 |
| 120 | 140 | +132 / +92 | +155 / +92 | +140 / +122 | +147 / +122 | +162 / +122 | +185 / +122 | +188 / +170 | +195 / +170 | +210 / +170 | +233 / +170 | +220 / +202 | +227 / +202 | +242 / +202 |
| 140 | 160 | +140 / +100 | +163 / +100 | +152 / +134 | +159 / +134 | +174 / +134 | +197 / +134 | +208 / +190 | +215 / +190 | +230 / +190 | +253 / +190 | +246 / +228 | +253 / +228 | +268 / +228 |
| 160 | 180 | +148 / +108 | +171 / +108 | +164 / +146 | +171 / +146 | +186 / +146 | +209 / +146 | +228 / +210 | +235 / +210 | +250 / +210 | +273 / +210 | +270 / +252 | +277 / +252 | +292 / +252 |
| 180 | 200 | +168 / +122 | +194 / +122 | +186 / +166 | +195 / +166 | +212 / +166 | +238 / +166 | +256 / +236 | +265 / +236 | +282 / +236 | +308 / +236 | +304 / +284 | +313 / +284 | +330 / +284 |
| 200 | 225 | +176 / +130 | +202 / +130 | +200 / +180 | +209 / +180 | +226 / +180 | +252 / +180 | +278 / +258 | +287 / +258 | +304 / +258 | +330 / +258 | +330 / +310 | +339 / +310 | +356 / +310 |
| 225 | 250 | +186 / +140 | +212 / +140 | +216 / +196 | +225 / +196 | +242 / +196 | +268 / +196 | +304 / +284 | +313 / +284 | +330 / +284 | +356 / +284 | +360 / +340 | +369 / +340 | +386 / +340 |
| 250 | 280 | +210 / +158 | +239 / +158 | +241 / +218 | +250 / +218 | +270 / +218 | +299 / +218 | +338 / +315 | +347 / +315 | +367 / +315 | +396 / +315 | +408 / +385 | +417 / +385 | +437 / +385 |
| 280 | 315 | +222 / +170 | +251 / +170 | +263 / +240 | +272 / +240 | +292 / +240 | +321 / +240 | +373 / +350 | +382 / +350 | +402 / +350 | +431 / +350 | +448 / +425 | +457 / +425 | +477 / +425 |
| 315 | 355 | +247 / +190 | +279 / +190 | +293 / +268 | +304 / +268 | +325 / +268 | +357 / +268 | +415 / +390 | +426 / +390 | +447 / +390 | +479 / +390 | +500 / +475 | +511 / +475 | +532 / +475 |
| 355 | 400 | +265 / +208 | +297 / +208 | +319 / +294 | +330 / +294 | +351 / +294 | +383 / +294 | +460 / +435 | +471 / +435 | +492 / +435 | +524 / +435 | +555 / +530 | +566 / +530 | +587 / +530 |
| 400 | 450 | +295 / +232 | +329 / +232 | +357 / +330 | +370 / +330 | +393 / +330 | +427 / +330 | +517 / +490 | +530 / +490 | +553 / +490 | +587 / +490 | +622 / +595 | +635 / +595 | +658 / +595 |
| 450 | 500 | +315 / +252 | +349 / +252 | +387 / +360 | +400 / +360 | +423 / +360 | +457 / +360 | +567 / +540 | +580 / 540 | +603 / +540 | +637 / +540 | +687 / +660 | +700 / +660 | +723 / +660 |

续表

| 公称尺寸 mm | | 公差带 | | | | | | | | | | | | |
| --- | --- | --- | --- | --- | --- | --- | --- | --- | --- | --- | --- | --- | --- | --- |
| | | v | x | | | | y | | | | z | | | |
| | | 公差等级 | | | | | | | | | | | | |
| 大于 | 至 | 8 | 5 | 6 | 7 | 8 | 5 | 6 | 7 | 8 | 5 | 6 | 7 | 8 |
| – | 3 | — | +24 +20 | +26 +20 | +30 +20 | +34 +20 | — | — | — | — | +30 +26 | +32 +26 | +36 +26 | +40 +26 |
| 3 | 6 | — | +33 +28 | +36 +28 | +40 +28 | +46 +28 | — | — | — | — | +40 +35 | +43 +35 | +47 +35 | +53 +35 |
| 6 | 10 | — | +40 +34 | +43 +34 | +49 +34 | +56 +34 | — | — | — | — | +48 +42 | +51 +42 | +57 +42 | +64 +42 |
| 10 | 14 | — | +48 +40 | +51 +40 | +58 +40 | +67 +40 | — | — | — | — | +58 +50 | +61 +50 | +68 +50 | +77 +50 |
| 14 | 18 | +66 +39 | +53 +45 | +56 +45 | +63 +45 | +72 +45 | — | — | — | — | +68 +60 | +71 +60 | +78 +60 | +87 +60 |
| 18 | 24 | +80 +47 | +63 +54 | +67 +54 | +75 +54 | +87 +54 | +72 +63 | +76 +63 | +84 +63 | +96 +63 | +82 +73 | +86 +73 | +94 +73 | +106 +73 |
| 24 | 30 | +88 +55 | +73 +64 | +77 +64 | +85 +64 | +97 +64 | +84 +75 | +88 +75 | +96 +75 | +108 +75 | +97 +88 | +101 +88 | +109 +88 | +121 +88 |
| 30 | 40 | +107 +68 | +91 +80 | +96 +80 | +105 +80 | +119 +80 | +105 +94 | +110 +94 | +119 +94 | +133 +94 | +123 +112 | +128 +112 | +137 +112 | +151 +112 |
| 40 | 50 | +120 +81 | +108 +97 | +113 +97 | +122 +97 | +136 +97 | +125 +114 | +130 +114 | +139 +114 | +153 +114 | +147 +136 | +152 +136 | +161 +136 | +175 +136 |
| 50 | 65 | +148 +102 | +135 +122 | +141 +122 | +152 +122 | +168 +122 | +157 +144 | +163 +144 | +174 +144 | +190 +144 | +185 +172 | +191 +172 | +202 +172 | +218 +172 |
| 65 | 80 | +166 +120 | +159 +146 | +165 +146 | +176 +146 | +192 +146 | +187 +174 | +193 +174 | +204 +174 | +220 +174 | +223 +210 | +229 +210 | +240 +210 | +256 +210 |
| 80 | 100 | +200 +146 | +193 +178 | +200 +178 | +213 +178 | +232 +178 | +229 +214 | +236 +214 | +249 +214 | +268 +214 | +273 +258 | +280 +258 | +293 +258 | +312 +258 |
| 100 | 120 | +226 +172 | +225 +210 | +232 +210 | +245 +210 | +264 +210 | +269 +254 | +276 +254 | +289 +254 | +308 +254 | +325 +310 | +332 +310 | +345 +310 | +364 +310 |
| 120 | 140 | +265 +202 | +266 +248 | +273 +248 | +288 +248 | +311 +248 | +318 +300 | +325 +300 | +340 +300 | +368 +300 | +383 +365 | +390 +365 | +405 +365 | +428 +365 |
| 140 | 160 | +291 +228 | +298 +280 | +305 +280 | +320 +280 | +343 +280 | +358 +340 | +365 +340 | +380 +340 | +403 +340 | +433 +415 | +440 +415 | +455 +415 | +487 +415 |
| 160 | 180 | +315 +252 | +328 +310 | +335 +310 | +350 +310 | +373 +310 | +398 +380 | +405 +380 | +420 +380 | +443 +380 | +483 +465 | +490 +465 | +505 +465 | +528 +465 |
| 180 | 200 | +356 +284 | +370 +350 | +379 +350 | +396 +350 | +422 +350 | +445 +425 | +454 +425 | +471 +425 | +497 +425 | +540 +520 | +549 +520 | +566 +520 | +592 +520 |
| 200 | 225 | +382 +310 | +405 +385 | +414 +385 | +431 +385 | +457 +385 | +490 +470 | +499 +470 | +516 +470 | +542 +470 | +595 +575 | +604 +575 | +621 +575 | +647 +575 |
| 225 | 250 | +412 +340 | +445 +425 | +454 +425 | +471 +425 | +497 +425 | +540 +520 | +549 +520 | +566 +520 | +592 +520 | +660 +640 | +669 +640 | +686 +640 | +712 +640 |
| 250 | 280 | +466 +385 | +498 +475 | +507 +475 | +527 +475 | +556 +475 | +603 +580 | +612 +580 | +632 +580 | +661 +580 | +733 +710 | +742 +710 | +762 +710 | +791 +710 |
| 280 | 315 | +506 +425 | +548 +525 | +557 +525 | +577 +525 | +606 +525 | +673 +650 | +682 +650 | +702 +650 | +731 +650 | +813 +790 | +822 +790 | +842 +790 | +871 +790 |
| 315 | 355 | +564 +475 | +615 +590 | +626 +590 | +647 +590 | +679 +590 | +755 +730 | +766 +730 | +787 +730 | +819 +730 | +925 +900 | +936 +900 | +957 +900 | +989 +900 |
| 355 | 400 | +619 +530 | +685 +660 | +696 +660 | +717 +660 | +749 +660 | +845 +820 | +856 +820 | +877 +820 | +909 +820 | +1025 +1000 | +1036 +1000 | +1057 +1000 | +1089 +1000 |
| 400 | 450 | +692 +595 | +767 +740 | +780 +740 | +803 +740 | +837 +740 | +947 +920 | +960 +920 | +983 +920 | +1017 +920 | +1127 +1100 | +1140 +1100 | +1163 +1100 | +1197 +1100 |
| 450 | 500 | +757 +660 | +847 +820 | +860 +820 | +883 +820 | +917 +820 | +1027 +1000 | +1040 +1000 | +1063 +1000 | +1097 +1000 | +1277 +1250 | +1290 +1250 | +1313 +1250 | +1347 +1250 |

注：公称尺寸小于 1 mm 时，各级的 a 和 b 均不采用。

## 附表四 孔的极限偏差表

μm

| 公称尺寸 mm | | 公差带 | | | | | | | | | | | | |
|---|---|---|---|---|---|---|---|---|---|---|---|---|---|---|
| | | A | | | | B | | | | C | | | | |
| | | 公差等级 | | | | | | | | | | | | |
| 大于 | 至 | 9 | 10 | 11 | 12 | 9 | 10 | 11 | 12 | 8 | 9 | 10 | 11 | 12 |
| − | 3 | +295 +270 | +310 +270 | +330 +270 | +370 +270 | +165 +140 | +180 +140 | +200 +140 | +240 +140 | +74 +60 | +85 +60 | +100 +60 | +120 +60 | +160 +60 |
| 3 | 6 | +300 +270 | +318 +270 | +345 +270 | +390 +270 | +170 +140 | +188 +140 | +215 +140 | +260 +140 | +88 +70 | +100 +70 | +118 +70 | +145 +70 | +190 +70 |
| 6 | 10 | +316 +280 | +338 +280 | +370 +280 | +430 +280 | +186 +150 | +208 +150 | +240 +150 | +300 +150 | +102 +80 | +116 +80 | +138 +80 | +170 +80 | +230 +80 |
| 10 | 14 | +333 +290 | +360 +290 | +400 +290 | +470 +290 | +193 +150 | +220 +150 | +260 +150 | +330 +150 | +122 +95 | +138 +95 | +165 +95 | +205 +95 | +275 +95 |
| 14 | 18 | | | | | | | | | | | | | |
| 18 | 24 | +352 +300 | +384 +300 | +430 +300 | +510 +300 | +212 +160 | +244 +160 | +290 +160 | +370 +160 | +143 +110 | +162 +110 | +194 +110 | +240 +110 | +320 +110 |
| 24 | 30 | | | | | | | | | | | | | |
| 30 | 40 | +372 +310 | +410 +310 | +470 +310 | +560 +310 | +232 +170 | +270 +170 | +330 +170 | +420 +170 | +159 +120 | +182 +120 | +220 +120 | +280 +120 | +370 +120 |
| 40 | 50 | +382 +320 | 420 +320 | +480 +320 | +570 +320 | +242 +180 | +280 +180 | +340 +180 | +430 +180 | +169 +130 | +192 +130 | +230 +130 | +290 +130 | +380 +130 |
| 50 | 65 | +414 +340 | +460 +340 | +530 +340 | +640 +340 | +264 +190 | +310 +190 | +380 +190 | +490 +190 | +186 +140 | +214 +140 | +260 +140 | +330 +140 | +440 +140 |
| 65 | 80 | +434 +360 | +480 +360 | +550 +360 | +660 +360 | +274 +200 | +320 +200 | +390 +200 | +500 +200 | +196 +150 | +224 +150 | +270 +150 | +340 +150 | +450 +150 |
| 80 | 100 | +467 +380 | +520 +380 | +600 +380 | +730 +380 | +307 +220 | +360 +220 | +440 +220 | +570 +220 | +224 +170 | +257 +170 | +310 +170 | +390 +170 | +520 +170 |
| 100 | 120 | +497 +410 | +550 +410 | +630 +410 | +760 +410 | +327 +240 | +380 +240 | +460 +240 | +590 +240 | +234 +180 | +267 +180 | +320 +180 | +400 +180 | +530 +180 |
| 120 | 140 | +560 +460 | +620 +460 | +710 +460 | +860 +460 | +360 +260 | +420 +260 | +510 +260 | +660 +260 | +263 +200 | +300 +200 | +360 +200 | +450 +200 | +600 +200 |
| 140 | 160 | +620 +520 | +680 +520 | +770 +520 | +920 +520 | +380 +280 | +440 +280 | +530 +280 | +680 +280 | +273 +210 | +310 +210 | +370 +210 | +460 +210 | +610 +210 |
| 160 | 180 | +680 +580 | +740 +580 | +830 +580 | +980 +580 | +410 +310 | +470 +310 | +560 +310 | +710 +310 | +293 +230 | +330 +230 | +390 +230 | +480 +230 | +630 +230 |
| 180 | 200 | +775 +660 | +845 +660 | +950 +660 | +1120 +660 | +455 +340 | +525 +340 | +630 +340 | +800 +340 | +312 +240 | +355 +240 | +425 +240 | +530 +240 | +700 +240 |
| 200 | 225 | +855 +740 | +925 +740 | +1030 +740 | +1200 +740 | +495 +380 | +565 +380 | +670 +380 | +840 +380 | +332 +260 | +375 +260 | +445 +260 | +550 +260 | +720 +260 |
| 225 | 250 | +935 +820 | +1005 +820 | +1110 +820 | +1280 +820 | +535 +420 | +605 +420 | +710 +420 | +880 +420 | +352 +280 | +395 +280 | +465 +280 | +570 +280 | +740 +280 |
| 250 | 280 | +1050 +920 | +1130 +920 | +1240 +920 | +1440 +920 | +610 +480 | +690 +480 | +800 +480 | +1000 +480 | +381 +300 | +430 +300 | +510 +300 | +620 +300 | +820 +300 |
| 280 | 315 | +1180 +1050 | +1260 +1050 | +1370 +1050 | +1570 +1050 | +670 +540 | +750 +540 | +860 +540 | +1060 +540 | +411 +330 | +460 +330 | +540 +330 | +650 +330 | +850 +300 |
| 315 | 355 | +1340 +1200 | +1430 +1200 | +1560 +1200 | +1770 +1200 | +740 +600 | +830 +600 | +960 +600 | +1170 +600 | +449 +360 | +500 +360 | +590 +360 | +720 +360 | +930 +360 |
| 355 | 400 | +1490 +1350 | +1580 +1350 | +1710 +1350 | +1920 +1350 | +820 +680 | +910 +680 | +1040 +680 | +1250 +680 | +489 +400 | +540 +400 | +630 +400 | +760 +400 | +970 +400 |
| 400 | 450 | +1655 +1500 | +1750 +1500 | +1900 +1500 | +2130 +1500 | +915 +760 | +1010 +760 | +1160 +760 | +1390 +760 | +537 +440 | +595 +440 | +690 +440 | +840 +440 | +1070 +440 |
| 450 | 500 | +1805 +1650 | +1900 +1650 | +2050 +1650 | +2280 +1650 | +995 +840 | +1090 +840 | +1240 +840 | +1470 +840 | +577 +480 | +635 +480 | +730 +480 | +880 +480 | +1110 +480 |

| 公称尺寸 mm | | 公差带 | | | | | | | | | | | |
| --- | --- | --- | --- | --- | --- | --- | --- | --- | --- | --- | --- | --- | --- |
| | | D | | | | | E | | | | F | | | |
| | | 公差等级 | | | | | | | | | | | | |
| 大于 | 至 | 7 | 8 | 9 | 10 | 11 | 7 | 8 | 9 | 10 | 6 | 7 | 8 | 9 |
| − | 3 | +30 +20 | +34 +20 | +45 +20 | +60 +20 | +80 +20 | +24 +14 | +28 +14 | +39 +14 | +54 +14 | +12 +6 | +16 +6 | +20 +6 | +31 +6 |
| 3 | 6 | +42 +30 | +48 +30 | +60 +30 | +78 +30 | +105 +30 | +32 +20 | +38 +20 | +50 +20 | +68 +20 | +18 +10 | +22 +10 | +28 +10 | +40 +10 |
| 6 | 10 | +55 +40 | +62 +40 | +76 +40 | +98 +40 | +130 +40 | +40 +25 | +47 +25 | +61 +25 | +83 +25 | +22 +13 | +28 +13 | +35 +13 | +49 +13 |
| 10 | 14 | +68 +50 | +77 +50 | +93 +50 | +120 +50 | +160 +50 | +50 +32 | +59 +32 | +75 +32 | +102 +32 | +27 +16 | +34 +16 | +43 +16 | +59 +16 |
| 14 | 18 | | | | | | | | | | | | | |
| 18 | 24 | +86 +65 | +98 +65 | +117 +65 | +149 +65 | +195 +65 | +61 +40 | +73 +40 | +92 +40 | +124 +40 | +33 +20 | +41 +20 | +53 +20 | +72 +20 |
| 24 | 30 | | | | | | | | | | | | | |
| 30 | 40 | +105 +80 | +119 +80 | +142 +80 | +180 +80 | +240 +80 | +75 +50 | +89 +50 | +112 +50 | +150 +50 | +41 +25 | +50 +25 | +64 +25 | +87 +25 |
| 40 | 50 | | | | | | | | | | | | | |
| 50 | 65 | +130 +100 | +146 +100 | +174 +100 | +220 +100 | +290 +100 | +90 +60 | +106 +60 | +134 +60 | +180 +60 | +49 +30 | +60 +30 | +76 +30 | +104 +30 |
| 65 | 80 | | | | | | | | | | | | | |
| 80 | 100 | +155 +120 | +174 +120 | +207 +120 | +260 +120 | +340 +120 | +107 +72 | +126 +72 | +159 +72 | +212 +72 | +58 +36 | +71 +36 | +90 +36 | +123 +36 |
| 100 | 120 | | | | | | | | | | | | | |
| 120 | 140 | +185 +145 | +208 +145 | +245 +145 | +305 +145 | +395 +145 | +125 +85 | +148 +85 | +185 +85 | +245 +85 | +68 +43 | +83 +43 | +106 +43 | +143 +43 |
| 140 | 160 | | | | | | | | | | | | | |
| 160 | 180 | | | | | | | | | | | | | |
| 180 | 200 | +216 +170 | +242 +170 | +285 +170 | +355 +170 | +460 +170 | +146 +100 | +172 +100 | +215 +100 | +285 +100 | +79 +50 | +96 +50 | +122 +50 | +165 +50 |
| 200 | 225 | | | | | | | | | | | | | |
| 225 | 250 | | | | | | | | | | | | | |
| 250 | 280 | +242 +190 | +271 +190 | +320 +190 | +400 +190 | +510 +190 | +162 +110 | +191 +110 | +240 +110 | +320 +110 | +88 +56 | +108 +56 | +137 +56 | +186 +56 |
| 280 | 315 | | | | | | | | | | | | | |
| 315 | 355 | +267 +210 | +299 +210 | +350 +210 | +440 +210 | +570 +210 | +182 +125 | +214 +125 | +265 +125 | +355 +125 | +98 +62 | +119 +62 | +151 +62 | +202 +62 |
| 355 | 400 | | | | | | | | | | | | | |
| 400 | 450 | +293 +230 | +327 +230 | +385 +230 | +480 +230 | +630 +230 | +198 +135 | +232 +135 | +290 +135 | +385 +135 | +108 +68 | +131 +68 | +165 +68 | +223 +68 |
| 450 | 500 | | | | | | | | | | | | | |

| 公称尺寸 mm | | 公差带 | | | | | | | | | | | | | |
|---|---|---|---|---|---|---|---|---|---|---|---|---|---|---|---|
| | | G | | | | H | | | | | | | | |
| | | 公差等级 | | | | | | | | | | | | | |
| 大于 | 至 | 5 | 6 | 7 | 8 | 1 | 2 | 3 | 4 | 5 | 6 | 7 | 8 | 9 |
| − | 3 | +6 +2 | +8 +2 | +12 +2 | +16 +2 | +0.8 0 | +1.2 0 | +2 0 | +3 0 | +4 0 | +6 0 | +10 0 | +14 0 | +25 0 |
| 3 | 6 | +9 +4 | +12 +4 | +16 +4 | +22 +4 | +1 0 | +1.5 0 | +2.5 0 | +4 0 | +5 0 | +8 0 | +12 0 | +18 0 | +30 0 |
| 6 | 10 | +11 +5 | +14 +5 | +20 +5 | +27 +5 | +1 0 | +1.5 0 | +2.5 0 | +4 0 | +6 0 | +9 0 | +15 0 | +22 0 | +36 0 |
| 10 | 14 | +14 +6 | +17 +6 | +24 +6 | +33 +6 | +1.2 0 | +2 0 | +3 0 | +5 0 | +8 0 | +11 0 | +18 0 | +27 0 | +43 0 |
| 14 | 18 | | | | | | | | | | | | | |
| 18 | 24 | +16 +7 | +20 +7 | +28 +7 | +40 +7 | +1.5 0 | +2.5 0 | +4 0 | +6 0 | +9 0 | +13 0 | +21 0 | +33 0 | +52 0 |
| 24 | 30 | | | | | | | | | | | | | |
| 30 | 40 | +20 +9 | +25 +9 | +34 +9 | +48 +9 | +1.5 0 | +2.5 0 | +4 0 | +7 0 | +11 0 | +16 0 | +25 0 | +39 0 | +62 0 |
| 40 | 50 | | | | | | | | | | | | | |
| 50 | 65 | +23 +10 | +29 +10 | +40 +10 | +56 +10 | +2 0 | +3 0 | +5 0 | +8 0 | +13 0 | +19 0 | +30 0 | +46 0 | +74 0 |
| 65 | 80 | | | | | | | | | | | | | |
| 80 | 100 | +27 +12 | +34 +12 | +47 +12 | +66 +12 | +2.5 0 | +4 0 | +6 0 | +10 0 | +15 0 | +22 0 | +35 0 | +54 0 | +87 0 |
| 100 | 120 | | | | | | | | | | | | | |
| 120 | 140 | +32 +14 | +39 +14 | +54 +14 | +77 +14 | +3.5 0 | +5 0 | +8 0 | +12 0 | +18 0 | +25 0 | +40 0 | +63 0 | +100 0 |
| 140 | 160 | | | | | | | | | | | | | |
| 160 | 180 | | | | | | | | | | | | | |
| 180 | 200 | +35 +15 | +44 +15 | +61 +15 | +87 +15 | +4.5 0 | +7 0 | +10 0 | +14 0 | +20 0 | +29 0 | +46 0 | +72 0 | +115 0 |
| 200 | 225 | | | | | | | | | | | | | |
| 225 | 250 | | | | | | | | | | | | | |
| 250 | 280 | +40 +17 | +49 +17 | +69 +17 | +98 +17 | +6 0 | +8 0 | +12 0 | +16 0 | +23 0 | +32 0 | +52 0 | +81 0 | +130 0 |
| 280 | 315 | | | | | | | | | | | | | |
| 315 | 355 | +43 +18 | +54 +18 | +75 +18 | +107 +18 | +7 0 | +9 0 | +13 0 | +18 0 | +25 0 | +36 0 | +57 0 | +89 0 | +140 0 |
| 355 | 400 | | | | | | | | | | | | | |
| 400 | 450 | +47 +20 | +62 +20 | +83 +20 | +117 +20 | +8 0 | +10 0 | +15 0 | +20 0 | +27 0 | +40 0 | +63 0 | +97 0 | +155 0 |
| 450 | 500 | | | | | | | | | | | | | |

| 公称尺寸 mm | | 公差带 | | | | | | | | | | | | |
|---|---|---|---|---|---|---|---|---|---|---|---|---|---|---|
| | | H | | | | J | | | JS | | | | | |
| | | 公差等级 | | | | | | | | | | | | |
| 大于 | 至 | 10 | 11 | 12 | 13 | 6 | 7 | 8 | 1 | 2 | 3 | 4 | 5 | 6 |
| − | 3 | +40 0 | +60 0 | +100 0 | +140 0 | +2 −4 | +4 −6 | +6 −8 | ± 0.4 | ± 0.6 | ± 1 | ± 1.5 | ± 2 | ± 3 |
| 3 | 6 | +48 0 | +75 0 | +120 0 | +180 0 | +5 −3 | — | +10 −8 | ± 0.5 | ± 0.75 | ± 1.25 | ± 2 | ± 2.5 | ± 4 |
| 6 | 10 | +58 0 | +90 0 | +150 0 | +220 0 | +5 −4 | +8 −7 | +12 −10 | ± 0.5 | ± 0.75 | ± 1.25 | ± 2 | ± 3 | ± 4.5 |
| 10 | 14 | +70 0 | +110 0 | +180 0 | +270 0 | +6 −5 | +10 −8 | +15 −12 | ± 0.6 | ± 1 | ± 1.5 | ± 2.5 | ± 4 | ± 5.5 |
| 14 | 18 | | | | | | | | | | | | | |
| 18 | 24 | +84 0 | +130 0 | +210 0 | +330 0 | +8 −5 | +12 −9 | +20 −13 | ± 0.75 | ± 1.25 | ± 2 | ± 3 | ± 4.5 | ± 6.5 |
| 24 | 30 | | | | | | | | | | | | | |
| 30 | 40 | +100 0 | +160 0 | +250 0 | +390 0 | +10 −6 | +14 −11 | +24 −15 | ± 0.75 | ± 1.25 | ± 2 | ± 3.5 | ± 5.5 | ± 8 |
| 40 | 50 | | | | | | | | | | | | | |
| 50 | 65 | +120 0 | +190 0 | +300 0 | +460 0 | +13 −6 | +18 −12 | +28 −18 | ± 1 | ± 1.5 | ± 2.5 | ± 4 | ± 6.5 | ± 9.5 |
| 65 | 80 | | | | | | | | | | | | | |
| 80 | 100 | +140 0 | +220 0 | +350 0 | +540 0 | +16 −6 | +22 −13 | +34 −20 | ± 1.25 | ± 2 | ± 3 | ± 5 | ± 7.5 | ± 11 |
| 100 | 120 | | | | | | | | | | | | | |
| 120 | 140 | +160 0 | +250 0 | +400 0 | +630 0 | +18 −7 | +26 −14 | +41 −22 | ± 1.75 | ± 2.5 | ± 4 | ± 6 | ± 9 | ± 12.5 |
| 140 | 160 | | | | | | | | | | | | | |
| 160 | 180 | | | | | | | | | | | | | |
| 180 | 200 | +185 0 | +290 0 | +460 0 | +720 0 | +22 −7 | +30 −16 | +47 −25 | ± 2.25 | ± 3.5 | ± 5 | ± 7 | ± 10 | ± 14.5 |
| 200 | 225 | | | | | | | | | | | | | |
| 225 | 250 | | | | | | | | | | | | | |
| 250 | 280 | +210 0 | +320 0 | +520 0 | +810 0 | +25 −7 | +36 −16 | +55 −26 | ± 3 | ± 4 | ± 6 | ± 8 | ± 11.5 | ± 16 |
| 280 | 315 | | | | | | | | | | | | | |
| 315 | 355 | +230 0 | +360 0 | +570 0 | +890 0 | +29 −7 | +39 −18 | +60 −29 | ± 3.5 | ± 4.5 | ± 6.5 | ± 9 | ± 12.5 | ± 18 |
| 355 | 400 | | | | | | | | | | | | | |
| 400 | 450 | +250 0 | +400 0 | +630 0 | +970 0 | +33 −7 | +43 −20 | +66 −31 | ± 4 | ± 5 | ± 7.5 | ± 10 | ± 13.5 | ± 20 |
| 450 | 500 | | | | | | | | | | | | | |

| 公称尺寸 mm | | 公差带 | | | | | | | | | | | |
|---|---|---|---|---|---|---|---|---|---|---|---|---|---|
| | | JS | | | | | | | K | | | | M |
| | | 公差等级 | | | | | | | | | | | |
| 大于 | 至 | 7 | 8 | 9 | 10 | 11 | 12 | 13 | 4 | 5 | 6 | 7 | 8 | 4 |
| − | 3 | ± 5 | ± 7 | ± 12 | ± 20 | ± 30 | ± 50 | ± 70 | 0 −3 | 0 −4 | 0 −6 | 0 −10 | 0 −14 | −2 −5 |
| 3 | 6 | ± 6 | ± 9 | ± 15 | ± 24 | ± 37 | ± 60 | ± 90 | +0.5 −3.5 | 0 −5 | +2 −6 | +3 −9 | +5 −13 | −2.5 −6.5 |
| 6 | 10 | ± 7 | ± 11 | ± 18 | ± 29 | ± 45 | ± 75 | ± 110 | +0.5 −3.5 | +1 −5 | +2 −7 | +5 −10 | +6 −16 | −4.5 −8.5 |
| 10 | 14 | ± 9 | ± 13 | ± 21 | ± 35 | ± 55 | ± 90 | ± 135 | +1 −4 | +2 −6 | +2 −9 | +6 −12 | +8 −19 | −5 −10 |
| 14 | 18 | | | | | | | | | | | | | |
| 18 | 24 | ± 10 | ± 16 | ± 26 | ± 42 | ± 65 | ± 105 | ± 165 | 0 −6 | +1 −8 | +2 −11 | +6 −15 | +10 −23 | −6 −12 |
| 24 | 30 | | | | | | | | | | | | | |
| 30 | 40 | ± 12 | ± 19 | ± 31 | ± 50 | ± 80 | ± 125 | ± 195 | +1 −6 | +2 −9 | +3 −13 | +7 −18 | +12 −27 | − 6 −13 |
| 40 | 50 | | | | | | | | | | | | | |
| 50 | 65 | ± 15 | ± 23 | ± 37 | ± 60 | ± 95 | ± 150 | ± 230 | +1 −7 | +3 −10 | +4 −15 | +9 −21 | +14 −32 | −8 −16 |
| 65 | 80 | | | | | | | | | | | | | |
| 80 | 100 | ± 17 | ± 27 | ± 43 | ± 70 | ± 110 | ± 175 | ± 270 | +1 −9 | +2 −13 | +4 −18 | +10 −25 | +16 −38 | −9 −19 |
| 100 | 120 | | | | | | | | | | | | | |
| 120 | 140 | ± 20 | ± 31 | ± 50 | ± 80 | ± 125 | ± 200 | ± 315 | +1 −11 | +3 −15 | +4 −21 | +12 −28 | +20 −43 | −11 −23 |
| 140 | 160 | | | | | | | | | | | | | |
| 160 | 180 | | | | | | | | | | | | | |
| 180 | 200 | ± 23 | ± 36 | ± 57 | ± 92 | ± 145 | ± 230 | ± 360 | 0 −14 | +2 −18 | +5 −24 | +13 −33 | +22 −50 | −13 −27 |
| 200 | 225 | | | | | | | | | | | | | |
| 225 | 250 | | | | | | | | | | | | | |
| 250 | 280 | ± 26 | ± 40 | ± 65 | ± 105 | ± 160 | ± 260 | ± 405 | 0 −16 | +3 −20 | +5 −27 | +16 −36 | +25 −56 | −16 −32 |
| 280 | 315 | | | | | | | | | | | | | |
| 315 | 355 | ± 28 | ± 44 | ± 70 | ± 115 | ± 180 | ± 285 | ± 445 | +1 −17 | +3 −22 | +7 −29 | +17 −40 | +28 −61 | −16 −34 |
| 355 | 400 | | | | | | | | | | | | | |
| 400 | 450 | ± 31 | ± 48 | ± 77 | ± 125 | ± 200 | ± 315 | ± 485 | 0 −20 | +2 −25 | +8 −32 | +18 −45 | +29 −68 | −18 −38 |
| 450 | 500 | | | | | | | | | | | | | |

续表

| 公称尺寸 mm | | 公差带 | | | | | | | | | | | |
| --- | --- | --- | --- | --- | --- | --- | --- | --- | --- | --- | --- | --- | --- |
| | | M | | | | N | | | | | P | | | |
| | | 公差等级 | | | | | | | | | | | | |
| 大于 | 至 | 5 | 6 | 7 | 8 | 5 | 6 | 7 | 8 | 9 | 5 | 6 | 7 | 8 |
| − | 3 | −2<br>−6 | −2<br>−8 | −2<br>−12 | −2<br>−16 | −4<br>−8 | −4<br>−10 | −4<br>−14 | −4<br>−18 | −4<br>−29 | −6<br>−10 | −6<br>−12 | −6<br>−16 | −6<br>−20 |
| 3 | 6 | −3<br>−8 | −1<br>−9 | 0<br>−12 | +2<br>−16 | −7<br>−12 | −5<br>−13 | −4<br>−16 | −2<br>−20 | 0<br>−30 | −11<br>−16 | −9<br>−17 | −8<br>−20 | −12<br>−30 |
| 6 | 10 | −4<br>−10 | −3<br>−12 | 0<br>−15 | +1<br>−21 | −8<br>−14 | −7<br>−16 | −4<br>−19 | −3<br>−25 | 0<br>−36 | −13<br>−19 | −12<br>−21 | −9<br>−24 | −15<br>−37 |
| 10 | 14 | −4<br>−12 | −4<br>−15 | 0<br>−18 | +2<br>−25 | −9<br>−17 | −9<br>−20 | −5<br>−23 | −3<br>−30 | 0<br>−43 | −15<br>−23 | −15<br>−26 | −11<br>−29 | −18<br>−45 |
| 14 | 18 | | | | | | | | | | | | | |
| 18 | 24 | −5<br>−14 | −4<br>−17 | 0<br>−21 | +4<br>−29 | −12<br>−21 | −11<br>−24 | −7<br>−28 | −3<br>−36 | 0<br>−52 | −19<br>−28 | −18<br>−31 | −14<br>−35 | −22<br>−55 |
| 24 | 30 | | | | | | | | | | | | | |
| 30 | 40 | −5<br>−16 | −4<br>−20 | 0<br>−25 | +5<br>−34 | −13<br>−24 | −12<br>−28 | −8<br>−33 | −3<br>−42 | 0<br>−62 | −22<br>−33 | −21<br>−37 | −17<br>−42 | −26<br>−65 |
| 40 | 50 | | | | | | | | | | | | | |
| 50 | 65 | −6<br>−19 | −5<br>−24 | 0<br>−30 | +5<br>−41 | −15<br>−28 | −14<br>−33 | −9<br>−39 | −4<br>−50 | 0<br>−74 | −27<br>−40 | −26<br>−45 | −21<br>−51 | −32<br>−78 |
| 65 | 80 | | | | | | | | | | | | | |
| 80 | 100 | −8<br>−23 | −6<br>−28 | 0<br>−35 | +6<br>−48 | −18<br>−33 | −16<br>−38 | −10<br>−45 | −4<br>−58 | 0<br>−87 | −32<br>−47 | −30<br>−52 | −24<br>−59 | −37<br>−91 |
| 100 | 120 | | | | | | | | | | | | | |
| 120 | 140 | −9<br>−27 | −8<br>−33 | 0<br>−40 | +8<br>−55 | −21<br>−39 | −20<br>−45 | −12<br>−52 | −4<br>−67 | 0<br>−100 | −37<br>−55 | −36<br>−61 | −28<br>−68 | −43<br>−106 |
| 140 | 160 | | | | | | | | | | | | | |
| 160 | 180 | | | | | | | | | | | | | |
| 180 | 200 | −11<br>−31 | −8<br>−37 | 0<br>−46 | +9<br>−63 | −25<br>−45 | −22<br>−51 | −14<br>−60 | −5<br>−77 | 0<br>−115 | −44<br>−64 | −41<br>−70 | −33<br>−79 | −50<br>−122 |
| 200 | 225 | | | | | | | | | | | | | |
| 225 | 250 | | | | | | | | | | | | | |
| 250 | 280 | −13<br>−36 | −9<br>−41 | 0<br>−52 | +9<br>−72 | −27<br>−50 | −25<br>−57 | −14<br>−66 | −5<br>−86 | 0<br>−130 | −49<br>−72 | −47<br>−79 | −36<br>−88 | −56<br>−137 |
| 280 | 315 | | | | | | | | | | | | | |
| 315 | 355 | −14<br>−39 | −10<br>−46 | 0<br>−57 | +11<br>−78 | −30<br>−55 | −26<br>−62 | −16<br>−73 | −5<br>−94 | 0<br>−140 | −55<br>−80 | −51<br>−87 | −41<br>−98 | −62<br>−151 |
| 355 | 400 | | | | | | | | | | | | | |
| 400 | 450 | −16<br>−43 | −10<br>−50 | 0<br>−63 | +11<br>−86 | −33<br>−60 | −27<br>−67 | −17<br>−80 | −6<br>−103 | 0<br>−155 | −61<br>−88 | −55<br>−95 | −45<br>−108 | −68<br>−165 |
| 450 | 500 | | | | | | | | | | | | | |

| 公称尺寸 mm | | 公差带 | | | | | | | | | | | | |
|---|---|---|---|---|---|---|---|---|---|---|---|---|---|---|
| | | P | R | | | | S | | | | T | | | U |
| | | 公差等级 | | | | | | | | | | | | |
| 大于 | 至 | 9 | 5 | 6 | 7 | 8 | 5 | 6 | 7 | 8 | 6 | 7 | 8 | 6 |
| – | 3 | -6<br>-31 | -10<br>-14 | -10<br>-16 | -10<br>-20 | -10<br>-24 | -14<br>-18 | -14<br>-20 | -14<br>-24 | -14<br>-28 | — | — | — | -18<br>-24 |
| 3 | 6 | -12<br>-42 | -14<br>-19 | -12<br>-20 | -11<br>-23 | -15<br>-33 | -18<br>-23 | -16<br>-24 | -15<br>-27 | -19<br>-37 | — | — | — | -20<br>-28 |
| 6 | 10 | -15<br>-51 | -17<br>-23 | -16<br>-25 | -13<br>-28 | -19<br>-41 | -21<br>-27 | -20<br>-29 | -17<br>-32 | -23<br>-45 | — | — | — | -25<br>-34 |
| 10 | 14 | -18<br>-61 | -20<br>-28 | -20<br>-31 | -16<br>-34 | -23<br>-50 | -25<br>-33 | -25<br>-36 | -21<br>-39 | -28<br>-55 | — | — | — | -30<br>-41 |
| 14 | 18 | | | | | | | | | | | | | |
| 18 | 24 | -22<br>-74 | -25<br>-34 | -24<br>-37 | -20<br>-41 | -28<br>-61 | -32<br>-41 | -31<br>-44 | -27<br>-48 | -35<br>-68 | — | — | — | -37<br>-50 |
| 24 | 30 | | | | | | | | | | -37<br>-50 | -33<br>-54 | -41<br>-74 | -44<br>-57 |
| 30 | 40 | -26<br>-88 | -30<br>-41 | -29<br>-45 | -25<br>-50 | -34<br>-73 | -39<br>-50 | -38<br>-54 | -34<br>-59 | -43<br>-82 | -43<br>-59 | -39<br>-64 | -48<br>-87 | -55<br>-71 |
| 40 | 50 | | | | | | | | | | -49<br>-65 | -45<br>-70 | -54<br>-93 | -65<br>-81 |
| 50 | 65 | -32<br>-106 | -36<br>-49 | -35<br>-54 | -30<br>-60 | -41<br>-87 | -48<br>-61 | -47<br>-66 | -42<br>-72 | -53<br>-99 | -60<br>-79 | -55<br>-85 | -66<br>-112 | -81<br>-100 |
| 65 | 80 | | -38<br>-51 | -37<br>-56 | -32<br>-62 | -43<br>-89 | -54<br>-67 | -53<br>-72 | -48<br>-78 | -59<br>-105 | -69<br>-88 | -64<br>-94 | -75<br>-121 | -96<br>-115 |
| 80 | 100 | -37<br>-124 | -46<br>-61 | -44<br>-66 | -38<br>-73 | -51<br>-105 | -66<br>-81 | -64<br>-86 | -58<br>-93 | -71<br>-125 | -84<br>-106 | -78<br>-113 | -91<br>-145 | -117<br>-139 |
| 100 | 120 | | -49<br>-64 | -47<br>-69 | -41<br>-76 | -54<br>-108 | -74<br>-89 | -72<br>-94 | -66<br>-101 | -79<br>-133 | -97<br>-119 | -91<br>-126 | -104<br>-158 | -137<br>-159 |
| 120 | 140 | -43<br>-143 | -57<br>-75 | -56<br>-81 | -48<br>-88 | -63<br>-126 | -86<br>-104 | -85<br>-110 | -77<br>-117 | -92<br>-155 | -115<br>-140 | -107<br>-147 | -122<br>-185 | -163<br>-188 |
| 140 | 160 | | -59<br>-77 | -58<br>-83 | -50<br>-90 | -65<br>-128 | -94<br>-112 | -93<br>-118 | -85<br>-125 | -100<br>-163 | -127<br>-152 | -119<br>-159 | -134<br>-197 | -183<br>-208 |
| 160 | 180 | | -62<br>-80 | -61<br>-86 | -53<br>-93 | -68<br>-131 | -102<br>-120 | -101<br>-126 | -93<br>-133 | -108<br>-171 | -139<br>-164 | -131<br>-171 | -146<br>-209 | -203<br>-228 |
| 180 | 200 | -50<br>-165 | -71<br>-91 | -68<br>-97 | -60<br>-106 | -77<br>-149 | -116<br>-136 | -113<br>-142 | -105<br>-151 | -122<br>-194 | -157<br>-186 | -149<br>-195 | -166<br>-238 | -227<br>-256 |
| 200 | 225 | | -74<br>-94 | -71<br>-100 | -63<br>-109 | -80<br>-152 | -124<br>-144 | -121<br>-150 | -113<br>-159 | -130<br>-202 | -171<br>-200 | -163<br>-209 | -180<br>-252 | -249<br>-278 |
| 225 | 250 | | -78<br>-98 | -75<br>-104 | -67<br>-113 | -84<br>-156 | -134<br>-154 | -131<br>-160 | -123<br>-169 | -140<br>-212 | -187<br>-216 | -179<br>-225 | -196<br>-268 | -275<br>-304 |
| 250 | 280 | -56<br>-186 | -87<br>-110 | -85<br>-117 | -74<br>-126 | -94<br>-175 | -151<br>-174 | -149<br>-181 | -138<br>-190 | -158<br>-239 | -209<br>-241 | -198<br>-250 | -218<br>-299 | -306<br>-338 |
| 280 | 315 | | -91<br>-114 | -89<br>-121 | -78<br>-130 | -98<br>-179 | -163<br>-186 | -161<br>-193 | -150<br>-202 | -170<br>-251 | -231<br>-263 | -220<br>-272 | -240<br>-321 | -341<br>-373 |
| 315 | 355 | -62<br>-202 | -101<br>-126 | -97<br>-133 | -87<br>-144 | -108<br>-197 | -183<br>-208 | -179<br>-215 | -169<br>-226 | -190<br>-279 | -257<br>-293 | -247<br>-304 | -268<br>-357 | -379<br>-415 |
| 355 | 400 | | -107<br>-132 | -103<br>-139 | -93<br>-150 | -114<br>-203 | -201<br>-226 | -197<br>-233 | -187<br>-244 | -208<br>-297 | -283<br>-319 | -273<br>-330 | -294<br>-383 | -424<br>-460 |
| 400 | 450 | -68<br>-223 | -119<br>-146 | -113<br>-153 | -103<br>-166 | -126<br>-223 | -225<br>-252 | -219<br>-259 | -209<br>-272 | -232<br>-329 | -317<br>-357 | -307<br>-370 | -330<br>-427 | -477<br>-517 |
| 450 | 500 | | -125<br>-152 | -119<br>-159 | -109<br>-172 | -132<br>-229 | -245<br>-272 | -239<br>-279 | -229<br>-292 | -252<br>-349 | -347<br>-387 | -337<br>-400 | -360<br>-457 | -527<br>-567 |

续表

| 公称尺寸 mm | | 公差带 | | | | | | | | | | | | | |
|---|---|---|---|---|---|---|---|---|---|---|---|---|---|---|---|
| | | U | | V | | | X | | | Y | | | Z | | |
| | | 公差等级 | | | | | | | | | | | | | |
| 大于 | 至 | 7 | 8 | 6 | 7 | 8 | 6 | 7 | 8 | 6 | 7 | 8 | 6 | 7 | 8 |
| – | 3 | -18<br>-28 | -18<br>-32 | — | — | — | -20<br>-26 | -20<br>-30 | -20<br>-34 | — | — | — | -26<br>-32 | -26<br>-36 | -26<br>-40 |
| 3 | 6 | -19<br>-31 | -23<br>-41 | — | — | — | -25<br>-33 | -24<br>-36 | -28<br>-46 | — | — | — | -32<br>-40 | -31<br>-43 | -35<br>-53 |
| 6 | 10 | -22<br>-37 | -28<br>-50 | — | — | — | -31<br>-40 | -28<br>-43 | -34<br>-56 | — | — | — | -39<br>-48 | -36<br>-51 | -42<br>-64 |
| 10 | 14 | -26<br>-44 | -33<br>-60 | — | — | — | -37<br>-48 | -33<br>-51 | -40<br>-67 | — | — | — | -47<br>-58 | -43<br>-61 | -50<br>-77 |
| 14 | 18 | | | -36<br>-47 | -32<br>-50 | -39<br>-66 | -42<br>-53 | -38<br>-56 | -45<br>-72 | — | — | — | -57<br>-68 | -53<br>-71 | -60<br>-87 |
| 18 | 24 | -33<br>-54 | -41<br>-74 | -43<br>-56 | -39<br>-60 | -47<br>-80 | -50<br>-63 | -46<br>-67 | -54<br>-87 | -59<br>-72 | -55<br>-76 | -63<br>-96 | -69<br>-82 | -65<br>-86 | -73<br>-106 |
| 24 | 30 | -40<br>-61 | -48<br>-81 | -51<br>-64 | -47<br>-68 | -55<br>-88 | -60<br>-73 | -56<br>-77 | -64<br>-97 | -71<br>-84 | -67<br>-88 | -75<br>-108 | -84<br>-97 | -80<br>-101 | -88<br>-121 |
| 30 | 40 | -51<br>-76 | -60<br>-99 | -63<br>-79 | -59<br>-84 | -68<br>-107 | -75<br>-91 | -71<br>-96 | -80<br>-119 | -89<br>-105 | -85<br>-110 | -94<br>-133 | -107<br>-123 | -103<br>-128 | -112<br>-151 |
| 40 | 50 | -61<br>-86 | -70<br>-109 | -76<br>-92 | -72<br>-97 | -81<br>-120 | -92<br>-108 | -88<br>-113 | -97<br>-136 | -109<br>-125 | -105<br>-130 | -114<br>-153 | -131<br>-147 | -127<br>-152 | -136<br>-175 |
| 50 | 65 | -76<br>-106 | -87<br>-133 | -96<br>-115 | -91<br>-121 | -102<br>-148 | -116<br>-135 | -111<br>-141 | -122<br>-168 | -138<br>-157 | -133<br>-163 | -144<br>-190 | -166<br>-185 | -161<br>-191 | -172<br>-218 |
| 65 | 80 | -91<br>-121 | -102<br>-148 | -114<br>-133 | -109<br>-139 | -120<br>-166 | -140<br>-159 | -135<br>-165 | -146<br>-192 | -168<br>-187 | -163<br>-193 | -174<br>-220 | -204<br>-223 | -199<br>-229 | -210<br>-256 |
| 80 | 100 | -111<br>-146 | -124<br>-178 | -139<br>-161 | -133<br>-168 | -146<br>-200 | -171<br>-193 | -165<br>-200 | -178<br>-232 | -207<br>-229 | -201<br>-236 | -214<br>-268 | -251<br>-273 | -245<br>-280 | -258<br>-312 |
| 100 | 120 | -131<br>-166 | -144<br>-198 | -165<br>-187 | -159<br>-194 | -172<br>-226 | -203<br>-225 | -197<br>-232 | -210<br>-264 | -247<br>-269 | -241<br>-276 | -254<br>-308 | -303<br>-325 | -297<br>-332 | -310<br>-364 |
| 120 | 140 | -155<br>-195 | -170<br>-233 | -195<br>-220 | -187<br>-227 | -202<br>-265 | -241<br>-266 | -233<br>-273 | -248<br>-311 | -293<br>-318 | -285<br>-325 | -300<br>-363 | -358<br>-383 | -350<br>-390 | -365<br>-428 |
| 140 | 160 | -175<br>-215 | -190<br>-253 | -221<br>-246 | -213<br>-253 | -228<br>-291 | -273<br>-298 | -265<br>-305 | -280<br>-343 | -333<br>-358 | -325<br>-365 | -340<br>-403 | -408<br>-433 | -400<br>-440 | -415<br>-478 |
| 160 | 180 | -195<br>-235 | -210<br>-273 | -245<br>-270 | -237<br>-277 | -252<br>-315 | -303<br>-328 | -295<br>-335 | -310<br>-373 | -373<br>-398 | -365<br>-405 | -380<br>-443 | -458<br>-483 | -450<br>-490 | -465<br>-528 |
| 180 | 200 | -219<br>-265 | -236<br>-308 | -275<br>-304 | -267<br>-313 | -284<br>-356 | -341<br>-370 | -333<br>-379 | -350<br>-422 | -416<br>-445 | -408<br>-454 | -425<br>-497 | -511<br>-540 | -503<br>-549 | -520<br>-592 |
| 200 | 225 | -241<br>-287 | -258<br>-330 | -301<br>-330 | -293<br>-339 | -310<br>-382 | -376<br>-405 | -368<br>-414 | -385<br>-457 | -461<br>-490 | -453<br>-499 | -470<br>-542 | -566<br>-595 | -558<br>-604 | -575<br>-647 |
| 225 | 250 | -267<br>-313 | -284<br>-356 | -331<br>-360 | -323<br>-369 | -340<br>-412 | -416<br>-445 | -408<br>-454 | -425<br>-497 | -511<br>-540 | -503<br>-549 | -520<br>-592 | -631<br>-660 | -623<br>-669 | -640<br>-712 |
| 250 | 280 | -295<br>-347 | -315<br>-396 | -376<br>-408 | -365<br>-417 | -385<br>-466 | -466<br>-498 | -455<br>-507 | -475<br>-556 | -571<br>-603 | -560<br>-612 | -580<br>-661 | -701<br>-733 | -690<br>-742 | -710<br>-791 |
| 280 | 315 | -330<br>-382 | -350<br>-431 | -416<br>-448 | -405<br>-457 | -425<br>-506 | -516<br>-548 | -505<br>-557 | -525<br>-606 | -641<br>-673 | -630<br>-682 | -650<br>-731 | -781<br>-813 | -770<br>-822 | -790<br>-871 |
| 315 | 355 | -369<br>-426 | -390<br>-479 | -464<br>-500 | -454<br>-511 | -475<br>-564 | -579<br>-615 | -560<br>-626 | -590<br>-679 | -719<br>-755 | -709<br>-766 | -730<br>-819 | -889<br>-925 | -879<br>-936 | -900<br>-989 |
| 355 | 400 | -414<br>-471 | -435<br>-524 | -519<br>-555 | -509<br>-566 | -530<br>-619 | -649<br>-685 | -639<br>-696 | -660<br>-749 | -809<br>-845 | -799<br>-856 | -820<br>-909 | -989<br>-1025 | -979<br>-1036 | -1000<br>-1089 |
| 400 | 450 | -467<br>-530 | -490<br>-587 | -582<br>-622 | -572<br>-635 | -595<br>-692 | -727<br>-767 | -717<br>-780 | -740<br>-837 | -907<br>-947 | -897<br>-969 | -920<br>-1017 | -1087<br>-1127 | -1077<br>-1140 | -1100<br>-1197 |
| 450 | 500 | -517<br>-580 | -540<br>-637 | -647<br>-687 | -637<br>-700 | -660<br>-757 | -807<br>-847 | -797<br>-860 | -820<br>-917 | -987<br>-1027 | -977<br>-1040 | -1000<br>-1097 | -1237<br>-1277 | -1227<br>-1290 | -1250<br>-1347 |

注：1. 公称尺寸小于 1 mm 时，各级的 A 和 B 均不采用。2. 当公称尺寸大于 250 至 315 mm 时，M6 的 $ES$ 等于 -9（不等于 -11）。3. 当公称尺寸小于 1 mm 时，大于 IT8 的 N 不采用。

### 附表五 普通螺纹偏差表(摘录)   μm

| 直径分段 D,d (mm) > | ≤ | 螺距 P (mm) | 内螺纹 公差带 | 中径 $D_2$ ES | EI | 小径 $D_1$ ES | EI | 外螺纹 公差带 | 中径 $d_2$ es | ei | 大径 $d_1$ es | ei |
|---|---|---|---|---|---|---|---|---|---|---|---|---|
| 5.5 | 11.2 | 1 | 5G | +144 | +26 | +216 | +26 | 5g6g | −26 | −116 | −26 | −206 |
| | | | 5H | +118 | 0 | +190 | 0 | 5h4h | 0 | −90 | 0 | −112 |
| | | | 5H6H | +118 | 0 | +236 | 0 | 5h6h | 0 | −90 | 0 | −180 |
| | | | 6G | +176 | +26 | +262 | +26 | 6e | −60 | −172 | −60 | −240 |
| | | | 6H | +150 | 0 | +236 | 0 | 6f | −40 | −152 | −40 | −220 |
| | | | 7G | +216 | +26 | +326 | +26 | 6g | −26 | −138 | −26 | −206 |
| | | | 7H | +190 | 0 | +300 | 0 | 6h | 0 | −112 | 0 | −180 |
| | | | | | | | | 7g6g | −26 | −166 | −26 | −206 |
| | | | | | | | | 7h6h | 0 | −140 | 0 | −180 |
| | | | | | | | | 8g | −26 | −206 | −26 | −306 |
| | | | | | | | | 8h | 0 | −180 | 0 | −280 |
| | | 1.25 | 4H | +100 | 0 | +170 | 0 | 3h4h | 0 | −60 | 0 | −132 |
| | | | 4H5H | +100 | 0 | +212 | 0 | 4h | 0 | −75 | 0 | −132 |
| | | | 5G | +153 | +28 | +240 | +28 | 5g6g | −28 | −123 | −28 | −240 |
| | | | 5H | +125 | 0 | +212 | 0 | 5h4h | 0 | −95 | 0 | −132 |
| | | | 5H6H | +125 | 0 | +265 | 0 | 5h6h | 0 | −95 | 0 | −212 |
| | | | 6G | +188 | +28 | +293 | +28 | 6e | −63 | −181 | −63 | −275 |
| | | | 6H | +160 | 0 | +265 | 0 | 6f | −42 | −160 | −42 | −254 |
| | | | 7G | +228 | +28 | +363 | +28 | 6g | −28 | −146 | −28 | −240 |
| | | | 7H | +200 | 0 | +335 | 0 | 6h | 0 | −118 | 0 | −212 |
| | | | | | | | | 7g6g | −28 | −178 | −28 | −240 |
| | | | | | | | | 7h6h | 0 | −150 | 0 | −212 |
| | | | | | | | | 8g | −28 | −218 | −28 | −363 |
| | | | | | | | | 8h | 0 | −190 | 0 | −335 |
| | | 1.5 | 4H | +112 | 0 | +190 | 0 | 3h4h | 0 | −67 | 0 | −150 |
| | | | 4H5H | +112 | 0 | +236 | 0 | 4h | 0 | −85 | 0 | −150 |
| | | | 5G | +172 | +32 | +268 | +32 | 5g6g | −32 | −138 | −32 | −268 |
| | | | 5H | +140 | 0 | +236 | 0 | 5h4h | 0 | −106 | 0 | −150 |
| | | | 5H6H | +140 | 0 | +300 | 0 | 5h6h | 0 | −106 | 0 | −236 |
| | | | 6G | +212 | +32 | +332 | +32 | 6e | −67 | −199 | −67 | −303 |
| | | | 6H | +180 | 0 | +300 | 0 | 6f | −45 | −177 | −45 | −281 |
| | | | 7G | +256 | +32 | +407 | +32 | 6g | −32 | −164 | −32 | −268 |
| | | | 7H | +224 | 0 | +375 | 0 | 6h | 0 | −132 | 0 | −236 |
| | | | | | | | | 7g6g | −32 | −202 | −32 | −268 |
| | | | | | | | | 7h6h | 0 | −170 | 0 | −236 |
| | | | | | | | | 8g | −32 | −244 | −32 | −407 |
| | | | | | | | | 8h | 0 | −212 | 0 | −375 |
| 11.2 | 22.4 | 1 | 4H | +100 | 0 | +150 | 0 | 3h4h | 0 | −60 | 0 | −112 |
| | | | 4H5H | +100 | 0 | +190 | 0 | 4h | 0 | −75 | 0 | −112 |
| | | | 5G | +151 | +26 | +216 | +26 | 5g6g | −26 | −121 | −26 | −206 |
| | | | 5H | +125 | 0 | +190 | 0 | 5h4h | 0 | −95 | 0 | −112 |
| | | | 5H6H | +125 | 0 | +236 | 0 | 5h6h | 0 | −95 | 0 | −180 |
| | | | 6G | +186 | +26 | +262 | +26 | 6e | −60 | −178 | −60 | −240 |
| | | | 6H | +160 | 0 | +236 | 0 | 6f | −40 | −158 | −40 | −220 |
| | | | 7G | +226 | +26 | +326 | +26 | 6g | −26 | −144 | −26 | −206 |
| | | | 7H | +200 | 0 | +300 | 0 | 6h | 0 | −118 | 0 | −180 |

续表

| 直径分段 D, d (mm) | | 螺距 P (mm) | 内螺纹 | | | | | 外螺纹 | | | | |
|---|---|---|---|---|---|---|---|---|---|---|---|---|
| | | | 公差带 | 中径 $D_2$ | | 小径 $D_1$ | | 公差带 | 中径 $d_2$ | | 大径 $d$ | |
| > | ≤ | | | ES | EI | ES | EI | | es | ei | es | ei |
| 11.2 | 22.4 | 1 | | | | | | 7g6g | −26 | −176 | −26 | −206 |
| | | | | | | | | 7h6h | 0 | −150 | 0 | −180 |
| | | | | | | | | 8g | −26 | −216 | −26 | −306 |
| | | | | | | | | 8h | 0 | −190 | 0 | −280 |
| | | 1.25 | 4H | +112 | 0 | +170 | 0 | 3h4h | 0 | −67 | 0 | −132 |
| | | | 4H5H | +112 | 0 | +212 | 0 | 4h | 0 | −85 | 0 | −132 |
| | | | 5G | +168 | +28 | +240 | +28 | 5g6g | −28 | −134 | −28 | −240 |
| | | | 5H | +140 | 0 | +212 | 0 | 5h4h | 0 | −106 | 0 | −132 |
| | | | 5H6H | +140 | 0 | +265 | 0 | 5h6h | 0 | −106 | 0 | −212 |
| | | | 6G | +208 | +28 | +293 | +28 | 6e | −63 | −195 | −63 | −275 |
| | | | 6H | +180 | 0 | +265 | 0 | 6f | −42 | −174 | −42 | −254 |
| | | | 7G | +252 | +28 | +363 | +28 | 6g | −28 | −160 | −28 | −240 |
| | | | 7H | +224 | 0 | +335 | 0 | 6h | 0 | −132 | 0 | 212 |
| | | | | | | | | 7g6g | −28 | −198 | −28 | −240 |
| | | | | | | | | 7h6h | 0 | −170 | 0 | −212 |
| | | | | | | | | 8g | −28 | −240 | −28 | −363 |
| | | | | | | | | 8h | 0 | −212 | 0 | −335 |
| | | 1.5 | 4H | +118 | 0 | +190 | 0 | 3h4h | 0 | −71 | 0 | −150 |
| | | | 4H5H | +118 | 0 | +236 | 0 | 4h | 0 | −90 | 0 | −150 |
| | | | 5G | +182 | +32 | +268 | +32 | 5g6g | −32 | −144 | −32 | −268 |
| | | | 5H | +150 | 0 | +236 | 0 | 5h4h | 0 | −112 | 0 | −150 |
| | | | 5H6H | +150 | 0 | +300 | 0 | 5h6h | 0 | −112 | 0 | −236 |
| | | | 6G | +222 | +32 | +332 | +32 | 6e | −67 | −207 | −67 | −303 |
| | | | 6H | +190 | 0 | +300 | 0 | 6f | −45 | −185 | −45 | −281 |
| | | | 7G | +268 | +32 | +407 | +32 | 6g | −32 | −172 | −32 | −268 |
| | | | 7H | +236 | 0 | +375 | 0 | 6h | 0 | −140 | 0 | −236 |
| | | | | | | | | 7g6g | −32 | −212 | −32 | −268 |
| | | | | | | | | 7h6h | 0 | −180 | 0 | −236 |
| | | | | | | | | 8g | −32 | −256 | −32 | −407 |
| | | | | | | | | 8h | 0 | −224 | 0 | −375 |
| | | 1.75 | 4H | +125 | 0 | +212 | 0 | 3h4h | 0 | −75 | 0 | −170 |
| | | | 4H5H | +125 | 0 | +265 | 0 | 4h | 0 | −95 | 0 | −170 |
| | | | 5G | +194 | +34 | +299 | +34 | 5g6g | −34 | −152 | −34 | −299 |
| | | | 5H | +160 | 0 | +265 | 0 | 5h4h | 0 | −118 | 0 | −170 |
| | | | 5H6H | +160 | 0 | +335 | 0 | 5h6h | 0 | −118 | 0 | −265 |
| | | | 6G | +234 | +34 | +369 | +34 | 6e | −71 | −221 | −71 | −336 |
| | | | 6H | +200 | 0 | +335 | 0 | 6f | −48 | −198 | −48 | −313 |
| | | | 7G | +284 | +34 | +459 | +34 | 6g | −34 | −184 | −34 | −299 |
| | | | 7H | +250 | 0 | +425 | 0 | 6h | 0 | −150 | 0 | −265 |
| | | | | | | | | 7g6g | −34 | −224 | −34 | −299 |
| | | | | | | | | 7h6h | 0 | −190 | 0 | −265 |
| | | | | | | | | 8g | −34 | −270 | −34 | −459 |
| | | | | | | | | 8h | 0 | −236 | 0 | −425 |
| | | 2 | 4H | +132 | 0 | +236 | 0 | 3h4h | 0 | −80 | 0 | −180 |
| | | | 4H5H | +132 | 0 | +300 | 0 | 4h | 0 | −100 | 0 | −180 |
| | | | 5G | +208 | +38 | +338 | +38 | 5g6g | −38 | −163 | −38 | −318 |
| | | | 5H | +170 | 0 | +300 | 0 | 5h4h | 0 | −125 | 0 | −180 |

| 直径分段 $D, d$（mm） | | 螺距 $P$ (mm) | 内螺纹 | | | | | 外螺纹 | | | | |
|---|---|---|---|---|---|---|---|---|---|---|---|---|
| | | | 公差带 | 中径 $D_2$ | | 小径 $D_1$ | | 公差带 | 中径 $d_2$ | | 大径 $d$ | |
| $>$ | $\leqslant$ | | | ES | EI | ES | EI | | es | ei | es | ei |
| 11.2 | 22.4 | 2 | 5H6H | +170 | 0 | +375 | 0 | 5h6h | 0 | −125 | 0 | −280 |
| | | | 6G | +250 | +38 | +413 | +38 | 6e | −71 | −231 | −71 | −351 |
| | | | 6H | +212 | 0 | +375 | 0 | 6f | −52 | −212 | −52 | −332 |
| | | | 7G | +303 | +38 | +513 | +38 | 6g | −38 | −198 | −38 | −318 |
| | | | 7H | +265 | 0 | +475 | 0 | 6h | 0 | −160 | 0 | −280 |
| | | | | | | | | 7g6g | −38 | −238 | −38 | −318 |
| | | | | | | | | 7h6h | 0 | −200 | 0 | −280 |
| | | | | | | | | 8g | −38 | −288 | −38 | −488 |
| | | | | | | | | 8h | 0 | −250 | 0 | −450 |
| | | 2.5 | 4H | +140 | 0 | +280 | 0 | 3h4h | 0 | −85 | 0 | −212 |
| | | | 4H5H | +140 | 0 | +355 | 0 | 4h | 0 | −106 | 0 | −212 |
| | | | 5G | +222 | +42 | +397 | +42 | 5g6g | −42 | −174 | −42 | −377 |
| | | | 5H | +180 | 0 | +355 | 0 | 5h4h | 0 | −132 | 0 | −212 |
| | | | 5H6H | +180 | 0 | +450 | 0 | 5h6h | 0 | −132 | 0 | −335 |
| | | | 6G | +266 | +42 | +492 | +42 | 6e | −80 | −250 | −80 | −415 |
| | | | 6H | +224 | 0 | +450 | 0 | 6f | −58 | −228 | −58 | −393 |
| | | | 7G | +322 | +42 | +602 | +42 | 6g | −42 | −212 | −42 | −377 |
| | | | 7H | +280 | 0 | +560 | 0 | 6h | 0 | −170 | 0 | −335 |
| | | | | | | | | 7g6g | −42 | −254 | −42 | −377 |
| | | | | | | | | 7h6h | 0 | −212 | 0 | −335 |
| | | | | | | | | 8g | −42 | −307 | −42 | −572 |
| | | | | | | | | 8h | 0 | −265 | 0 | −530 |
| 22.4 | 45 | 1 | 4H | +106 | 0 | +150 | 0 | 3h4h | 0 | −63 | 0 | −112 |
| | | | 4H5H | +106 | 0 | +190 | 0 | 4h | 0 | −80 | 0 | −112 |
| | | | 5G | +158 | +26 | +216 | +26 | 5g6g | −26 | −126 | −26 | −206 |
| | | | 5H | +132 | 0 | +190 | 0 | 5h4h | 0 | −100 | 0 | −112 |
| | | | 5H6H | +132 | 0 | +236 | 0 | 5h6h | 0 | −100 | 0 | −180 |
| | | | 6G | +196 | +26 | +262 | +26 | 6e | −60 | −185 | −60 | −240 |
| | | | 6H | +170 | 0 | +236 | 0 | 6f | −40 | −165 | −40 | −220 |
| | | | 7G | +238 | +26 | +326 | +26 | 6g | −26 | −151 | −26 | −206 |
| | | | 7H | +212 | 0 | +300 | 0 | 6h | 0 | −125 | 0 | −180 |
| | | | | | | | | 7g6g | −26 | −186 | −26 | −206 |
| | | | | | | | | 7h6h | 0 | −160 | 0 | −180 |
| | | | | | | | | 8g | −26 | −226 | −26 | −306 |
| | | | | | | | | 8h | 0 | −200 | 0 | −280 |
| | | 1.5 | 4H | +125 | 0 | +190 | 0 | 3h4h | 0 | −75 | 0 | −150 |
| | | | 4H5H | +125 | 0 | +236 | 0 | 4h | 0 | −95 | 0 | −150 |
| | | | 5G | +192 | +32 | +268 | +32 | 5g6g | −32 | −150 | −32 | −268 |
| | | | 5H | +160 | 0 | +236 | 0 | 5h4h | 0 | −118 | 0 | −150 |
| | | | 5H6H | +160 | 0 | +300 | 0 | 5h6h | 0 | −118 | 0 | −236 |
| | | | 6G | +232 | +32 | +332 | +32 | 6e | −67 | −217 | −67 | −303 |
| | | | 6H | +200 | 0 | +300 | 0 | 6f | −45 | −195 | −45 | −281 |
| | | | 7G | +282 | +32 | +407 | +32 | 6g | −32 | −182 | −32 | −268 |
| | | | 7H | +250 | 0 | +375 | 0 | 6h | 0 | −150 | 0 | −236 |
| | | | | | | | | 7g6g | −32 | −222 | −32 | −268 |
| | | | | | | | | 7h6h | 0 | −190 | 0 | −236 |
| | | | | | | | | 8g | −32 | −268 | −32 | −407 |

# 模拟试题(一)

班级＿＿＿＿＿＿＿　学号＿＿＿＿＿＿＿　姓名＿＿＿＿＿＿

**一、填空题**(共 30 分, 每空 1 分)

1. 互换性分为＿＿＿＿互换性和＿＿＿＿＿＿互换性两种。其中, ＿＿＿＿＿性在日常中应用广泛。

2. 国家标准设置了＿＿＿＿个标准公差等级, 其中＿＿＿＿＿级精度最低, ＿＿＿＿＿＿级精度最高。

3. 轴的公称尺寸为 $\phi40$, 上极限尺寸为 $\phi40.008$, 下极限尺寸为 $\phi39.998$, 则该轴的尺寸标注为: ＿＿＿＿＿＿ 。

4. 孔的公差带在轴公差带之上的配合为＿＿＿＿＿＿配合, 孔、轴公差带交叠时为＿＿＿＿＿＿配合。

5. 基轴制配合中选作基准的轴称为＿＿＿＿＿＿轴, 以＿＿＿＿＿＿偏差为基本偏差, 数值为＿＿＿＿＿＿, 轴公差带位于零线的＿＿＿＿＿方。

6. 极限配合分为三种: ＿＿＿＿＿配合、＿＿＿＿＿配合和＿＿＿＿＿配合。

7. 公差等级代号 H7／g6、H9／g9、H7／f8 和 M8／h8, 其中不适当的是＿＿＿＿ 。

8. 孔轴配合时, 若 $ES = ei$, 是＿＿＿＿配合; 若 $ES = es$ 时, 是＿＿＿＿配合。

9. 公差原则分为＿＿＿＿＿＿和＿＿＿＿＿＿两大类。

10. 线性尺寸一般公差主要用于精度较＿＿＿的非配合尺寸。

11. 当公差值相同时, 面轮廓度比线轮廓度控制精度＿＿＿＿ 。

12. 圆度公差带是指在同一正截面上, 半径差为公差值 $t$ 的两＿＿＿＿之间的区域。

13. $\phi80$ H9/f6 此配合为＿＿＿＿制配合, 孔的公差等级为＿＿＿＿＿级, 轴的公称尺寸为＿＿＿＿＿ mm, 孔比轴的公差等级精度要＿＿＿＿ 。

14. 配合性质相同时, 在一般情况下, 零件尺寸越小, 则表面粗糙度值应越＿＿＿＿ 。

15. 当轴的实际尺寸为 $\phi14.99$ mm, 轴线的直线度误差值为 $\phi0.018$ mm, 此时, 该轴的体外作用尺寸为＿＿＿＿＿＿ 。

**二、单项选择题**(共 20 分, 每小题 2 分)

1. 公差带的大小由＿＿＿＿确定。

A. 基本偏差　　　　B. 公差等级　　　　C. 公称尺寸　　　　D. 标准公差数值

2. 轮廓算术平均偏差是指表面粗糙度评定参数中的＿＿＿＿值。

A. $Ra$　　　　B. $Ry$　　　　C. $Rz$　　　　D. $Rx$

3. 国家标准规定, 应该优先选用＿＿＿＿制配合。

A. 基孔　　　　B. 混合　　　　C. 基轴　　　　D. 优先

4. 当轴的实际尺寸为 $\phi20.03$ mm, 轴线的直线度误差值为 $\phi0.02$ mm, 此时, 与该轴相配合的最小孔的尺寸为＿＿＿＿ 。

　A. $\phi20.01$　　　　　B. $\phi20.05$　　　　　C. $\phi20.02$　　　　　D. $\phi20.03$

5. 包容要求、最大实体要求的符号分别为_____。

　A. Ⓜ；Ⓔ　　　　　B. Ⓔ；Ⓜ　　　　　C. Ⓛ；Ⓜ　　　　　D. Ⓡ；Ⓛ

6. 最大实体要求Ⓜ表示实际要素应遵守以_____尺寸为极限边界。

　A. 最大实体　　　　B. 最大实体实效　　　　C. 最小实体　　　　D. 最小实体实效

7. 孔为 $\phi20^{+0.108}_{+0.054}$ mm，轴为 $\phi20^{0}_{-0.054}$ mm，此组配合为_____。

　A. 基孔制过盈配合　　B. 基轴制间隙配合　　C. 基孔制间隙配合　　D. 基轴制过盈配合

8. 过渡配合有_____两种极限配合。

　A. 最大间隙，最大过盈　　　　　　　B. 最小过盈，最大过盈

　C. 最小间隙，最大过盈　　　　　　　D. 最大间隙，最小过盈

9. 滚动轴承内圈与轴的配合应采用：_____。

　A. 基轴制过盈配合　　　　　　　　　B. 基孔制过盈配合

　C. 基孔制间隙配合　　　　　　　　　D. 基轴制间隙配合

10. 因表面粗糙度对零件性能有影响，零件表面粗糙度取值_____。

　A. 应越大越好　　　　　B. 应越小越好　　　　　C. 应根据具体情况而定

## 三、判断题(10 分，每小题 1 分)

（　）1. 零件的尺寸公差不能取零值。

（　）2. $\phi50F7/m6$ 是一种混合配合。

（　）3. 孔为 $\phi90^{+0.054}_{0}$，轴为 $\phi90^{+0.145}_{+0.091}$，配合公差值为" $-0.108$ "。

（　）4. 最大实体状态是实际要素在极限尺寸范围内具有材料量最少的状态。

（　）5. 当孔的尺寸大于轴的尺寸时就为间隙配合。

（　）6. 在标准极限与配合制中，基本偏差可以是上极限偏差，也可以是下极限偏差。

（　）7. 跳动公差分为圆跳动和全跳动两种。

（　）8. 孔 $\phi20^{+0.108}_{+0.054}$ 和轴 $\phi20^{0}_{-0.054}$ 可以组成一对配合件。

（　）9. 定位公差分为位置度和同轴度两种。

（　）10. 尺寸公差值越大，加工越困难。

## 四、综合题(共 40 分)

1. 看图，完成下列要求。

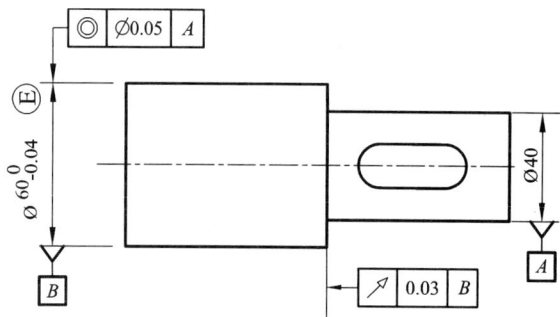

(1) ⊚ | ∅0.05 | A 公差带大小、形状为_____；标注意义为：__

_____ 。

(2) ↗ | 0.03 | B 项目名称_____，被测要素为_____，标注

意义为：_____ 。

(3)标注 $\phi60$ 轴的右端台阶面的表面粗糙度 $Ry$ 上限值为 3.2 μm。

(4)标注 $\phi60$ 轴的圆柱面的表面粗糙度 $Ra$ 上限值为 1.6 μm。

(5)标注 $\phi40$ 圆柱表面的圆柱度公差值为 0.01 mm。

(6)标注 $\phi40$ 轴右端面相对于 $\phi60$ 圆柱轴线的垂直度公差值为 0.03 mm。

(7)标注键槽两工作面的中心平面相对于 $\phi40$ 轴线的平行度公差值为 0.05 mm。

2. 看图，完成下列要求。

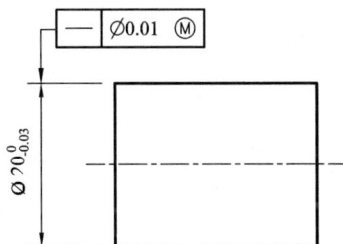

- | ∅0.01 | Ⓜ

$\emptyset70_{-0.03}^{0}$

(1)该轴采用的公差原则是_____。

(2)该轴的最大实体尺寸为_____mm。

(3)列出算式，计算该轴的最大实体实效尺寸：_____

_____ 。

(4)若实际零件的局部实际尺寸处处为 $\phi19.98$ mm，轴线的直线度误差值为 $\phi0.015$ mm，此时，该轴的体外作用尺寸是：_____，试判断此时该零件是否合格？_____，理由是：_____

_____ 。

3. 孔 $\phi90_{+0.002}^{+0.004}$，轴 $\phi90_{-0.004}^{-0.002}$ 相配合，画出孔和轴的尺寸公差带图，求孔、轴的配合极限值，求孔的公差 $T_h$，轴的公差 $T_s$，孔、轴的配合公差 $T_f$。

# 模拟试题(二)

班级_____ 学号_____ 姓名_____

**一、填空题**(共30分,每空1分)

1. 形状公差是由_____、_____、_____与位置四个因素确定。

2. 公差原则是处理形位公差和_____公差之间关系的规定。公差原则分为_____和_____两种。

3. 基孔制配合中选作基准的孔称为_____,以_____偏差为基本偏差,数值为_____,孔公差带位于零线的_____方。

4. 最小实体尺寸对于轴来讲等于其_____极限尺寸,对于孔来讲等于其_____极限尺寸。

5. 已知公称尺寸为 $\phi50$ mm 的轴,其下极限尺寸为 $\phi49.98$ mm,公差值为 0.01 mm,则它的上极限偏差是_____mm,下极限偏差是_____mm。

6. 孔与轴配合代号为 $\phi50\dfrac{H8}{f7}$,属于_____制_____配合。孔的公称尺寸为_____,公差带代号为_____,轴的基本偏差代号为____,公差等级为IT____级,孔比轴的公差等级精度要_____。

7.

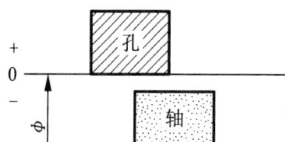
_____制_____配合

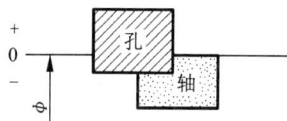
_____制_____配合

8. 选择公差等级总原则是:在满足使用性能要求的条件下,尽量选用较_____的公差等级.

9. 最小实体要求Ⓛ表示实际要素应遵守以_____尺寸为极限边界。

10. 下图采用的公差原则是_____,它是以_____尺寸为理想边界尺寸,允许的最大形状误差值是_____。

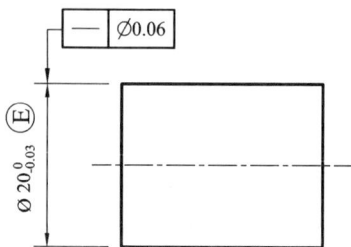

**二、单项选择题**(共20分,每小题2分)

( ) 1.尺寸公差带的零线表示_____。

A.上极限尺寸 　　　 B.下极限尺寸 　　　 C.公称尺寸 　　　 D.实际尺寸

( ) 2.当孔的上极限偏差小于相配合的轴的下极限偏差时,此配合的性质是_____。

A.间隙配合 　　　 B.过渡配合 　　　 C.过盈配合 　　　 D.无法确定

( ) 3.圆柱度公差属于_____公差。

A. 形状 　　　 B. 形状或位置 　　　 C. 位置

( ) 4.$\phi$80F7/g6 属于_____间隙配合。

A.基孔制 　　　 B.基轴制 　　　 C.混合制

( ) 5.用游标卡尺的深度尺测量槽深时,尺身应_____于槽底。

A.垂直 　　　 B.平行 　　　 C.倾斜

( ) 6.公差带的大小由_____确定。

A.基本偏差 　　　 B.公差等级 　　　 C.公称尺寸 　　　 D.标准公差数值

( ) 7.被测要素的体内作用尺寸和局部实际尺寸之间的大小关系是_____。

A.体内作用尺寸大于局部实际尺寸 　　　 B.体内作用尺寸小于局部实际尺寸

C.体内作用尺寸等于局部实际尺寸 　　　 D.无法确定

( ) 8.表面粗糙度反映的是零件被加工表面上的_____。

A.宏观几何形状误差 　　　 B.微观几何形状误差

C.宏观相对位置误差 　　　 D.微观相对位置误差

( ) 9.关于偏差与公差,下列说法错误的是_____。

A.尺寸偏差可以大于、小于或等于0

B.尺寸公差只能大于零,故公差值前应标"＋"号

C.尺寸公差是指允许尺寸的变动量

D.尺寸公差是用绝对值定义的,没有正、负号的含义

( ) 10.下图中游标卡尺的读数为_____。

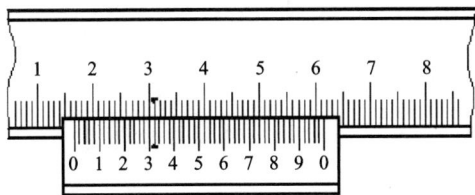

A.16.35 mm 　　　 B.16.31 mm 　　　 C.16.32 mm

**三、判断题**(共10分,每小题1分)

( ) 1.导出要素不能为人们直接感觉到,因而中心要素只能作为基准要素,而不能作为被测要素。

( ) 2.采用最大实体要求时,当被测要素的实际尺寸偏离最大实体尺寸时,被测要素的形位公差值可以增大。

（　　）3. 光滑极限量规必须成对使用，只有在通规通过工件的同时止规不能通过工件，才能判定此工件合格。

（　　）4. 在孔与轴的配合中，若 $ES \leqslant ei$，则此配合必为过盈配合。

（　　）5. 精度为 0.02 mm/1000 mm 的水平仪，当其水准器的气泡移动 1 格时，表示被测平面在 1000 mm 内的高度差为 0.02 mm。

（　　）6. 极限尺寸可以大于、小于或等于公称尺寸。

（　　）7. $\phi80F8$ 比 $\phi50h7$ 的精度低。

（　　）8. 在满足表面功能要求的前提下，尽量选用较大的表面粗糙度数值。

（　　）9. 优先选用基孔制的原因主要是孔比轴难加工。

（　　）10. 形位公差框格应水平或垂直地绘制。

**四、综合题**（共 40 分）

1. 看图，按下列要求做题。

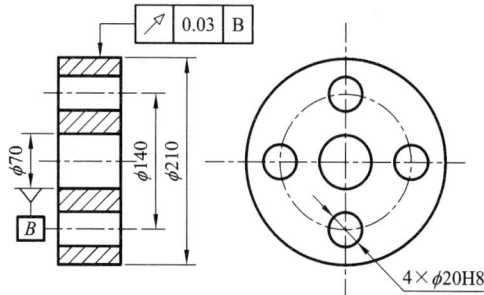

（1）标注

1）$\phi20$ 孔的内圆柱面的表面粗糙度 $Ra$ 上限值为 3.2 μm。

2）$\phi210$ 轴的圆柱面的表面粗糙度 $Ra$ 上限值为 1.6 μm。

3）$\phi210$ 轴的左端面的表面粗糙度 $Ra$ 最大值为 3.2 μm。

4）$\phi70$ mm 孔的轴线对左端面的垂直度公差为 $\phi0.02$ mm。

5）$\phi210$ mm 外圆的轴线对 $\phi70$ mm 孔的轴线的同轴度的公差为 $\phi0.03$ mm。

6）$4 \times \phi20H8$ 的轴线对左端面（第一基准）及 $\phi70$ mm 孔的轴线（第二基准）的位置度公差为 $\phi0.12$ mm。

7）左端面的平面度公差为 0.05 mm。

（2）┃⟋┃0.03┃B┃ 项目名称是＿＿＿＿＿＿＿，被测要素是＿＿＿＿＿＿＿＿＿＿＿＿，标注意义为＿＿＿＿＿＿＿＿＿＿＿＿＿＿＿＿＿＿＿＿＿＿＿＿＿＿＿＿＿＿。

2. 如图所示，解答下列问题。

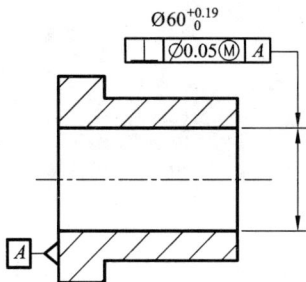

$\varnothing 60^{+0.19}_{0}$

$\boxed{\varnothing 0.05 \textcircled{M}}$ $\boxed{A}$

1. 被测要素采用的公差原则是＿＿＿＿＿＿＿＿＿＿＿＿＿＿＿＿＿。

2. 被测要素是轮廓要素还是导出要素? ＿＿＿＿＿＿＿＿, 是单一要素还是关联要素? ＿＿
＿＿＿＿＿＿＿。

3. 被测要素遵守的边界为＿＿＿＿＿＿＿＿边界, 边界尺寸为＿＿＿＿＿＿＿＿＿＿, 尺寸
数值为＿＿＿＿＿＿ mm。

4. 最大实体尺寸是＿＿＿＿＿＿ mm, 最小实体尺寸是＿＿＿＿＿＿ mm。

5. 当孔实际尺寸处处都为 $\phi 60$ mm 时, 垂直度允许的最大误差值是＿＿＿＿＿＿ mm。

6. 当孔实际尺寸处处都为 $\phi 60.10$ mm 时, 垂直度允许的最大误差值是＿＿＿＿ mm。

7. 垂直度公差给定值是＿＿＿＿＿＿ mm, 垂直度公差最大补偿值是＿＿＿＿＿＿ mm。

8. 如孔实际尺寸为 $\phi 60.08$ mm, 其轴线的垂直度误差为 $\phi 0.15$, 此时孔的体外作用尺寸
为＿＿＿＿＿＿ mm。

9. 试判断该孔是否合格? ＿＿＿＿＿＿＿＿, 因为该孔的体外作用尺寸比最大实体实效尺寸
＿＿＿＿＿＿＿＿。

3. 计算。

孔与轴相配合, 孔为 $\phi 80^{-0.005}_{-0.020}$, 轴为 $\phi 80^{+0.025}_{+0.004}$, 画出孔与轴配合的公差带图解并判断配合类型, 计算孔与轴的上极限尺寸、下极限尺寸、孔与轴的公差, 计算极限间隙或极限过盈以及配合公差。

# 参考文献

［1］唐云岐. 公差配合与技术测量基础(第二版). 北京：中国劳动社会保障出版社, 2000
［2］张梦欣. 极限配合与技术测量基础(第三版). 北京：中国劳动社会保障出版社, 2007
［3］张梦欣. 极限配合与技术测量基础(第四版). 北京：中国劳动社会保障出版社, 2011
［4］唐云岐. 公差配合与技术测量基础(第二版)习题册. 北京：中国劳动社会保障出版社, 2000
［5］苟向峰. 公差配合与测量技术. 长沙：国防科技大学出版社, 2011
［6］朱地维. 极限配合与技术测量. 天津科学技术出版社, 2009
［7］王萍辉. 公差配合与技术测量. 北京：机械工业出版社, 2009
［8］张梦欣. 机械制图(第六版). 北京：中国劳动社会保障出版社, 2011
［9］张梦欣. 机械制图(第四版)习题册. 北京：中国劳动社会保障出版社, 2011
［10］段绍娥. 肖祖政. AUTO CAD 2010 实用教程. 长沙：中南大学出版社, 2011